都市发展
——制定计划的逻辑

〔美〕路易斯·霍普金斯　著

赖世刚　译

商务印书馆
2009年·北京

Written by
Lewis D. Hopkins

Urban Development : The Logic of Making Plans

Copyright © 2001 Lewis D. Hopkins

Translation copyright © 2005 by Wu-Nan Book, Inc.

（根据中国台湾五南图书出版股份有限公司2005年繁体字本译出）

目录

《都市发展——制定计划的逻辑》一书对中国快速发展的启迪 ⋯ 1
关于《都市发展——制定计划的逻辑》中文版的一些想法 ⋯⋯ 5
译序 ⋯⋯⋯⋯⋯⋯⋯⋯⋯⋯⋯⋯⋯⋯⋯⋯⋯⋯⋯⋯⋯⋯⋯⋯ 9
作者中文版序 ⋯⋯⋯⋯⋯⋯⋯⋯⋯⋯⋯⋯⋯⋯⋯⋯⋯⋯⋯ 19
原序 ⋯⋯⋯⋯⋯⋯⋯⋯⋯⋯⋯⋯⋯⋯⋯⋯⋯⋯⋯⋯⋯⋯⋯ 23

第1章 都市发展计划：为何需要以及如何去作？ ⋯⋯⋯ 1
第2章 自然系统中以计划为基础的行动 ⋯⋯⋯⋯⋯⋯ 19
第3章 计划如何运作 ⋯⋯⋯⋯⋯⋯⋯⋯⋯⋯⋯⋯⋯⋯ 39
第4章 策略、不确定性及预测 ⋯⋯⋯⋯⋯⋯⋯⋯⋯⋯ 65
第5章 为自愿团体与政府及其本身所作的计划 ⋯⋯⋯ 91
第6章 权利、法规及计划 ⋯⋯⋯⋯⋯⋯⋯⋯⋯⋯⋯⋯ 117
第7章 制定计划的能力 ⋯⋯⋯⋯⋯⋯⋯⋯⋯⋯⋯⋯⋯ 153
第8章 集体选择、参与及计划 ⋯⋯⋯⋯⋯⋯⋯⋯⋯⋯ 183
第9章 计划如何被制定 ⋯⋯⋯⋯⋯⋯⋯⋯⋯⋯⋯⋯⋯ 201
第10章 如何使用及制定计划 ⋯⋯⋯⋯⋯⋯⋯⋯⋯⋯ 231

译后记 ⋯⋯⋯⋯⋯⋯⋯⋯⋯⋯⋯⋯⋯⋯⋯⋯⋯⋯⋯⋯⋯ 265
注释 ⋯⋯⋯⋯⋯⋯⋯⋯⋯⋯⋯⋯⋯⋯⋯⋯⋯⋯⋯⋯⋯⋯ 267
参考书目 ⋯⋯⋯⋯⋯⋯⋯⋯⋯⋯⋯⋯⋯⋯⋯⋯⋯⋯⋯⋯ 281
索引 ⋯⋯⋯⋯⋯⋯⋯⋯⋯⋯⋯⋯⋯⋯⋯⋯⋯⋯⋯⋯⋯⋯ 303

图列

图 4-1　基础设施决策独立考虑 ……………………………… 67
图 4-2　基础设施及住宅决策同时考虑 ………………………… 68
图 4-3　将住宅视为不确定的基础设施及住宅决策 ………… 70
图 4-4　不确定性下土地与基础设施开发 …………………… 74
图 5-1　作为集体财的计划属性 ……………………………… 105
图 9-1　以住宅区别所提出游憩地区的示意图 ……………… 214
图 10-1　1958 年肯塔基州来克辛顿市卫生下水道策略 …… 235
图 10-2　1963 年肯塔基州来克辛顿市卫生下水道策略 …… 236
图 10-3　1973 年肯塔基州来克辛顿市卫生下水道策略 …… 237
图 10-4　伊利诺伊州泰勒维尔市整体策略图 ………………… 244
图 10-5　亚利桑那州凤凰城市社区规划会议所拟之草图 … 256

表列

表 1-1　解释与辩解的类别 …………………………………… 13
表 2-1　四个 I ………………………………………………… 29
表 3-1　计划如何运作 ………………………………………… 41
表 4-1　基础设施及住宅说明 ………………………………… 68
表 4-2　土地开发案例资料 …………………………………… 75
表 6-1　土地法规及隐含的计划需求 ………………………… 138
表 8-1　集体选择说明 ………………………………………… 187
表 9-1　规划过程 ……………………………………………… 205
表 9-2　程序及沟通理性 ……………………………………… 207
表 10-1　使用计划的索阅机会 ……………………………… 243

赛局列

赛局 2-1　独立赛局 ·· 30
赛局 2-2　相依赛局 ·· 31
赛局 2-3　相关赛局 ·· 31
赛局 5-1　集体财 ·· 97
赛局 5-2　告知与未告知的决策 ······································ 104

《都市发展——制定计划的逻辑》一书对中国快速发展的启迪

我很荣幸能为路易斯·霍普金斯教授的专著《都市发展——制定计划的逻辑》中文译本写序。早年我也是路易斯·霍普金斯教授的学生，非常得益于他严密的逻辑思维和严谨的学术风格。《都市发展——制定计划的逻辑》就是一个他的学术思想和风格最好的明证。

赖世刚教授将《都市发展——制定计划的逻辑》翻译成中文并在中国大陆和台湾地区同时发行。这是非常及时的。因为：一、大陆正在进行一场空前的社会变革。中国大陆的经济在20世纪的最后两个十年以近两位元数的速度发展。经济的发展带来了迅猛的城市空间扩张，特别是自1990年代以来。北京、上海、深圳、苏州、广州等城市的空间扩张是显而易见的。二、快速发展意味着未来不确定性的增加，潜在的风险和发展机会都是巨大的，因而如何在不确定的环境中寻求一个可持续的城市发展道路是一个重要的课题。三、以物质规划和城市设计为中心的中国城市规划实践难以承担起为中国快速城市发展提供理论上的指导，使城市规划难以发挥其应有的指导性、前瞻性和战略性等功能。

也正是因为中国城市规划的理论和实践都是围绕着物质规划和城市设计，中国城市空间模式的发展更追求空间形态的美，而不是经济、社会和生态等功能与效率的最大化。比如，城市的骨架和循环系统——交通网络——的规划和建设很少考虑到城市土地利用的空间格局。不考虑不同城市土地利用的特点而片面追求每个地块上绿色空间的保留，其可能的城市发展结果是，空间结构不利于城市劳动力空间集聚效应的最大化，不利于不同土地利用之间产生的负面外部效应的最小化，不利于以最小的投入满足城市基础设施——如交通——的需求，不利于有限的城市空地和绿色空间生态功能的最大化(整体大于部分之和)。由于城市设计和物质规划很少考虑市场力量,以它们为基础的城市规划所带来的城市空间不能最大限度地发展土地资源和资本资源在空间配置上的效率。因而,城市土地利用模式不是按着"最高最好"的原则开发的。土地资源的浪费又意味着城市向周边扩展的速度过快,占用了过多的农田。

霍普金斯教授的专著《都市发展——制定计划的逻辑》不仅将推动中国城市规划理论和思想向综合的方向发展,同时又有利于解答城市快速发展产生的许多问题。《都市发展——制定计划的逻辑》全书以城市发展的四个I特性——相关性(Interdependence)、不可分割性(Indivisibility)、不可逆性(Irreversibility)及不完全预见性(Imperfect Foresight)——为核心,试图解释困扰学者、城市管理者和实践者的许多理论与实际问题。

首先,霍普金斯教授通过城市发展的四个I特性论述了市场力量和机制在指导竞争发展的失效和城市规划的必要性。尽管他没有为发展中或转型国家如何回答市场和规划的劳动力分工提供具体的指导,但是他的这四个特性一方面说明了城市规划(如通过重大基础设施的投资和建设)对私人投资和城市发展的影响,另一方面揭示了城市规划内容和活动之间的内在关联。这些无疑是中国城市规划需要加强的方面。

其次,城市规划是为了美好的明天,将过去、现在和未来联结起来之一项城市管理和发展实施手段。霍普金斯教授通过城市发展的四个I特性说明了预测、风险和不确定性、城市行动和其后果之间的因果联系。进而指出城市规划的韧性(Robust)、弹性(Flexibile)、组合(Portfolio)、动态调整(Dynamic Adjustment)等的重要性。这些都是中国城市规划实践缺少并没得到充分重视的方面。

第三,由于城市行动的关联性和未来的不确定性,城市规划师把握未来的能力受到挑战。因而,公众参与和我们认知能力的提高成为必不可缺的。最后,也正是霍普金斯教授的城市发展的四个I特性让我们更深刻地认识在不确定性的环境中对城市规划或行动的评估的重要性。

霍普金斯教授的《都市发展——制定计划的逻辑》基于理性的思辨,回答了市场经济体系下为什么要城市规划，如何规划，如何评价规划，怎么做规划等理论问题。该书尽管在规划的技术方面论述非常有限，但是关于城市规划的理性思辨使该书应为规划系研究生的必读之物。

丁成日

美国马里兰大学

美国林肯土地政策研究院

2006年，北京

关于《都市发展——制定计划的逻辑》中文版的一些想法

2001年10月,宾夕法尼亚州大学的西摩尔·曼德庞教授(Seymour Mandelbaum)向我极力推荐路易斯·霍普金斯教授当时刚发行的著作:《都市发展——制定计划的逻辑》。

曼德庞的办公室与我相邻,因此我常常向他请教学习和交换心得。他是一流都市计划理论家,正研究信息网络及城市形象的辩证关系。他告诉我《都市发展》对他的研究具有极大的启发。对曼德庞赞不绝口的书,我怎可以忽略?所以在2001圣诞节花了一周读毕《都市发展》,并以英语撰文于香港规划师学会的《规划与拓展》学刊上介绍此书。

承蒙赖世刚教授要我发表一些对《都市发展》中译本的感想,我把个人浅见在此与读者分享。霍普金斯认为市场经济体系和都市计划虽然往往对立,但在一些城市发展情况下,都市计划极为需要,特别是当城市行动相互依赖及无法分割,及其后果难以逆转与不完全预见。在霍普金斯眼中,城市发展方向是不确定的,因为市场复杂连贯,潜在风险不易评估;故并不可以公式化或硬性套用同一种模式来制定计划。

霍普金斯强调都市计划必须适应实际情况。计划就是干预,须辨认不同机制,按实际需要来决定计划形式。这些干预机制包括监督管制、集体选择、体制设计、市场修正、公民参与,和公共部门行动。对霍普金斯而言,已制定的计划必须在众多复杂相连的行动中明确指出重要决策点。这些计划可具任何五种形式:议程、政策、远大眼光、设计和策略行动。他以划独木舟为例,说明在急流泛舟时,划桨者为了顺利到达终点,一定要顺水流而灵活调整方向。此书的"因事制宜"要义和道家哲学"天地以和顺为命,万物以和顺为性"的概念是一致的。

霍普金斯提供四个标准来评价计划:功效(effect:计划能否塑造政策及产生结果)、净益处(net benefits:计划对不同利益相关者的价值)、内在有效性(internal validity:计划是否一贯)与外在有效性(external validity:手段和结果是否符合道德)。因此,改进计划的质量需要随机应变地从小做大,明确分析决策环境,集中制定效能较强的计划,适应实际地理环境、都市功能和社会组织情况,注意相互依赖行动的后果,及利用正式体制和公众参与来争取计划最大的认同。

英语版的《都市发展》不是一本易懂的书,它的内容非常抽象,理论分析极严谨。即使英语水平足够的读者也不可能一次消化此书,何况英语程度较差的读者。赖世刚教授把此书翻译成中文,对那些想学习最先进计划理论的华语都市规划师和学生给予很大帮助。

其次,如丁成日教授在序言指出,以实质规划(physical planning)为中心的都市规划有一定的局限,中国大陆和台湾地区的都市正发生急剧变化,在市场压力下,制定好的计划很快被修正替换。《都市发展》中对市场力量和城市规划的关系的论述正好让中国城市规划师注意到住房与土地市场变化及都市与区域经济发展对实质规划的影响,而同时垂直地与水平地协调各种公私计划。但是,这并不意味中国未来的都市规划硬性套用西方模式,因为霍普金斯强调的是"因事制宜"。

这译本对推动以中国为本的城市规划理论发展起了重要作用。规划理论的思辨一贯是由西方学者带领,随着中国城市快速发展,讲华语的城市规划专业界与学界正发生量和质的变化。今后,城市规划理论的讨论将慢慢地改由中文进行。中文版的《都市发展——制定计划的逻辑》的发行正逢其时,赖世刚教授翻译此书,做的就是以中文来讨论规划概念,承担这方面的开路先锋工作。

阅书容易译书难,翻译不是把两种语言对调这么简单。译者必须了解中西文化差异,对专科术语,往往为一字之差而仔细推敲。就算同是中文,各地术语也有点差异,如"规划"与"计划"、"区划"与"分区管制"、"城市"与"都市"及"住房"与"住宅"之辨。如果没有规划背景与长年学术钻研,翻译此书是无法成功的。赖世刚教授早年受业于霍普金斯教授,曾用中英文出版规划专著及发表几十篇重要学术文章。他翻译的《都市发展》中文版行文便捷,简明和准确地诠释原书概念原义,是城市规划专业人、学者与研究生必读之书。

黄振翔

美国宾夕法尼亚大学设计学院

2006年,费城

译序

都市规划是一颇具挑战性的工作,而有关都市规划的论述却又多如牛毛,往往使初学者望而却步,不知如何着手。译者跟随霍普金斯教授从事都市规划研究多年,深知其治学态度严谨且对事物现象理解深入,而本书可谓霍普金斯教授耗费近十一年时间呕心沥血之作。笔者从该书于1990年仍是手稿时便有机会再三阅读,提供意见给霍普金斯教授参考并应用在笔者课堂上作为教材,故略知此书撰写完成的艰辛过程。而如今此书原版已于2001年以英文问世,笔者便即感到有义务将其译成中文发行。本书译著的对象以台湾、香港及大陆的读者为主,虽说它们的政治及经济制度有所不同,但是如果从社会科学的基本面观之,本书所阐述的规划逻辑应皆可适用。

大致而言,台湾规划研究目前已从形而下的实质环境设计脱胎换骨到形而上的社会科学研究。台湾的规划思潮不论从1950到1970年代的摸索期以至于1980至1990年代的成长期,到现今的反省期均受到美国学界的影响甚巨。沿袭建筑设计的传统,在摸索期中规划研究的重点在于城市实质环境的设计,但已开始对社会科学的引入产生兴趣,包括大型数学模型的建立。在成长期阶段,由于受到美国学界的影响以及随着大型数学模型的式微,台湾规划界不仅在理论上且在实务上开始大量引入美国社会科学的研究典范与成果,包括制度经济学、政治经济学、批判理论、沟通理性、永续发展、全球化、成长管理等等。虽然台湾的研究人口较少,但这个时期各种规划研究的主张蓬勃发展,而主管当局因学者的引荐,也推出了相对应的政策,例如土地管理制度中的开发许可制便是一例。由于由各国所引入的一些措施因文化风情相异,并未达到预期的成效,加上政治气氛的转变,有些学者开始反思如何针对台湾实质环境独有的特色进行本土性的研究，因此进入反省期。然而仍有大多数学者坚持国际路线，因此现阶段的规划研究呈现两极化：本土化与国际化。然而不论是本土化与国际化的规划研究，在研究方法上至少在学界已从早期的实质环境设计的建筑学传统转变为社会科学性的科研性质。至于香港的规划学界，因受英国的影响，几乎全面跟随西方的脚步在发展。反观大陆规划研究的主流自改革开放以来，似乎仍在环境空间的设计，较少就规划对社会变迁的影响进行深入的探讨。例如，从《规划师》杂志刊登的论坛内容来看，间或有对城市规划决策与管理的非实质层面有所探索，但大多数篇幅仍以报道城市开发设计面为主。而以社会科学为基础探讨规划内涵的篇幅更少。因此大陆规划研究的走向与台湾规划学界大异其趣。在美国，规划师所扮演的角色早已脱离了工程设计师的技术专业，而在政治过程中从事沟通与协调的折冲工作。

笔者深切认为规划可以是一科学性学门，亦即，可以用科学的方法探讨其内涵，包括都市的空间发展与规划的逻辑等。例如，我们可以利用系统学的方法来探讨都市空间变迁的因果，以及利用行为学的观点了解规划的逻辑。霍普金斯教授所著的 *Urban Development: The Logic of Making Plans* 不但将现代社会科学主流研究纳入规划研究的议程中，更将各种社会科学研究的成果用来解释规划的现象。当然，不同的政治、社会及文化背景酝酿出不同的规划研究走向，但基于科学的共通性，笔者相信本书所述规划的基本法则可适用于中国的大陆、台湾、香港和澳门诸地区。

该书共分为十章，霍普金斯教授首先勾画出各章的撰写的宗旨，包括都市发展所遇到的四个 I 问题，计划与复杂系统之间的关系，计划产生作用的形式或机制，计划效度（effectiveness）如何评估？计划如何制定以面对不确定性？为何自愿性团体、政府或其他组织有意愿制定计划？计划与法规有何不同？人类制定计划的能力有何限制？计划与集体选择及民众参与有何不同？实际观察到的计划制定过程与本书所阐述的计划逻辑是否一致？最后综合前面的论述提出改善计划制定的具体方向。接下来，霍普金斯教授根据米勒（Miller，1987）的科学哲学，提出他对规划现象的解释、预测、辩证及规范的逻辑基础,作为后续各章论述的哲学观点。重点在于,该逻辑指出为什么需要规划及如何进行规划。

其次,霍普金斯教授以划独木舟作为譬喻,说明规划便如同在湍急的河川中划独木舟。并引用这个譬喻说明规划必须持续进行,必须预测,必须适时采取行动,且必须考虑相关的行动。此外,规划无法改变水往下流的系统基本特性,我们能做的是利用这些基本特性达到我们的目的。霍普金斯教授接着介绍经济学及生态学所经常遇到的均衡、预测、最适结果及动态调整的概念。他指出传统规划学者认为同样的概念可用来解释都市空间的演变是值得商榷的,殊不知都市发展与生态系统及经济系统不同,因为都市发展具备四个I的特性,即相关性(Interdependence)、不可分割性(Indivisibility)、不可逆性(Irreversibility)及不完全预见(Imperfect Foresight)。相关性指的是城市发展中开发决策是相互影响的;不可分割性指的是开发量的大小不可能是任意的;不可逆性指的是一旦开发完成后,要恢复原貌,需要庞大的成本;而不完全预见指的是未来是无法完全预知的。这四个条件与新古典经济学的假设不同,因此均衡理论并不适用描述都市发展过程,而规划便有其必要。最后,霍普金斯教授以可汗(Cohen等,1972)的垃圾桶理论为基础,将规划者所面对的规划情境称之为机会川流模式。在该模式中,问题、解决方案、规划者及决策情况如同在河川中漂流的元素随机碰撞,而规划者便利用计划制定技巧,在这看似混乱的动态环境中存活下来。

接下来,霍普金斯教授主要说明在实际都市现象中,计划以各种形式或机制对周遭环境产生影响。他列举出五种形式,分别为议程(agendas)、政策(policies)、愿景(visions)、设计(designs)及策略(strategies)。这五种形式不是计划的类别,因此一个计划可以包含一个以上形式。议程指的是所欲采取行动的表列。政策指的是行事准则。愿景则为未来状况的描述。设计为行动标的。而策略则为决策树中的路径。除此之外,霍普金斯教授更解释为什么都市发展的规划重点多放在投资与法规,主要是因为投资与法规均具备四个I的特性,而从事规划也因此会带来利益。至于如何评估计划所产生的效果或效度（effectiveness）？霍普金斯教授认为须从四个指标来检视：效果（effect）、净利益（net benefit）、内在效度（internal validity）及外在效度（external validity）。效果指的是计划是否对决策产生影响；净利益指的是计划所带来的效益扣除其制定的成本；内在效度则为计划内容是否具备合理的逻辑；而外在效度乃指计划所追求的目标是否合乎伦理的规范。不同计划形式需要不同指标来检视其计划效果。

霍普金斯教授接着更深入阐述五种计划形式中策略性计划的意义，因为策略最适合用来解决四个 I 的问题。霍普金斯教授认为策略性计划的形式可以用决策分析中决策树的概念加以解释。他并以土地开发的例子加以说明。例如，当考虑基础设施及住宅两项投资决策时，开发者可以借由个别的决策分别独立考量，或是建构决策树以同时考虑两个决策的相互影响。假想的数据显示，当同时考量两个决策所带来的净利益，要比分开独立考虑两个决策的净利益为大，且其差异表示计划的价值。这个例子主要在说明同时考虑相关决策（即狭隘的规划定义）会带来利益。利用决策分析的概念，霍普金斯教授又分别说明策略性计划针对序列决策及其隐含的不确定性问题如何处理；序列决策与不可逆性之关系；以及预测在都市发展决策情况所扮演的角色。这些说明让读者能更深入了解都市发展的特性以及其与计划制定之间的巧妙关系。除了决策分析之策略性计划外，霍普金斯教授更举出面对不确定性的其他策略，包括韧性（robust）、弹性（flexible）、多样（portfolio）与及时（just-in-time）的策略，而这些策略的运用成功与否，也可以决策分析阐述之。

此外，霍普金斯从类似制度的角度介绍规划发生的背景，并解释为何自愿团体（voluntary group）及政府具有诱因来从事规划。霍普金斯教授举一购物中心的开发案，说明业者、开发商、财团及政府间如何因各自的利益从事规划。接下来，他便以集体财（collective goods）及集体行动（collective actions）的逻辑，举有名的囚犯困境（prisoner's dilemma）为例，说明为何一般人在没有干预的情况下，不愿合作共同提供集体财。霍普金斯教授也顺便阐述集体行动、法规与计划间的差异。此外，解决集体财提供问题也牵涉到信息不对称以及价格作为讯号提供的功能，而集体财提供唯有靠法规执行，而不是计划订定。其最终目的是在说明其实计划作为信息的提供也是属于集体财一种。霍普金斯教授以囚犯困境为基础，将不同规模及性质的计划，就其消费竞争性以及排他性的可行性加以分类为私有财（private good）、付费财（toll good）、共享财（common pool good）及集体财。例如，细部计划的敷地计划属私有财，而区域性污水管线计划便属集体财。由于计划具集体财性质，使得在有些情况下计划的投资不足，此时自愿团体或政府便有必要提供规划的服务。

霍普金斯教授进而深入介绍权利（rights）、法规（regulations）及计划（plans）之间的关系。他首先举例说明权利特性，包括权限（authority）、来源（origin）、施行（enforcement）、排他性（exclusivity）、移转（transferability）、空间范围（spatial extent）及时间范围（temporal extent）。霍普金斯教授接着以寇斯（Coase）定理说明资源分派有效性、集体财及外部性三个现象之关系。之后，又谈到权利分派的公平性问题以及相关的社会地位象征。有关权利的探讨，更深入讨论到美国地权与投票权的关系，且由于投资的不可移动性，使得资源有效分派经济目标难以达到。最后论及订定法规的诱因。霍普金斯教授根据实证政治理论（positive political theory）说明人们为何自愿订定法规自我约束，并借以解释与比较美国现行土地开发法规的规划，包括分区管制（zoning）、计划图（official maps）、土地细分法规（subdivision regulations）、城市服务地区（urban service areas）、适当公共设施法规（adequate public facilities ordinances）、发展权（development rights）及冲击费（impact fees）等。霍普金斯教授对这些法规订定其背后的逻辑，都有深入的理论性介绍。

最后，霍普金斯教授针对计划制定与使用作深入的探讨。例如，从认知心理学的角度讨论人们制定计划时所具有的能力与限制。例如，规划专业重点之一是假设规划者能代表其他人的兴趣。这个问题若深入思考，牵涉到价值（values）的形式等伦理与心理层面。针对本然性价值与工具性价值，霍普金斯教授都有作深入比较与定义。此外，他对主观、客观及相互主观(intersubjective)知识与价值的形成与区别也有着墨。接着,有关计划制定所需个人认知能力与过程,霍普金斯教授也借由文献回顾,提出人们在解决问题时所遭遇到认知能力上的问题。例如,人们倾向将注意力投注在问题的陈述或表现,而不在问题本身。这些研究在认知心理学中的决策领域都有深入探讨,而霍普金斯教授将此类研究与计划制定有关的一些课题也整理出来。除了个人认知能力外,本书也涉及团体在解决问题的认知能力及过程上。此外,霍普金斯教授也将规划专业知识与角色与律师及会计师做了一个比较,最后并论及规划活动组织以及从经济学组织理论来论述地方政府规划功能应如何进行组织。

霍普金斯教授也讨论到民众参与与计划之间的关系,尤其强调集体选择(collective choice)、参与逻辑(the logic of participation)及计划隐喻。其重点在于强调偏好整合(aggregation of preference)与社会认知,并说明团体如何做决策。在集体选择可能性上,霍普金斯教授介绍爱罗(Arrow)有名的不可能定理(Impossibility Theorem),并认为虽然社会选择程序有如爱罗所提出的不当之处,但集体选择或决策在实务上仍然是必要的决策过程。此外,霍普金斯教授更以香槟市为例说明集体选择和制度设计的原则,并进而解释民众参与逻辑及形式。

本书最后探讨的问题在于计划实际是如何制定的,也就是叙述性地描述规划行为(planning behaviors)。霍普金斯教授将规划的进行拆解为行为(behaviors)、工作(tasks)与过程(processes)。行为是人们在制定及使用计划时所从事的细微事项;工作指的是完整特定功能或目的行为组合;而过程乃指工作形态。规划程序好坏判定的标准则是理性标准。根据这些分类,霍普金斯教授针对其他学者所提出的规划程序作了比较。此外,就理性部分,霍普金斯教授也就传统综合理性与沟通理性之间做了比较。他认为理性是绩效的标准,而不是一过程,使得传统综合理性得以与沟通理性、批判理论(critical theory)以及所观察到规划行为做比较。霍普金斯教授同时也强调分解(decomposition)的重要性,并认为计划制定在功能上、组织上、空间上及时间上是可分解的。此外,规划专业者表达方式(representation)、民众参与及专业重要性、规划者组织角色以及计划制定诊断评估等,在计划制定过程中均扮演重要角色。基于以上的观察,霍普金斯教授提出五项改善规划实务的方向,分别为,制定决策与计划使用并重;留意计划制定机会;划定计划适当范畴;着重行动与后果的连接;以及正式民主体制与直接民众参与结合等。霍普金斯教授在本书最后说明计划应如何使用。他再度重述划独木舟的譬喻,并用以说明如何应用计划来寻找机会,并借由采取行动来达到目的。霍普金斯教授认为一般规划者的通病是忽略了计划的用处,而将注意力投注在决策情况、课题理解及问题解决上。本书其余论述便针对规划实务改善方法,提出更深入的辩解。

纵观霍普金斯教授所著 *Urban Development: The Logic of Making Plans* 一书,涵盖了有关城市发展规划之重要课题。该书集结作者数十年都市规划教学研究经验,历经十余年撰写而完成,内容之精彩自不在话下。一般规划理论学者多抱着某一种理论或概念的典范(paradigm)加以发挥,例如制度经济学、最适化及沟通理性等等。霍普金斯教授的书其特色之一是找不到任何典范依据,而其立论唯一赖以依据的是米勒的科学哲学。该哲学针对实证主义(positivism)的限制及对事实的扭曲,提出不同而较宽松的科学哲学立论。基于认为规划可作为科学学门探讨对象,霍普金斯教授对规划行为的发生,从叙述性及规范性角度作了详尽介绍,且最后并提出改进计划制定以及利用计划的具体建议。贯穿全书的宗旨在于,霍普金斯教授认为都市发展具有四个 I 特性:相关性、不可分割性、不可逆性及不完全预见,而规划系考虑相关开发决策关系,进而研拟策略,并会带来利益。综合而言,全书对为何要从事规划,如何制定计划,以及如何使用计划等有关规划专业的根本问题,作出详尽而具说服力的说明。

本书所述论点可作为规划实务参考,此可由两个角度切入。从理论层面上来看,霍普金斯教授所提出的四个 I 观点赋予规划专业在理论上的基石。规划专业一直被经济学者批评为对市场的干预。而市场透过交易自然可以有效分配资源,因此无规划的必要。而霍普金斯认为个体经济学均衡理论的基本假设与都市发展特质不符,因此经济学者对规划专业者的批评不具正当性，也因此城市规划有其必要性。其次就技术层面而言，霍普金斯教授直指认知科学在规划过程中，应可作为规范性程序设计的科学基础。计划毕竟由人来拟定以解决问题，而人们解决问题的能力无外乎是一种心理上的认知过程。无论我们在进行问题界定或方案拟定，都脱离不了个人专业及生活经验。而这些经验表现出来的便是心理状态。如果我们能认清在解决问题上的心理限制，便应可设计出有效工具以帮助我们制定有用的计划，并进而解决所面对的问题。

笔者浸淫于规划学门的学习、实作、研究及教学环境达三十年，深知由于都市发展的复杂性，规划是一门重要且又有兴趣的学科，而坊间相关书籍多以介绍既定规划制度或收集相关资料为主，甚少对规划有一完整、有系统且深入的探讨，往往使得初学者不知如何入手。笔者预期霍普金斯教授的书将在规划学术界作出重要贡献。更重要的是，它为初学者及资深研究或从事实务者提供一深入及适切的都市发展规划解释。为了让读者更易吸收本书精华，笔者不揣浅陋，于每章之后，将该章主要概念，以中国的大陆、台湾、香港为背景作一阐述，以利阅读。总之，本书几乎涵盖所有都市规划有关课题，且立论中肯，逻辑清楚严谨，同时着重概念与个案陈述，不失为一本有关规划理论的好书。对于规划专业怀有质疑的学者、专业人士及学生，本书应可提出较完整的答案以解决疑惑。

本书付梓，首先感谢霍普金斯教授的鼓励，以及五南出版公司编辑群的协助。一切谬误，笔者自当负全部文责。本书翻译的原则系坚守忠于原文，因此，建议读者在阅读时，采取精读的方式，仔细品味字里行间的逻辑，并辅以每章之后的译注，方可融会贯通，以体会个中的寓意。读者若对本书内容有任何指正，可至台北大学土地与环境规划研究中心网页（http://clep.ntpu.edu.tw）之讨论区惠赐高见。

赖世刚 谨志于
台北
2006 年

献给我的父母,
他们对如何改变世界的愿景,
他们对实现该愿景采取行动的准确性,
以及他们对社区的承诺。

——路易斯·霍普金斯

献给我的父母及妻子,
他们赋予我自由的心灵,
以及平凡却坚定的关爱。

——赖世刚

作者中文版序

与全世界大部分说中文的人分享有关都市发展规划概念的机会实在是一项荣幸。这个机会包括就中国大陆、香港及台湾所衍生的规划实务做出某些贡献，以及进行学术性对话，以学习计划在特殊情况下如何运作的基本原则。中国大量都市化所伴随着的主要都市形态及制度结构改变，造成了在崭新情况下使用计划的挑战。我们应使用对计划运作的最佳了解来面对这些改变，并持续思考正在发生的事情，以使得我们就一般情况而言对规划有更多的了解。

在美国，"都市规划"约略指的是，地方政府针对都市发展及其发展形态所造成的生态、经济及社会影响所做的实质发展投资及法规约束。当以这种方式使用，规划包括许多影响发展形态的不同机制，例如法规、财务工具、组织设计及集体选择。计划就狭隘的层面来看有它们自己的逻辑。本书的目标便在于陈述现有对计划如何运作，以及它们如何与其他形态工作相关而影响都市发展的逻辑。有关计划如何运作的厘清会使得对计划所能完成的事情有更合理的预期，以及对何时制定计划，有关哪些面向，为谁而制定以及如何制定等问题有更谨慎的选择。

本书内容最初撰写主要是以北美（North American）读者为对象，因此使用的例子几乎都以美国为主。然而，本书企图说明这些计划如何运作及计划所能完成事项的原则，应具有足够的一般性以使得这些原则在其他制度及文化背景下，在解释计划上是有用的。譬如，如果决策是相关的（interdependent）、不可逆的（irreversible）、不可分割的（indivisible）及面对不完全预见（imperfect foresight）时，计划可以是有用的。这个概念应可应用在组织内及组织间，也因而可应用在相对中央化及去中央化制度下以投资及法规来约束都市发展。计划本身不是个人及集体决策。借由这些原则，计划在政府及市场部门可以是有用的，而这些原则也因此应在快速改变的制度背景中，例如中国，是有用的。于是，解释中国的规划将以新的情况挑战这些解释及辩解，并进而导致我们对计划思考的革新。

　　北京、香港、上海、台北以及其他许多两岸的城市正进行大型投资以改善交通系统。譬如，在台北，"兴建、营运及移转"（Build, Operate, and Transfer）的个案系由私部门竞标以兴建一轻轨系统，在一段时间营运后，然后将它移转到政府机构。政府界定了一些要求，例如要求该系统连接机场至市中心某些区位，但也预留一些路线空间让竞标者自行决定以从路线所影响的不动产投资中获利。这种方式不但同时考虑土地使用与交通以创造诱因，同时也从不同的市场及政府部门的观点来规划这些关系。讽刺的是，这个方式除了移转到公部门的部分没有规划外，与美国一百年前所发生的情况类似。因此，学习是双向的，美国的规划者能从台北的规划者学习到如何使用兴建、营运及移转方式作为一有意图的方法来完成一过程，而该过程却无意图地发生在美国1950年代公部门接收营运失败的轻轨捷运。

　　在上海及香港，类似捷运及住宅的重大发展也在发生。上海东边的浦东地区，其大量住宅发展需要在仅仅十年间以难以想象的速度进行基础设施投资。这个现象提供一机会以思考改变的速度及范畴如何影响计划运作的方式，以及应如何制定。在本书的用语中，也许计划的设计面向能在如此快速及范畴中及上海制度背景下能有效地发挥作用，而策略面向在改变缓慢或其他制度背景下较为有效。这个例子点出了本书的企图，也就是展开计划如何运作的解释，以及在特定情况下如何从事规划的辩解，并利用广泛的情状以厘正这些解释与辩解。

　　这些投资的选择无疑地是相关的、不可逆的、不可分割的及面对不完全预见，即如同在美国类似，但或许较不剧烈的例子所显示。不论逐步制定小规模及易于逆转的投资，或是假设未来可根据过去完全加以预测，都不适合中国现有的情况。规划具有潜力而形成无比的价值。其隐喻是，花费巨大资源在规划上是极可能值得的——即在思考现在如何做时考虑其与未来行动的关系——因为改善的结果所获得的潜在报酬将足以弥补规划的成本。

科学的重要前提是，我们不断累积知识，一方面挑战先前的成果以创造新及更好的解释，另一方面加入先前成果中新的发现以创造更完整及有用的解释。解释能合理说明为何某些事物相较于其他事物在特殊情况下会发生。亦即，解释使得当我们观察到些微不同的情况时，能作出令人意外或视为理所当然的反应方式。本书概念的架构意欲贡献于建立累积这些有关计划在何种状况下如何运作的解释基础。这种知识的衍生系部分建构于多样的概念及经验上。因此，从其他地方所发展出来的概念以考虑中华文化及历史背景的特殊情况，将同时对科学作为知识的累积以及有关中华文化传统中规划概念的发展有所贡献。

我万分感谢赖世刚教授从事本书的翻译。从他的博士研究开始，而我作为其博士生指导教授，他便已承诺于一个概念，即我们应从一套一贯的原则来合理解释规划。他认为这些原则应有足够的一般性以至少在不同的文化及制度背景中加以测试并调整。我希望本书的翻译能对这个可能性有所贡献，也因此作为他的研究议程。

原序

都市规划被笼统地认为是政府（通常为地方政府）对都市发展过程有意图的干预。规划一词包含了许多截然不同的机制：法规、集体选择、组织设计、市场修正、民众参与及公部门行动。以较狭隘的方式来定义，计划具有与其他机制不同的逻辑及功能，却又与那些机制存在着关系。本书的目的在于阐述计划如何发生作用的逻辑，以及计划如何与都市发展中其他形态有意图行动间的关系。将规划如何发生作用说明清楚，有助于我们对计划所能完成的事物有更合理的期待，以及更谨慎地选择何时、关于何事、针对谁及如何制定计划。

长久以来，我便已尝试厘清就都市发展所制定的计划如何发挥功能，以及如何制定那些计划。我的双亲鼓励我的兴趣，因此我是少数特殊的人，在初中前便对规划产生兴趣，且甚至大约知道它的内容。我生长在俄亥俄州湖木市（Lakewood，Ohio）的一个住宅区；该住宅区约略以伊利诺伊州河边市（Riverside，Illinois）的风格建于1905年，并有一公共通路穿越我们的街廓以及由居民委员会共同拥有的游憩区。在短短数年内，我看到电车走入历史，意味着过去搭乘巴士到克里夫兰（Cleveland）市中心去采购及观看棒球赛，或到湖木市中心去上音乐课，被反向开车到郊区的购物中心及周边设施所取代。初中时我便撰写公民课有关爱利夫（Erieview）再发展提议的文章，并投书反对将我们住宅区一分为二的高速公路兴建。

这些概念后来在1960年代后期，我分别就读宾州大学（University of Pennsylvania）建筑、景观建筑及规划学系时进一步的广泛成形。作为我的博士论文指导教授并在过去二十五年来持续地讨论，布里顿·哈里斯（Britton Harris）已发展并辩护一论点，即纵使复杂存在，事实上也因为有它存在，计划值得去制定。布鲁斯·麦克道格(Bruce MacDougall)、英·麦克亚(Ian McHarg)、罗素·亚克夫(Russell Ackoff)、克劳斯·克里本道夫(Klaus Krippendorf)、西摩尔·曼德庞(Seymour Mandelbaum)、汤姆·雷纳(Tom Reiner)、安·斯特隆(Ann Strong)以及宾州大学其他教师与学生皆影响我的思考。

我评选可能的合作伙伴标准之一为：我们能否达成一正面的相异点以及探讨它的专注意念？过去二十八年来在伊利诺伊大学香槟校区(University of Illinois at Urbana-Champaign)，我用这个标准进行了与本书有关理念的重要合作计划，包括当尼·布瑞尔(Downey Brill)、彼得·薛佛(Peter Schaeffer)、道格·强斯顿(Doug Johnston)、亚利克斯·安那斯(Alex Anas)、凯伦·唐纳西(Kieran Donaghy)、盖瑞特·耐普(Gerrit Knaap)及瓦基·乔治(Varkki George)。伊利诺伊大学的研究委员会在过去关键时刻，提供小额补助款，使得这些合作计划都能获得校外补助费。与盖瑞特·耐普合作十年研究以探讨"规划重要吗"的问题，最切合我的论点。我也与其他同僚在研拟课程与共同教学时讨论计划，包括蓝·修门(Len Heumann)、安迪·伊瑟门(Andy Isserman)、约翰·金(John Kim)、坎·理尔登(Ken Rearden)及路易斯·魏特默尔(Louis Wetmore)。艾尔·葛登伯格(Al Guttenberg)与我进行许多讨论，也阅读了整本手稿，而克来德·佛利思特(Clyde Forrest)及丹尼尔·思耐得(Daniel Schneider)就他们的专业纠正一些错误。迪克·克楼斯特曼(Dick Klosterman)、琼·李曼(Jon Liebman)、罗丽莎·耐得佛-布迪克(Zorica Nedovic-Budic)、罗伯·欧善斯基(Rob Olshansky)、伊丽莎·斯提尔华特(Eliza Steelwater)及布鲁斯·威廉斯(Bruce Williams)共同创造了系上知识气氛使得我能成长。罗伯·来利(Bob Riley)首先引进我到伊利诺伊大学的景观建筑系，并帮助我充分利用该校的资源。

我课堂上学生及已毕业学生阅读了不同版本手稿，并深入批判这些概念。赖世刚(Shih-Kung Lai)对不同版本给予深度批评，并在台湾的台北大学以该手稿作为大学部试教教材。亚历山大·欧提兹(Alexandra Ortiz)帮我整理涉及不确定性规划情况的数量范例。一些学生团队与伊利诺伊城镇进行规划辅助计划案，作为本书概念的测试案例。我要感谢泰勒维尔市(Taylorville)让我使用最近一个计划图，该图由马图·吉伯哈特(Matthew Gebhardt)、亚立森·拉夫(Allison Laff)及萨斯亚·庞努斯瓦米(Sathya Ponnuswamy)所绘制。保罗·汉利(Paul Hanley)对污水处理范例提供有用信息及回馈。我同时也受益于阅读爱蜜利·泰兰(Emily Talen)的博士论文。

恩尼斯·亚历山大(Ernest Alexander)仔细阅读了整份手稿，也提供具体建议以专注、放弃或改善某些论点。艾兰德出版社(Island Press)编辑许什·博尔(Heather Boyer)正确点出形构论点的机会，并使其更易读。香槟(Champaign)及俄白那市(Urbana)当地的例子是与拉兰·布莱尔(Lachlan Blair)、艾浦尔·捷秋斯(April Getchius)、布鲁斯·耐特(Bruce Knight)、丹尼斯·须密特(Dennis Schmidt)、丽毕·泰勒(Libby Tyler)及史帝分·魏格曼(Steven Wegman)讨论整理而得。凤凰城(Phoenix)的例子则透过乔衣·米(Joy Mee)及约翰·麦克纳马拉(John McNamara)的演示文稿及讨论整理而得。凯珊得拉·艾克(Cassandra Eker)从凤凰城社区会议提供议题及影响力的草案。来克辛顿市(Lexington)的例子则从伊利诺伊大学完善的图书馆资源收集而得。迪琼·当肯(Dijon Duncan)绘制最后的图，使得不同来源信息能在一页中有效传达具体意念。

本书部分内容是我在特里布凡大学(Tribhuvan University)中央地理系以傅尔布莱特资深学者(Fulbright Senior Scholar)身份教授地理信息系统(geographic information system)时所撰写，解释一些尼泊尔(Nepal)例子。我感谢曼哥·西迪·曼南达(Mangal Siddhi Manandhar)教授的邀请，以及苏达汉·提瓦利(Sudarshan Tiwari)教授邀请我参与该规划学程的设计。唐·米勒(Don Miller)及提姆·耐尔吉斯(Tim Nyerges)安排我访问华盛顿大学(University of Washington)使得我能从事撰写，并从28 000英尺降至14 000英尺而回到伊利诺伊州。

我在和内人苏珊认识之初遭遇划独木舟不幸之后，花了许多周末在布克瑞基滑雪俱乐部(Buck Ridge Ski Club)学习浅滩划行技术,解释了为何我在第二章中二十五年来用以阐述浅滩划舟的譬喻。苏珊贴心的意愿住在费城、俄白那、薛费尔德(Sheffield)(英国)及加德满都(Kathmandu),加上她在生活上每一处的创意,让我能完成此书。她也确保我们的孩子能在我专注在规划研究时成长,虽然乔书亚现在的工作是火箭工程师,而纳旦尼尔为心理咨询师,他们的工作与本书的概念也有关系。我与同辈家人及其配偶讨论有关团体过程、决策、环境政策、法律以及肯塔基州来克辛顿市(Lexington, Kentucky)例子与概念,充实了本书内容。

在感谢其他人贡献同时,我并不认定其他人均同意此处我的看法。确实地,他们之所以被提及,正因为他们正面地对这些概念提出看法。我有信心认为,每个人将持续对这些意见提出不同看法。这仅仅说明在解释计划如何运作的部分仍有待努力。我希望本书内容至少能说明清楚持续且正面不同讨论的许多机会。

第1章

都市发展计划：
为何需要以及如何去作？

逐一制定都市发展决策——将重点放在过程,而不从所谓的计划获益——便是忘记了这个领域存在的原因。

——艾伦·杰考伯斯(Allan B. Jacobs 2000)
规划实务与教育笔记(*Notes on Planning Practice and Education*)

都市发展——制定计划的逻辑

伊利诺伊州香槟市西北方,74号州际高速公路进入十英里外的马荷美特(Mahomet)小镇。香槟市、马荷美特镇、香槟郡以及私有地主看中这个走廊都市发展机会。每个单位都知道其所制定的决策,会受其他单位在何时会做什么的影响。一私有地主现在想要在香槟市及马荷美特镇之间开发一笔土地作低密度住宅使用,但这会排挤未来州际高速公路交流道的兴建,以及所连带的工业及商业使用。如果马荷美特镇将它所位于的走廊端作工业区使用,而香槟市将其所在区位划作住宅使用,则结果不会两全其美。如果开发商能通过谈判,将其土地并入香槟市或马荷美特镇,市镇便将失去谈判筹码。但如果它们同意行政区扩增范围,使得一开发商仅能与一个市政府谈判,市镇的谈判筹码便会增加。

所有这些行动者在制定计划,并试着了解其他人的计划。香槟市、马荷美特镇以及郡共同雇用一规划顾问公司(芝加哥建筑及规划顾问公司(Chicago Associates Architects and Planners))以与三个政府、走廊现有居民以及该地区的一些开发商合作。该计划重点是所预期的土地使用一般发展形态,主要基础设施潜力,如新的州际高速公路交流道,以及哪些地区并入哪一市行政区的协议。在这种情况下,由这些单位针对这些都市发展面向共同规划,是典型的或令人意外的呢?它是否应以不同方式进行?

本书目的便是要表达一套严谨而一贯的解释,说明我们所观察到的规划是有道理的,以及辩解说明有关何时及如何制定计划的指引(Prescriptions)。在何种情况下计划应被制定,由谁制定,以及关于都市发展的哪些面向?计划应如何制定?这些基本问题在日常规划实务中被隐然地回答。

为何马荷美特走廊计划由这些参与者在这样的情况下制定?三个行政区形成一自愿团体来制定一对它们都有利的计划。如果参与者之一较其他参与者规模够大,并能支付这个共同活动大部分的成本,则形成这种团体的阻力及成本便能被克服。香槟市扮演着"领导者"的角色。这种领导者—跟从者(leader-follower)行为是一种解释,用以合理说明这些团体何时会形成。该团体成员同意共同从事规划,但每个成员有其自己的利益及目的,并且每一成员维持其自身决策的权限。他们可分享专业规划服务,因为每位成员所想要知道得多根据同样的信息,且每位成员由此信息获益而不会减损该信息对其他成员的价值。

为何此计划仅探讨马荷美特走廊作为其地理范围?该计划系针对潜在都市发展某一块地区,即沿着连接两社区州际高速公路走廊,而该两社区正逐渐同时成长。与其针对其中任一行政区的所有范围,三个行政区的所有成长区域,或是某功能的所有面向,如交通或给水,该计划则探讨某一地理区域,而其中一些相关决策即将制定,并对往后决策有策略性影响。当一组相关决策中的第一个决策将被制定时,尤其是如果这些是重大决策,如一交流道区位,且往后将很难逆转,计划较可能被制定,且也值得去制定。在这个例子中,主要相关决策都在马荷美特走廊,且对三个行动者而言极其重要。这个计划的范围有其道理存在,不仅因为它包括了这些相关决策,而且因为每一行动者已经并持续制定包含其他主要行动者之其他范畴相关决策的其他计划。

马荷美特走廊计划如何展开?规划者考虑了农业及都市发展土地容量,污水基础设施及交通可行性,现有居住形态,对不同社区财务影响,可用的法规权限,基础设施扩充情境以及发展时机与顺序问题。专业及市民咨询团体有所参与。根据走廊计划,正式决策由相关政府所制定。许多工作放在土地使用的最终形态,以及达成边界协议以敲定哪些地区应并入哪个都市。

这些现象并不令人意外。人们的注意力是有限的,且他们将注意力放在与手边决策迫切相关的方面。完成这些事项的过程有赖已建立的例行公事。该计划所呈现的论点足以支持具有权限的决策者从事选择,而服务对象也同意这些选择。大多数都市发展计划将重点放在基础设施与建筑物的法规与投资。并入行政区的协议可能是现有可行之最适当且迫切的行动,并衡量已经过考虑的未来决策。策略上来说,它决定了谁具有法规辖区且谁提供基础设施。为了产生利益,计划应有助于现有与其他行动相关决策之制定,而该行动在未来由其他人在其他地方采行。

有关计划的概念

马荷美特走廊计划从许多方面来说是日常实务典型的例子。由本书所发展出针对为何要及如何去制定计划的解释，就此例而言是有其道理的。然而，就传统有关计划的概念而言，它却又不是典型的例子。规划文献不是描述很少发生并影响决策的理想计划与过程，就是用这些理想计划与过程的不可行性去辩称说，在实际都市发展情况中计划是没有用的。市民倾向视计划为一完全控制的通盘性解决方式，或是完全控制的个别决策瓦解者。真正的计划既大又小，支持私人及公共决策，并且透过信息，而不是透过权限，来影响决策。因此计划如何运作的解释极其重要，因为它们有助于规划者及市民了解计划何时值得制定。

都市发展计划最挥之不去的意象是综合性计划——空间上的综合性，包括了整个社区或都会地区；功能上的综合性，探讨政府活动所有的面向；以及时间上的综合性而强调长时期。马荷美特走廊计划将重点放在一个地区，且不是现有任一都市的部分地区。一自愿团体雇用规划服务，其不是单一辖区，也不是一都会区政府或正式组织。该计划大幅地忽略了社会服务、学校区位及与其他参与政府成长地区相关之问题。私人开发商同时为各自行动制定其他计划。为解释这些所观察到的计划，我们不能依赖综合计划或无计划作为理想参考点。这些参考点无法解释为何计划被制定，且不是综合性的。为解释所观察到的，我们需要一套有关计划是什么，它们如何运作，它们在何种情况下能做什么，以及它们如何被制定的明确逻辑。这个逻辑应能合理地说明马荷美特走廊计划，以及明显地与综合性理想接近的计划，如奥瑞冈州（Oregon）都会区域政府的波特兰2040年计划（Portland 2040 Plan）（Metro 2000）。

许多最近的规划文献将重点放在互动过程，隐喻着说计划太简单及僵化，而无法在互动过程中发挥作用，以构思在民主治理及都市发展复杂现象中如何行动。然而在马荷美特走廊例子中,确有一计划,虽然该计划在许多计划中是一"小"计划,而这些计划由同一或其他单位针对相同或相关地区、功能及时间水平来制定。然而,相对于一组所关切的特殊相关决策,它又是一"大"计划,因为它迎合其被制定的情况。我们不能仅因将重点放在过程,而将计划排除在外,因为计划将决策与其他决策间建立起关系。互动过程融入了不同范畴的计划,这些范畴包括由一行动者制定两个决策,或由数百行动者制定数百个决策。它也包含了考虑一行动者能完全控制,或由许多行动者局部控制所有行动的计划。若互动过程之"理想"若不包含所隐含的计划,则在解释我们所观察到的现象上,其用处并不较一综合计划理想为佳。同样地,我们需要一更明确的逻辑来合理解释具不同范畴的所有计划,而这些计划在日常规划实务中实际并合理地被制定。计划的解释应合理说明一市长"研拟策略"——当制定决策时并修订计划——如此地快速,使得计划并非长期不变而仅被包装在炫耀的文件中。这些解释也应合理说明 1909 年芝加哥计划(Chicago Plan of 1909),而该计划被印制成一优雅的册子,且影响了许多年的决策。

  当被问到我从事何种职业时,我回答说我是一规划者,人们会说:"哦,我们在这里当然会用到你。这里没有规划。"或者说,"规划在这里没有用处。"我已经在许多地方听到这种反应,包括尼泊尔的加德满都市(Kathmandu, Nepal)以及华盛顿州的西雅图市(Seattle, Washington),这两个地方已经有许多计划。市民对计划能完成的事项有非常高的期待,并对一计划定义及其如何运作有着非常模糊的概念。如果他们能想象在当地能有一更佳的居住环境,他们一定会认为没有计划。如果他们认为政府或私人开发商应以不同的方式开发,那么当地一定缺少计划。若推断人居地(human settlements)所有问题的解释是缺乏规划使然,意味着计划能解决所有都市发展的问题。然而,计划仅能做某些事情,而且即使在这些情况中,它们的运作也是不完美的。

  成功的人居地不仅仅需要规划。人们通常对计划所产生结果的期待,较有可能由民主治理(democratic governance)或法规(regulation)来达到,即使是这两者其也仅能完成某些事情,且其运作也不完美。**以最简单的话来讲,计划提供有关相关决策的信息,治理制定集体选择(collective choices),而法规设定权利(rights)**。了解这些差异将带给人们合理的预期,并同时使用此三种方式来改善人居地。

有关计划的问题

——计划是什么?——计划拟定—决策,其制定应考虑其他当下及未来的决策。如果这些决策是(一)相关的(interdependent)、(二)不可分割的(indivisible)、(三)不可逆的(irreversible)及(四)面对不完全预见(imperfect foresight)时,计划是有用的。换言之,如果(一)一现有决策结果的值取决于其他决策,(二)该决策无法以无限小的步骤来制定,(三)该决策不能事后不需成本而逆转,及(四)我们缺少对未来的完全知识,我们能从计划制定中获益。这个狭隘定义界定了与计划有关的最基本内涵,并在第2章有详述。

值得注意的是,这个定义并没有考虑政府、公部门、法规或权限或控制范畴。行动者在私部门、自愿部门及公部门,以具有—决策的局部权限,或具有许多决策完整权限之个人或组织的身份来制定计划。计划本身不是有关政府、集体选择或中央控制的行为。这些其他现象是复杂系统之一部分,而在该系统中都市发展计划被制定,这些现象也因此影响了计划所能成就的事情,以及如何制定它们。

计划与复杂系统(complex system)的关系为何?复杂系统不会瓦解计划的潜力。它们反而给予计划能力。计划效果以及计划被制定的情况取决于这些系统的性质。有两个"自然"(natural)系统的解释——演化及市场经济——通常用来与计划作比较分析。具相关性、不可分割性、不可逆性及不完全预见特质的复杂系统,创造了计划的机会以改善自然系统所造成结果。主要论点是,当这四个情况出现时,时间上的动态变动瓦解了认为自然及市场系统会有可能达到可预测及好结果之主张。然而，改善的可能性在于假设意图至少是部分可预测的。信念、态度、价值或偏好必须是可预测的，否则考虑现有决策并参考未来决策及未来结果是没有意义的。制定有用的计划需要谨慎思考系统的动态行为、可用行动、可预测的意图及计划的潜在效果。第 2 章探讨计划如何在自然系统中运作。

计划能做什么？计划可以以议程（agendas）、政策（policies）、愿景（visions）、设计（designs）及策略（strategies）等方式来运作。每一种方式以不同方法影响系统，也因而适合不同特定情况。任何一计划可以以所有这些方式运作，但是从理论上区别它们，在解释计划运作情况上是有帮助的。策略是都市发展计划的最基本面向，因为策略直接考虑行动、结果、意图以及不确定性。策略最能完整地解决相关性、不可分割性、不可逆性及不完全预见所造成的困难。设计主要强调结果。愿景、议程及政策通常为策略或设计形式计划的共同效果。愿景、议程及政策也在严格计划定义之外的情况中发生。也就是说，愿景、议程及政策虽为计划如何运作的面向，但是它们也是独立于计划之外存在的现象。

例如，污水处理厂扩充是一策略问题。该扩充决策与道路区位及容量决策相关。容量将以大规模增量增加以利用兴建与运转的规模经济。该决策一旦兴建后是不可逆的，因为处理厂是一大型实质设施，并具有固定区位与相连接的管线网络。该决策面临不完全预见，因为它必须在它大部分容量需求发生前便兴建。污水处理厂计划因而应考虑这些其他相关决策，以增加该厂与其他决策的组合，产生制定计划者所期望结果之可能性。

这个计划最适合被解释为策略，但也同时具备其他面向。它可具有权宜时机规则，以连接到污水管线网络便于及时服务某地区所产生之需求。这些规则是该计划的政策面向。所期望的最终网络能被解释为该计划的设计面向。兴建该厂的设施成本可呈现在设施改善措施（Capital Improvements Program），以作为该计划的议程面向。为该厂所选择的容量可作为愿景，以影响社区快速或慢速成长的预期，亦即为该计划的愿景面向。都市发展计划通常强调实质设施投资以及法规，因为这些形态的行动较有可能具有相关性、不可分割性、不可逆性及不完全预见的属性。第3章解释计划如何运作。

计划能产生效果吗？这些有关计划如何运作的解释形构出评估计划效果的标准。马荷美特走廊计划对走廊中都市发展有任何效果吗？这个计划较在没有计划发生的状况下，产生更佳的结果吗？从谁的角度来判断该结果是更佳的？

在伊利诺伊州俄白那市（Urbana, Illinois），污水收集管线网络是兴建于1970年，使得它最终将废水从俄白那市东南方运送到该市东边一即将新建的处理厂。在此同时，污水可用马达经由原网络逆流抽到现有厂址。新增的厂没有被兴建，且将来也不会被兴建。然而，这个计划仍可认为是成功的策略，因为它保留当时被认为是好的未来选项，且仍然以已发生的不同扩充形态来运作。如果计划被视为面临不确定性的策略，即使最明显而可能的结果没有发生，该计划的内在逻辑仍是合理的。

马荷美特走廊计划会为香槟市非裔美人或现有低收入户增加相对的住宅及就业机会吗？这个问题也许没有明确地被提及，但确实不是当时规划讨论的主要重点。计划应同时就是否满足伦理接受度及道德承诺的标准而加以评估。

要评估一计划是否成功，较具说服力方式是，以一特定模式评估该计划是否按照该模式的逻辑操作，而不仅评估是否或许因计划而产生了好的结果。第三章最后一节，说明根据计划运作方式，就如何判断计划是否产生效果，拟定一套标准。

计划如何处理不确定性？计划面对有关住宅、商业及产业设施需求或需要的不确定性。这些不确定性之发生，是由于有关人口增加、迁移、住户规模、零售及制造技术、劳力成本相对优势、有关世界如何运作的信念与态度，以及品味或偏好之不确定性使然。在马荷美特走廊计划中，计划制定者面对有关谁会在哪一个都市中、在何种法规下、为何种目的、在何时、在何地从事开发的不确定性。还有关于现有及未来在该走廊中，居民愿意居住在何种住宅形态的不确定性。根据该计划所制定的法规，及拟定并入行政区的协议,降低了有关并入的不确定性,并改变了其他预期。然而,仍旧有许多不确定性存在,且该并入行政区协议以及其他行动,仍然必须考虑这些残余的不确定性。计划处理不确定性。它们无法完全排除不确定性。

人们通常视计划为选择一个未来,并尝试实现它。然而,计划可包括一组所期望的未来(或所期望未来之一分配),一组行动可能的结果,以及一组可能行动来涵盖不确定性。预测之进行系作为可能结果之分配,而不是作为单一结果的预测。行动间的关系能在空间上及时序上加以组织,以便在制定后来的决策时,考虑先前决策之结果。一计划便是一时序上决策的权变(contingent)路径,其在决策制定过程中,考虑了许多不确定性以及先前决策的回馈。这个解释也导致了制定计划净利益(net benefit)的特定标准:有计划情况下权变序列决策制定之预期价值,减去无计划情况下决策制定之预期价值。第 4 章详述策略、预测以及作为面临不确定性策略之计划价值。

为何自愿团体、政府以及其他组织会制定计划? 计划其本身不是关于政府,但是政府确实在制定计划。我们需要解释为何政府在特定情况下会制定计划。个人、厂商、自愿组织、特殊目的公家机关,以及一般目的政府均采取行动,并因而面对为这些行动制定计划的选择。它们面临有关是否要制定计划的决策。即使从个人眼光来看,在某些情况中,个人(或单一组织)制定一计划比起共同来制定计划,不见得更有效率或效果。如果计划中的信息能与其他人分享,通常该计划对制定的人而言最有用途,而使得该计划成为一集体财(collective good)。如同其他集体财一般(如灯塔、国防或主要道路),如果一个人使用一计划的信息不会降低它对其他人的价值,而且并不能防止其他人使用该计划,那么计划的特殊组织考虑是需要的,以达到制定计划投资之适当水准。这些概念提供计划可能被制定其制度形式(institutional forms)上的解释。政府会制定计划乃是因为该计划专注在该政府本身之投资及法规,或是因为该计划虽然强调其他单位权限的决策,但却是一集体财。马荷美特走廊计划同时适合这两种解释。第 5 章解释集体财,计划成为集体财的情况,以及政府计划制定的组织隐喻。

法规(regulations)与计划有何不同,同时法规又如何受计划影响？法规包括分区管制(zoning)、土地细分法规(subdivision ordinances)、财产税(property taxes)、冲击费(impact fees)以及其他强制性个人间、个人与政府间或政府间权利的分派(assignment)与重分派。法规影响所允许的行动范畴。包括马荷美特走廊计划或波特兰2040年计划等计划,提供相关决策与预期结果间关系的信息,但这些计划并不直接决定所允许行动的范畴。因此法规与计划不同,而计划逻辑应能解释法规如何设定制定计划的背景,以及法规如何受计划影响。

权利(authority)分配以制定决策影响了所从事的选择,以及这些选择是否会导致所期望而恰当的结果。计划也影响所从事的选择,但计划系透过信息来影响选择,而不是透过强制执行。法规之实施依靠社会规范(social norms),或有时称之为社会法规(social regulation),以及政府运用武力的合法独占性。因此,即使行动者面对特殊案例想要采取不同作为,法规限制了个人行动。法规,如分区管制,其欲影响都市发展空间及时间形态,会受到计划的影响。设想出何种分区项目应用在何地区,取决于计划,但正因是分区管制,而不是计划,改变了拥有者的权利。法规也能影响谁能制定计划以及如何制定计划。第6章解释权利与法规的逻辑,有关谁制定计划的隐喻,以及支持特定形态法规之计划所需的特性。

人类有哪些能力以制定计划？人类制定计划的能力,不论是个人或团体,受限于认知能力以及影响知识及价值的社会结构。尽管有这些限制,人们仍然在制定计划。马荷美特走廊计划所聚焦的范畴是有道理的,不仅是由于它被制定时的情况,也是由于人们制定这种计划的能力,包括市民及专业者。这些限制解释提供了一架构,以进行建立合理指引(prescriptions)来说明更佳,但仍旧是人类能力所及的,制定计划方式。心理学的研究解释了许多分析制定计划情况下的认知能力面向。社会学的研究解释了个人自主以及社会结构间之互动。专业规划者具有都市发展、计划使用以及制定计划技巧的专门知识,而他们用这种专业知识与雇主一起工作。第7章考虑认知能力,个人自主与社会结构之关系,专业技能及组织中角色间如何互动,以解释专业伦理基础以及使用专业知识来制定计划。

计划与集体选择(collective choice)及参与(participation)有何不同,并如何受后两者影响?集体选择为一团体其成员具不同利益及偏好,寻找出一共同决策。虽然计划会影响集体选择并受它们影响,这个功能与计划功能不同。集体选择机制寻求两个原则:(一)透过商议以增加社会认知能力——思考的量与质,以及(二)代表不同的信念、态度及偏好。爱罗(Arrow)的不可能定理(impossibility theorem)认为没有机制可以设计出来,以整合两个选择以上偏好,同时又能满足民主过程中合理的标准。然而,所有形式的社区、自愿团体以及政府组织每天都在制定这种集体选择。为一设施方案发行公债的公投,市议员选举,针对建设提案所举行的住户会议,一议会会期以讨论所提出的建设方案,以及地方议会投票来改变分区,都是集体选择的例子。

有几个解释能有助于了解集体选择之困难,在实务上是如何解决,以及如何刻意激发冷淡的民众参与,以加强认知能力及代表性(representativeness)。集体选择由参与者互动所塑造,表示说它们受历史的影响,而不是当下的情状。市议会会期是重要的,而并不只有投票。集体选择机制通常会改变,如肯塔基州来克辛顿市其市及郡政府的整并,或是奥瑞冈州波特兰(Portland, Oregon)都会区域政府之创立。所激发的参与(induced participation)能和集体选择过程互补,但参与本身并不能化解困难。第8章解释计划与集体选择有何不同,计划如何能与集体选择过程互动,以及所激发的参与如何能改善集体选择及计划。

计划逻辑能否解释我们所观察到的计划及计划制定过程?地方政府、私人开发商、特殊地区、住户团体、企业团体及其他人与团体,以个人及自愿团体方式从事规划。他们制定的计划其范围可从1929年纽约及其环境区域计划(1929 Regional Plan of New York and Its Environs)(Johnson 1996),其涵盖了四个州的部分地区,到四十英亩的土地细分计划(subdivision plan)。如果计划逻辑有助于解释这个范围内所观察到计划何时及如何制定，那么它便也能提供一有用的基础，针对制定计划发展出改善指引（prescriptions）。所观察到计划制定能被部分解释为在计划值得之情况下制定计划的决策，以及被部分解释为使用与认知能力及集体选择可能性一致的可用方法。程序理性及沟通理性提供了类似的标准，以作为这种计划制定行为之解释与辩解。与计划结果有关的计划制定诊断评估，指出了改善指引的特殊机会。第9章使用先前章节以解释所观察到计划之制定。

在何种情况之下计划应该制定、由谁制定以及关于都市发展哪些面向？这些计划应如何制定？当与所观察到的计划制定以及传统指引比较，制定计划逻辑提供了辩解来修正现有指引，以制定更佳计划，并有效地使用它们。这些修改后的指引建议下列原则：

- 在影响都市发展日常活动川流中，抓住机会以使用计划。
- 从决策情况观点建立计划视点（views）。
- 当使用计划时，留意机会以制定将会有用的计划。
- 制定在地理、功能及组织范畴上有效率的计划以配合特殊情况。
- 将注意力集中在连结后果（consequences）与相关行动上。
- 使用正式制度及激发参与作为商议（deliberation）与行动的辅助机制。

第十章根据计划如何运作及所观察到计划制定的解释来订出这些指引。这些指引将会同时改善计划，并在实务上是可行的。它们将在规划者及市民间，就计划能以及应该完成之事项，提出合理的预期。

解释（Explanation）、预测（Prediction）、辩解（Justification）及指引（Prescription）

本书的基本前提是，有一制定都市发展计划的逻辑，该逻辑可用来解释我们所观察到的计划，以及该逻辑可用来辩解制定计划的指引。本节简单地将这些前提就理论与解释上的概念加以定位，以提供对这些前提质疑的读者作参考。

此处所发展出的逻辑，企图成为一贯且不断演变之一套解释，而不是根据核心且基础的概念所建立一完整而一致性之理论。即使它不完全并不可准确地加以一般化以用于所有情况，它在面对制定计划之真实世界是有用的。这一套解释有些部分已被广泛地接受，但即使是这些面向却也很少被陈述出来。在此处陈述这些解释能引起向来是隐而不见的异议，并创造机会以建立更好的解释。

米勒(Miller 1987，135)定义理论为解释："……任何透过较不能直接观察到的现象描述，解释相对地可观察到的实证事实(通常是规律或形态)。"如果这种解释能用来巧妙地应付这个世界，即使如果其不支持严格的演绎结果，它们也是恰当的。一解释在不同层次对某事物做合理的说明，但解释不必是唯一或相互排斥的。与资源及市场之地理关系或是社会关系之创立，都能解释一都市的成长。这两个解释并不互相矛盾，但是它们将注意力放在不同面向。

我们依赖预测去面对这个世界，而通常不直接考虑解释。当我们在可观察的事物中观察到一改变时，解释——将可观察的事物与其他可观察的事物连结起来——有助于让我们想出哪些其他事物也会跟着改变。解释因而强化了可观察世界的可预测性，以及在可观察世界中，因改变所造成影响(effects)的可预测性。如果我们想要以不同的方式而做得更好，解释具有价值。

解释与辩解整理如表1-1。两行分别区别计划实际及应该被制定的情况与程序。两列分别区别所观察到的行为解释与指引的行为辩解。

表1-1 解释与辩解的类别

	计划发生的情况	产生计划的行为
解释预测的	在何种情况下，何种类型计划会被制定？	当人们制定计划时，何种行为会发生？
辩解指引的	在何种情况下，何种类型计划应被制定？	为了制定好的计划，何种行为应进行？

例如，我们想要解释为何我们经常观察到市中心计划以及都市边缘计划，但却较少见到现有住宅区计划。计划为何会在某种情况下，而不是在其他情况下发生？为何我们常看到规划者在制定计划时从事人口预测，但其除了当作一特殊解决方式辩驳的工具外，却很少看到他们产生一些方案？这些问题的答案可解释为何某些事件在某些情况下会发生。预测之严格阐述应能预测谁会在何时做什么事。计划解释很少具有这样的精准度。我们也许不能预测哪一个市中心地主或商人将在何时对哪些同业提议制定计划，但是我们能解释为什么这种人较个别住宅区居民较有可能建议并同意制定计划。

我们也想要辩解规划者在已知情况下应如何做。这些辩解具指引性。如果一州政府规定地方政府制定某特殊范畴计划，那么对这些计划的要求应根据指引性辩解，以说明为什么这种范畴对地方政府是有用的。有关制定计划的指引应就证据（evidence）或论证（argument）来辩解，以说明规划者所从事活动会造成较佳计划或更有效率。

我们能视计划制定行为是视当时情况而定。曼德庞（Mandelbaum 1979）将这个概念以不同的字眼论述，包括环境（settings）、过程（processes）及结果（outcomes）。已知一特殊环境及一特殊规划过程，会有什么事情发生？本书所采用的方法并不在寻求如曼德庞一般理论（general theory）的标准："一有效的一般性规划理论的核心，会允许分析者检视任何一组有关过程、环境及结果关系的主张，并准确地预测那些能经得起实证考验的主张。"（67）在讨论此种"无所不能定律"（covering law）的科学标准，米勒（Miller 1987，140）指出："……没有任何科学曾达到这个标准。"我所用的方法系根据米勒的观点，在于强调针对制定计划某些面向建立一套一贯性（coherent）解释——"即某些机制是某些现象最重要特性的基本肇因。"（140）[注1]

结论：为何从事规划以及如何作？

有关计划的概念通常以理想的形式表达，但却在解释或辩解我们日常经验所看到广泛而不同计划,计划制定情况,以及计划制定方法上没有助益。人们对计划有不切实际的期待,部分原因在于他们缺少对计划是什么,及它们如何运作有清楚的认识。都市发展制定计划的逻辑在寻求解释我们所观察到的事物,并针对在特殊情况以特定方法从事制定计划的指引作出辩解。

译注

　　大致而言,台湾规划研究目前已从形而下的实质环境设计脱胎换骨到形而上的社会科学研究。台湾规划思潮不论从1950到1970年代的摸索期,以至于1980至1990年代的成长期,直到现今的反省期,均受到美国学界巨大影响。沿袭建筑设计传统,在摸索期中,规划研究重点在于都市实质环境设计,但已开始对社会科学的引入产生兴趣,包括大型数学模型建立。在成长期阶段,由于受到美国学界影响以及随着大型数学模型式微,台湾规划界不仅在理论上,且在实务上开始大量引入美国社会科学的研究典范与成果,包括制度经济学、政治经济学、批判理论、沟通理性、永续发展、全球化、成长管理等等。虽然台湾研究人口较大陆少,但这段期间各种规划研究主张蓬勃发展,而主管当局因学者的引荐,也推出了对应政策,例如土地管理制度中的开发许可制便是一例。由于从各国所引入的一些措施,因文化风情相异,实并未达到预期成效,加上政治气氛转变,有些学者便开始反思如何针对台湾实质环境独有特色进行本土性研究,因此进入反省期。然而仍有大多数学者坚持国际路线,因此现阶段规划研究呈现两极化:本土化与国际化。然而不论是本土化与国际化规划研究,在研究方法上,至少在学界已从早期实质环境设计的建筑学传统,转变为社会科学性的科研性质。反观大陆规划研究主流似乎仍在环境空间设计,较少就规划对社会变迁影响进行深入探讨。例如从《规划师》杂志所刊登的论坛内容来看,间或有对城市规划决策与管理之非实质层面有所探索,但大多数篇幅仍以报道城市开发设计面为主。而以社会科学为基础探讨规划内涵的篇幅更少。因此大陆规划研究走向与台湾规划学界大异其趣。在美国,规划师所扮演的角色早已脱离了工程设计师的技术专业,而是在政治过程中从事沟通与协调的折冲工作。至于香港方面,因历史因素,规划研究似多以西方国家研究成果,尤其是英国,作为发展主轴。

　　都市发展是一极为复杂现象,可以从许多面向切入,但至今仍无统一的理论。但是可以确定的是,都市发展过程至少包含两组相互影响的决策:设施投资与其间活动。而这些决策在随之演变的制度结构中展开,形成一空间复杂体。规划专业的根本问题在于,为何要从事都市发展规划以及如何进行,而本书主旨便在讨论这两个问题。作者主要欲借由既有社会科学理论以及实际例子,发展一规划逻辑,以解释所观察到计划制定的现象,并提出改善之道。都市发展计划其规模可大到国土发展,小到一个街廓开发,且可由任何个人及团体发起。如何描述这些复杂规划行为、其发生原因以及其对都市发展的影响,对都市规划专业者而言,是极为基本的知识。都市发展计划制定的探讨,其所涵盖面向极为广泛,而文献上对都市发展议题的探讨也有一段历史。但是对于与计划制定相关的一些基本问题,至今不仅探讨较少,且无一系统整理。本章开宗明义地说明发展一套规划逻辑的重要性,并解释为何需要以及如何进行都市发展规划,作为规划学术领域以及专业知识理论之基础。

第 2 章

自然系统中以计划为基础的行动

我心目中的艺术家是如此的崇高,当他以其影响深远的美学概念及设计威力,伟大地勾画轮廓、涂抹颜色以及指引图画的阴影,使得他为大自然所安排的作品在尚未实现他的意图前,大自然会在该作品中作用许多世代(按:想象此艺术家是自然景观设计师)。

——佛列德瑞克·罗·欧尔姆斯泰德(Frederick Law Olmsted 1852)
在英国与一美国农民散步与聊天(*Walks and Talks of an American Farmer in England*)

在都市发展复杂系统中从事规划，如同在湍急的河水上划独木舟。你所学习到划独木舟的技巧是包含在计划中的可用行动，而河川是你从中规划的系统。如果河川是静止的，你能将独木舟指向所要去的方向并划桨。然而，在流动的河水中，你将不会到达你所指向的地方，因为独木舟的运动同时受到你划桨方向以及河川流动方向的影响。[注1]规划作为河川划舟的比喻具有五个隐喻。

首先，如果你知道如何做，你能用川流来停止、旋转或从河川的一岸穿越到另一岸。换言之，你能以与河川流动不同的方向来移动。即使你不能控制系统，且其显现的意图与你的不同，你却能以你的行动与所在复杂系统之组合来改变都市发展结果。

第二，如果你只是等待而不规划你的航程，你将不会停留在原位。你必须不断地监控（知道你所在的位置以及其与你所做事情之间的关系）、规划及采取行动。为都市发展制定计划是你必须不断做的事情，而不是仅做一次而已。

第三，你必须能够至少局部地预测河川川流以及你划桨之组合如何带动独木舟。这些预测必须在你横越或顺流而下时考虑河川川流的变化。你不能假设事物在时间及空间上是固定不变的。透过了解河川及如何"解读"（read）它们，你能针对前面短暂的航程，预测河川川流的形态，以规划你的策略。如果你的预测不完美，你将根据已发生的事件或后来较近距离范围的观察，而需要权宜（或权变）（contingent）的行动。你的计划其范畴（scope）将取决于你预测的范围（range）。

第四，你必须能将可采取行动与迫切问题或机会之间做一个搭配。顺流而下快速地朝向一块石头移动是一个问题，但是你不能仅仅决定不要撞到这块石头。那个决策是不足够的，因为你的能力无法作这样的决策。你仅能决定如何划桨并调整独木舟方向，使得它避开这块石头。你不能只是决定要一个利于步行的社区（walkable community）。你必须选择投资及法规，将你推向那个机会。

第五，你可采取的行动是相关的。你现在选择采取何种行动将影响你的处境,也因而会影响你未来所采取其他行动的结果。如果你航行并横越河川到另一端一个漩涡的静止水面上,你能从不同角度切入下一波激流,而到达不同地方。当行动不能以无限小的步骤进行,且不能逆转(reversed)时,计划变得有用处。在转出一漩涡中之静止水面,以进入川流而朝下游划去时(即一"旋转",eddy turn),你不能仅做部分旋转,因为除了一开始(面朝上游并静止)及结束(面朝下游并顺着川流而下)以外,其他每个位置均不稳定。该行动是不可分割的(indivisible)。如果你从一漩涡转出而朝下游划去,且河川的流动非常快速,你将无法回到原先的漩涡。该行动是不可逆的(irreversible)。当行动是相关、不可分割及不可逆的时候,在采取第一个行动前想清楚未来的行动,具有价值。

河川以复杂的方式顺流而下。除非你比河川更有力,你不能直接朝上游划动,而且你不能改变河川顺流而下的基本特性。然而,你能在河川上以某程度的目的及意图前后左右移动,这与随波逐流截然不同。在河川上划独木舟与规划人居地可合理地解释为两个极端间的一种现象。其一端为一假设你能完全控制的计划,而另一端则为完全没有计划。

错误控制(Error-Controlled)、预测控制(Prediction-Controlled)及以计划为基础的行动(Plan-Based Action)

规划过的演变形态,典型上是与"自然"的演变形态成对比,其中自然(natural)指的是整个系统方向不具意图。在不具意图方向的系统中也会突现(emerge)出明显秩序。为了了解如何能将有意图行动引入自然系统中,我们需要理解自然系统如何演变。基本概念是错误控制,不论在生物方面或经济及社会的类似体,其乃构成演化(evolution)的基础。[注2]

暖炉、取暖的房间及温度计构成一个错误控制系统。室内温度是被控制的变量,而室外温度的改变干扰这个系统。温度计感应到室内温度,并因而开启或关闭暖炉。错误控制的关键在于温度计回应**室内温度**的改变;

它是针对主要所关切变量状态的**事后**反应。只要错误控制系统刚好能在主要变量受影响发生**之后**，及时反应来处理不同的干扰（disturbances），该系统便能存活下来。

自然演化中，干扰包括一物种所处环境之所有属性。控制器（controller）是一物种的基因突变（gene mutation）及基因重组（gene combination）。主要变量（essential variables）（类似室内温度）为如体温的变量，如果物种个体必须存活，这些变量必须维持在某些范围内。基因重组以及所因而产生的个体，若刚好能够适应它们环境中的干扰，便能存活下来；不能适应这些干扰的个体便不能存活。在这个自然选择过程中，存活值（survival values）其选择不是独立于或自外于整个过程。存活值与生物体或朝它们演进的过程一起演化。

哪些个体应存活或哪些存活变量值应被追求，并无外在的选择。控制器并非为了维系个体而选择某种反应。控制器存在于生物体内，而其反应形态的存在只是为了自身的存活，而能维持其本身处在存活范围内。如果环境中干扰的形态，以及维系主要变量于存活范围内之必要反应改变的话，错误控制便不能改变它的反应以维系本身的存活。错误控制及演化没有内在意图。它不知何去何从。然而，它会演化到一个地步，而且其行为也只能事后被解释为看似追求所达到的结果。

计划以及其所根据的意图，将总是存在于某大型系统内部，但却存在于我们能够局部控制之子系统外。我们能应用预测及计划试着去存活，但是我们不能使我们的存活，成为整个系统事后的意图，更何况在所期望及公平的社区中存活。即使演化能事后描述为朝向最终结果演进，但这个结果并不能视为一原本就期待的意图。从另一方面而言，我们能制定关于系统的预测及计划，并能针对该系统局部性地根据我们的意图来设定目标，如同在河川上划独木舟或选择一暖炉并安置一温度计。有三个方式可采行：目标导向行为（goal-directed behavior）、预测控制及以计划为基础的行动。

目标导向行为类似错误控制，但是具外在设定的目标。建立目标及适当控制器后,每当该控制器侦测到与目标偏差时,便进行干扰以采取补救措施。如果目标是维持处理厂排放水的某种品质,且控制器感应到排放水的品质已偏离了目标,那么该厂便会改变处理过程。如果目标是一特殊土地使用形态,如"新都市主义者"(New Urbanists)所提倡的较高密度、混合使用及便于步行的住宅区,那么土地使用法规及控管控制器便会被实施。尤其是,分区管制规则(zoning ordinance)会允许混合使用。如果土地使用形态偏离了目标,其也许因为密度太低,立法机构便会改变分区管制规则,以设定最低而不是最高的密度。值得注意的是,在这个例子中,依靠错误控制也许不会成功。若在土地使用形态已局部发展**后**,才察觉到目标形态不会发生,则已太迟了,因为拆除及重建建筑物及基础设施是昂贵的。因此,不太可能改变现状以达到所期望的形态。

　　预测控制在土地使用的情况中会比较有效,因为它能及时察觉到对密度主要变量所造成的影响。与其回应室内温度改变,预测控制器能根据室外温度,预测未来室内温度,尤有甚者,能预测未来室外温度的形态。在排放水品质的例子中,预测控制器会监控**流入**处理厂的污水,并预测所需的处理,使得排放水不会偏离品质目标,甚至即使错误控器也无法侦测到其差异。在住宅区开发中,其所产生的密度通常低于分区管制所允许的,因而提供一预测基础,表示具较高最大容许密度的分区管制规则,将不会增加开发发生时的密度。利用这个预测,在开发发生前,但不是在初始开发已脱离目标后,便可执行一最小密度分区管制规则。虽说预测控制不完美,但在行动是不可逆的情况下,它清楚地能改善与意图有关的结果。

　　以计划为基础的行动比目标导向行为或预测控制更为复杂。目标导向行为仅指一旦察觉到偏离目标,便予以修正。预测控制指的是,如果根据干扰及行动的预期形态,只要预测到偏离目标,便会加以修正。以计划为基础的行动指的是,在采取第一个行动前,先根据该行动与其他考虑中行动间的关系加以分析,然后再进行。一计划可考虑快速道路、主要道路、收集道路(collector streets)、污水处理厂、学校、公园及土地使用开发区位、容量及开发时机的预期。任一行动的采行考虑了其与其他行动预期的一致性。特定规模污水处理厂能在特定区位兴建,以服务同时将具街道设施的发展。预测是不足够的,因为这些决策是相关的。预测污水处理厂区位,以决定快速道路区位,便无法考虑该厂是否应在其他地方兴建,而改善污水处理厂与快速道路的共同效果。计划界定了一组配合运作的相关行动。

瑟区曼(Suchman 1987,187-189)利用人类学例子,说明以计划为基础的行动与目标导向行为的类似区隔。具欧洲传统的航海家设想出一航程,形同一连串罗盘方向与每个方向的距离,作为组合运作的一组相关行动。一旦所规划的航程执行了,船只便到达了目的地。错误控制修正则是用来沿着规划航线保持方向。密克罗尼西亚的(Micronesian)航海家仅利用星象、海潮及其他证据,追踪离最终目的地方向的偏差。他们不规划航线,但是修正方向以便航向目的地。

错误控制行动会太迟。预测控制行动透过考虑先前决策,以分析之后的决策,而改善了预留的缓冲时间。当两两行动互相影响时,以计划为基础的行动能处理相关性。系统中总会有许多层次的控制同时发生。当我们尝试引入意图以控制某一层次时,在较高或较低层次则会发生错误控制。在其他层次也会发生其他的预测控制及以计划为基础的行动。

均衡、预测及最适结果

经济学家及环境学家常认为规划行动瓦解了系统行为,而该行为如果不受干扰的话,会自然达到可预测、稳定及所期望的均衡(equilibrium)。了解这种主张的基础,以及这些主张背后逻辑失灵的情况是重要的,而在这些情况下,计划能派得上用场。

系统通常以均衡的概念来分析,而均衡是一种状态,当系统一旦达到均衡,便停留在该状态,许多经济及生态系统分析强调均衡存在、唯一且具有所期望属性之条件。均衡概念与预测、评估结果以及考虑以计划制定方式来改善结果的机会有关。就一已知系统而言,如果只有唯一的均衡存在,那么系统状态的最佳预测是,它将会呈现均衡状态。因此,评估该均衡的属性,以决定我们是否要让该均衡发生,或者在系统中采取行动,以达到不同结果,这种评估是恰当的,在下一小节,我们将会探讨一系统是否会从一已知起始点达到均衡的问题。

阿尔全(Alchian 1950,220)采用演化的类似观点来解释个体经济学中有关最适状况寻求及均衡模式的熟悉论点:"基因继承(genetic heredity)、突变(mutations)及自然选择(natural selection)的经济相对概念是模仿(imitation)、创新(innovation)及正利润(positive profits)。"在一市场系统中,我们所观察到系统的结果,系由那些已存活的厂商所组成。如果有许多厂商在竞争,那么存活者将是那些不论以何种方式产生利润的厂商。个体经济学界定一组条件,其中这个模式具有唯一均衡,使得没有一个体想要改变行动,且资源不能重新分派,以增加产出价值。[注3]如果许多厂商及生产事件发生,而使得所有(或至少许多)可能生产选择被尝试过,那么存活者将是那些以狭隘观点解释之最适运作的厂商,即它们能以可用资源生产最有价值产出。即使其生产选择是任意决定的,在均衡状态下的存活者,将会是那些碰巧在最适生产水准作业的厂商。这个最适结果取决于行动者财富的初始分配,且所谓最适,也仅就生产过程资源分派而言,而不是正义(justice)或公平(fairness)等任何的外部概念。因此,从一较广义的外部观点来看,不论其发生是否为"自然的",这个均衡不见得是所期望的结果。

厂商营运环境的改变,将改变存活者的特性,但这不是因为任一厂商能刻意地改变其特质。五十年前市中心零售业者,被新厂商在购物中心及之后的大卖场(big box retail strips)使用新零售技术所取代。也就是说,极少数的厂商能刻意地自我转型,以便在新的情况下存活。而是说新的存活者碰巧找到新的零售技术。微软(Microsoft)取代了IBM;而IBM并没有变成微软。根据均衡所作的预测,其预测了存活者特性,而不是厂商制定决策的行为。

在一非常稳定的环境中,模仿存活者是明智的。然而,在一变动的环境中,产生变化,使得有些厂商(或生物体)能在新的情况下存活,才是明智的。在一变动的环境中,谨慎的"最佳操作"(best practice)模仿者比幸运的冒险者(risk takers)较不容易存活。哪一个冒险者会生存下来,十分难以预测,但是一具有许多不同冒险者的系统,比一群模仿者较有可能形成某些存活者。[注4]例如,有效率而集约(compact)的都会区域,其具备优良的地震政策,但却位于海岸线上,仍必须借由腹地都市的辅助,而于因全球气温上升所造成的海平面升高情况下存活。

我们所面对的复杂系统已历经历史中无数的冲击而存活下来,并演化出一稳定的范围。我们所观察到的系统,正是那些已在这些冲击下存活下来的系统。如果我们完全在这历史冲击的范围中操作,我们可预期该系统会吸纳我们的干预。因此,弹性(resilience)系由一系统在过去所存活下来的干扰范围而决定。一系统若是没有被干扰过,则没有弹性。我们处在一演化系统中,其具有非常长的实质(physical)及生物(biological)历史,以及可观的社会(social)历史,足以产生明显的弹性,来适应过去干预范围内的改变。这个弹性是机会,也是问题。它造就十分稳定的系统,使得我们能冒着有意图改变的风险,而不会摧毁整个系统。然而,它也会妨碍我们所欲从事的改变,例如解决正在实质性摧毁人居地及社区的种族冲突。而所面对的挑战,在于避免引起超过整个系统范围的干预,同时又能创造改变,足以达到子系统的变革。若要改变"自然的"均衡结果,计划是有用的。

动态调整(Dynamic Adjustment)

若将重点放在均衡分析上,则忽略了从初始状态到均衡状态的动态调整。为了合理解释计划,我们必须考虑这些动态。系统能解释为借由转变(transformation)或行动,从一状态改变而向另一状态移动。一连串这样的状态或行动是一路径(path)。如果形成都市发展的行动可以逆转而不需要成本,那么许多区位选择者便能尝试各种区位。错误控制器便能向每一区位选择者反应,并报告净利益,而该区位选择者便能不断迁移,直到没有人有理由迁移为止,因为没有人能找到一个比现有区位更佳的地点。这个无成本调整过程,是均衡分析的基本假设。然而,都市区位决策是不可逆的。一旦实质或社会结构被创立了,它不能以其他形式或地点被移动或重建,而不用花费重大成本。第一个零售店所选择的区位,影响了整个后续发展形态。[注5]因此,即使如果一市场系统之均衡结果被视为所期望的,当行动是不可逆时,该结果也不太可能发生。

如欧尔斯及判斯(Ohls and Pines 1975)的解释,"蛙跳"(leapfrog)式发展所遗留之郊区发展空隙,可归因于对不可逆性的认识。先预留一笔空地,而在离就业机会、购物及基础设施较远且同样大小土地上,兴建低密度开发是合理的。之后,每单位土地面积产生更多旅次的高密度发展,便能在靠近工作、购物及基础设施的土地上兴建。若一开始就在较近的土地上兴建低密度之发展过程,会造成不同样的结果,因为拆除所兴建的低密度发展,以便之后盖高密度发展,是不敷成本的。

均衡模式已被用来预测在一交通网络下,相较于交通成本的住宅区位形态。这种模式必须假设个人能不断地改变住宅区位,直到均衡达到为止,或假设个人刚开始尝试时,便能选择未来的均衡区位。这两个假设都不合理。在动态调整过程中,每一行动都具有成本,且其逆转需更多成本。这在道路与建筑物的兴建尤其如此。租或买房子也要花费时间及金钱:花时间找合适的房子、规费及税。迁移也花费金钱及时间。不论归因于错误或个别调整,一旦迁移了,要再改变则需要额外的成本。

在均衡方法中,没有考虑这些迁移的交易成本(transaction costs),因为就都市发展而言,许多事物的改变太快,使得没有足够的调整时间去克服这些成本,以便在区位或密度上做重复的尝试。当零售技术改变了商店区位,住宅区位却无法很快地调整,以与新区位处在均衡的状态。如果我们尝试创造"新都市主义者"便于步行的社区,我们不能仅仅兴建新的高密度零售商店,而期待住宅密度会很快地调整。交易成本将阻碍迁移,因为所预测的均衡获利将无法足以补偿之前行动的逆转成本,否则这些迁移便会导致所预测的均衡。【注6】除非在采取行动前计算出均衡,亦即制定了一个计划,否则个人无法在第一时间便选择均衡区位。【注7】

针对动态调整问题的理论回应是指标性规划(indicative planning)。指标性规划的原始实例是法国的产业规划。可汗(Cohen 1977)对此有描述与解释。在法国模式中,政府机构为每一种产业生产求其均衡解,并将此信息公开,作为生产的计划。"指标性规划的驱动力量是一种良性循环:越多的产业按照此计划生产时,计划的信息会更准确;若计划的信息越准确时,产业将会按照计划来生产的理由便越有力。"(10)

此概念可以延伸来考虑均衡的选择,并使用均衡价格,而非均衡产量,作为指标(indicators)或信号(signals)。在这个解释中,指标性规划要求我们寻求所希望达成均衡状态之一组均衡价格解。在土地使用的例子中,此方式隐喻着寻找一最适土地使用形态,并透过税或费用(fees)来改变价格,进而实现该形态(Hopkins 1974)。以最简单的方式来说,指标性规划预测并选择一均衡点,计算其所隐含的价格(信号),进而在市场上建立这些价格。透过对这些均衡价格的首次决策反应,该均衡便可由厂商的各自行动而达成,因为不需要趋近均衡的迭代过程(iteration)。这个目标既是被预测的,也是被选择的。意图成了预测。如果其只是预测,因为它不是被接受及期望的,而不会被实现。如果它只是被期望的,那么它也不会被实现,因为它不被认为是会发生的均衡状态,并使得其价格也因而普及。【注8】

即使如果我们只强调个体经济分析中资源有效率分派的狭隘解释,都市发展系统也不会具有符合传统均衡分析的必要特性。此外,如同在河川中,我们可企求达到一不同于系统演变所趋向,或已"自然地"达到的均衡状态。无论是否为了达到经济效率,或者我们所选择的其他标准,在克服具成本的动态调整问题上,计划是有用的。

相关性、不可分割性、不可逆性及不完全预见

面对不完全预见(Imperfect foresight)决策的相关性(Interdependence)、不可分割性（Indivisibility）与不可逆性（Irreversibility）——四个I——是四个特性，其使得新古典经济学论点所依据的无成本而快速的调整决策，并朝向均衡演进的过程无法成立。因此在这些情况下，市场失灵的理由较一般所强调的外部性（externalities）及集体财（collective goods）更为根本。外部性及集体财问题在第五章会探讨到。[注9] 如表 2-1 所整理的，四个 I 定义出计划能改善结果的情况。它们是计划可能被制定的主要解释性预测指标，也是为何计划值得制定之规范性解释理由。[注10]

表 2-1 四个 I

	相关性	不可分割性	不可逆性	不完全的预见
定义	A 行动结果受 B 行动的影响	行动增量的规模影响行动的价值	可采取的行动要恢复到先前的状态需要成本	一种以上的可能未来
范例	土地（或道路）价值取决于道路的通行（或可用土地）	连接两个区位的道路必须完整，且其宽度足以容纳车辆	道路改道或拓宽需成本	工作机会能以不同的速率在不同的区位增加
隐喻	行动不能分开考虑	连续的边际调整不具效率或不可能	历史及动态是重要的	不确定性不可排除
反应	考虑行动组合的影响	考虑变动的规模	采取行动之前，考虑相关的行动	考虑行动、后果及价值的不确定性

决策是行动（或无行动）的承诺（commitment），并且是由具有能力采取行动的个体或主体来制定。方案可包括无决定、无行动或其他行动，但决

策至少隐含着两个选择。行动可以被创造出来,而不是已知的。规划者能设计新的法规工具或市中心发展提案,并因此为地方议员创造选项以投票决定。在非例行的情况下,行动暗指着采取特殊行动的决策。在例行的情况中,行动仅表示习惯、传统或规则。

相关性指的是,一行动结果其值受到另一行动的影响,反之亦然。在某时间某区位,以某规模兴建一污水处理厂的利益,取决于道路是否有兴建,就业机会是否有创造,住宅需求是否有发生,以及其他许多行动是否被采取。它也受到这些行动的区位与时机之影响。除非当污水处理厂在某地兴建后,有需求发生,否则它便没有用处。反过来说,这些其他行动的利益也受到处理厂决策的影响,因为若是没有处理厂的服务,它们也无法以相同的密度、区位或时间来兴建。

行动的独立性(independence)、相依性(dependence)及相关性(interdependence)可以用简单的赛局(博弈)加以区别。在该赛局中有两个地主,A及B。每一地主拥有一块土地,可供住宅及零售建筑物的兴建。每一选项的利益,或在赛局理论中所谓的报酬(payoffs),在以下的赛局表中有所说明。你可以将它们视为货币值,但是它们可为任何效用的衡量方式,而且你希望其值越大越好。就每一对决策而言,第一个数值表示参与者A的报酬,第二个数值为参与者B的报酬。

在赛局2-1中,每一个地主可从两个行动中加以选择,而另一个地主的行动不会改变原地主选择所造成的个别报酬。因此,不论B选择住宅或零售,A获得12的住宅报酬。不论A选择住宅或零售,B的零售报酬为13。这两个决策是独立的。

赛局 2-1　独立赛局

		参与者B	
		住宅	零售
参与者A	住宅	12,8	12,13
	零售	9,8	9,13

赛局 2-2　相依赛局

		参与者 B	
		住宅	零售
参与者 A	住宅	1,8	10,13
	零售	17,8	9,13

在赛局 2-2 中，即相依赛局，A 的报酬受到 B 选择的影响，但 B 的报酬不受到 A 选择的影响。如果 A 知道 B 的报酬为何，A 会预知不论他（她）怎么做，B 都会兴建零售。而 B 若能预测 A 会如何做，则也不会产生任何利益。相依性是不对称的，其结果也因而会被决策制定的先后顺序所影响。A 可以视 B 如何做，然后再采取行动。

在赛局 2-3 中，即相关赛局，如果 B 选择了住宅，则 A 选择零售比较好，但是如果 B 选择了零售，则 A 选择住宅较佳。类似地，如果 A 选择了住宅，则 B 选择零售较佳，但是如果 A 选择了零售，则 B 选择住宅较佳。这两个决策是相关的，因为它们相互影响。

赛局 2-3　相关赛局

		参与者 B	
		住宅	零售
参与者 A	住宅	11,8	10,12
	零售	17,8	9,5

不可分割性指的是，我们不能采取任意小的增量而行动。一条道路，唯有当我们完整地兴建它，以连接两个区位时，才是有用的。我们必须兴建至少一个车道的宽度。不可分割性与规模经济（economies of scale）有着密切的关系。如果我们兴建一座非常小的污水处理厂，其每单位处理容量成本，将会远大于兴建一座大型处理厂。不可分割性与规模经济是重要的，因为它们防止我们当需要的时候，及时扩充容量的增量。我们必须预

测某段时期有关增量规模之容量,而其为可兴建或具效率的。因此当容量增量是不可分割的,或其成本随增量规模增加而显著递减时,我们能从一计划中获益。

不可逆性指的是,我们不能采取一行动,之后再取消它或以其他行动取代它,而不需花费显著的成本。我们不能兴建一截流管线(interceptor),然后明天再以小量的增量扩充其容量。我们不能在某一地点兴建该管线,然后再将它迁移到其他地方。我们不能兴建一主要办公大楼,并在三个街廓外兴建一轻轨捷运车站,然后将办公大楼迁到车站旁。

不完全预见指的是,我们不知道与决策有关的变量,其未来的值为何。我们不知道人口或就业是否能够或何时会增加,以使用污水处理厂或快速道路的容量。我们不知道住宅区居民的态度及偏好是否会改变。不完全预见指的是,某些预期可被界定,但不确定性仍旧存在。

行动的机会川流(Streams of Opportunities for Action)

决策的制定发生在组织中,并由组织来作,譬如规划机构、当地公用事业(local pubic utilities)、土地开发公司及市政府。组织是高度结构化及复杂的系统,但仍存在许多行动的模糊性。组织具有正式结构、内在及外在互动的历史,以及既存的例行事务,这个事实造成行动局部的可预测性,而使得计划能派得上用场(参见如 Alexander 1995)。所存留之模糊性结构及可预测性,使得计划的使用变得复杂。计划必须面对非结构化,或局部结构化的决策过程。有关组织与组织行为的解释有许多,[注11]但是组织的"垃圾桶"(garbage can)模式提供一适合本节目的之有用架构。在这个模式中"……组织是一集合,包括寻找问题的选择(choices),寻找决策情况以便公开发表的课题与感受(issues and feelings),寻找课题以提供答案的解决之道(solutions),以及寻找工作的决策者(decision makers)"。(Cohen et al. 1972, 2)[注12]事物漂流在河川上的类比,在此处要较将东西丢到垃圾桶中的类比，更为恰当。因此，垃圾桶模式在此被重新诠释为"机会川流"模式。试想象下列相较独立的现象，漂流在河川上而产生混杂的形态。

- 决策情况(decision situations)为我们有能力、权限(authority)及机会采取行动之选择，例如签公文以雇用人员或支付经费，投票通过分区变更，建议计划内容以供市议会通过采用。
- 课题(issues)为我们所关切的事物，如游民、种族偏见、交通拥挤、损坏的污水系统、预算赤字或污染的湖泊等。
- 解决之道(solutions)是我们知道如何做的方法，如搭建游民收容所，执行基础设施同时性(concurrency)的要求，在雇用时引用平等程序(affirmative action procedures)，兴建高速公路，兴建处理厂，或根据用量征收水费等。
- 决策者(decision makers)为具有权限、能力及机会采取行动的人们，如市长、议员(council member)或规划主管，但是他们具有限的注意力及能量，用来专注于决策、课题及解决之道。

这四种形态事物以相对非结构的方式四处漂流，而这些事物的随机相遇便形成了决策及行动。

我们不能直接决定课题，或对课题采取行动。我们不能决定不要游民的发生。不论该课题是多么重要，我们只能在能力范围内决定事情，来采取行动。以划独木舟为例，我们不能只是决定不要碰到石块。我们只能决定将独木舟指向某一方向，以及操作我们的桨以避开石块。课题与可用决策的连结必须加以寻求，否则决策的发生与制定将与课题无关。如果种族偏见是一与雇用有关的课题，那么当我们面临雇用决策时，平等程序提醒了我们去考虑是否种族课题不恰当地影响了我们的决策。该课题也许会四处漂流，而不能立即进入雇用决策的范围内，但这个程序提醒我们，将呈现在我们桌上的决策与课题连结起来。我们能够以会发生的决策来架构与课题相关的政策。设定一政策：如果一开发商同意支付基础设施之额外成本，即使如果所规划的扩充是在未来五年后才会发生，现在便扩充污水网路系统(sewer network)。同时性及预算赤字课题，便因此与碰巧发生的可用行动连结在一起。设施改善方案(capital improvements program)是用来在制定多年年度预算决策时,记住课题。有效的行动能掌握住机会,以利用可采取的行动,尤其是世俗及日常的决策,进而处理重要课题。

解决之道在四处漂流"寻找课题作为它们的解答",它们也同时寻找决策已被采纳。罗伯·摩西斯(Robert Moses)在纽约市工作时,以拥有一些方案著称,而这些方案的设计,在于准备当补助(决策)的机会来临时,或一政治课题产生时,该方案便可以作为解答(Caro 1974)。新传统发展(新都市主义)被认为可作为交通拥挤,住宅使用与零售服务及就业分离,资源或游憩使用之土地消耗,以及缺少社会居民人际互动等问题的解决方式。解答贩子(solution mongers)倡导这些解决之道,并寻找决策场合,使得它们能被采纳,以及课题论坛(issue forums),使得它们能被重视及信赖。重要的解决之道以及课题在可用的论坛中常被讨论,并在决策情况中立即被呈现,因而最有可能被注意到与执行。

决策者具有限的注意力。他们不能专注在每一件事情上,更何况同时注意到所有的事情。决策者在他们有限的注意力范围内寻找事情去做。他们将一些注意力分派到论坛中,以讨论、修改及详述课题,而这些课题也因此多少变得比较重要。他们分派一些注意力,来了解与他们所面对的决策及课题有关的解决之道。他们分派一些注意力来制定决策。计划构思出相关决策群组间的关系,并将决策与课题和解决之道联系起来。因此,计划增加了可用决策其利用优质解决之道来处理课题的可能性。即使在组织决策制定及复杂系统决策制定的模糊性下,计划是有其道理的。

结论:在自然系统中以计划为基础的行动

系统会演化,且将会以某种状态被观察到。自然演化仅能在事后被描述为朝向它已达到的状态演进,但此明显的"自然"结果,其意图并没有固有(inherent)价值或偏好。演化——生态、社会或经济的——其显见的意图，不应赖以作为现有秩序的辩解。这种均衡的结果同时呈现了维持稳定性的机会，以及产生新的结果以取代现有不欲状态的挑战。行动的设计应在稳定的范围内产生结果，或刻意地超越它，此完全视系统现有均衡状态是否为所想望的。

计划考虑行动间的相关性。当这些行动也是不可分割、不可逆以及面临不完全预见时，市场过程所假设的无成本及渐次调整，便不能达到有效率的结果。即使以新古典经济学狭隘的效率观点来看，也是如此。同样地，四个 I 进一步减弱此论点，认为自然演化的世界是固有的良好情况。行动的序列过程必须加以考虑及选择。这些情况使得在采取行动前，若考虑行动间的关系，便能够创造获致较佳结果的机会，也就是制定计划获益的机会。

根据可汗等(Cohen et al. 1972)垃圾桶模式所建立的机会川流模式，提供了在复杂系统中思考计划的方式。计划制定的情况是一组相关、不可分割及不可逆的决策，来寻找课题；一组课题来寻找适当的相关决策情况；一组解决之道来寻找它们可成为解答的课题；一群规划者来寻找工作。机会川流模式清楚地说明，计划的操作并不要求系统的完全可预测性或控制。

译注

都市是人为的自然系统。"人为"指的是它是由人类活动所堆砌而成，而"自然"指的是，它的发展无法由任何人驾驭。这种双重特性使得有关都市研究跨越许多学术领域的藩篱。都市发展没有明显的人为意图；我们不能说台北市或上海市的发展有某种人为意图。如同自然演化，我们只能事后，就演变历程加以解释。在这样看似混乱的都市发展过程中，规划专业者或任何想以规划知识求生存的人，必须抓住规划的诀窍。我们必须在这样的机会川流中，抓住机会作有用的计划，借以采取行动，以达到目的。都市发展特性与其他自然复杂系统有显著的差异。以台北市及上海市的捷运系统兴建为例，它们具相关性、不可逆性、不可分割性及不完全预见性。捷运路线规划需要配合其他设施区位；捷运系统一旦兴建后便难以改变；捷运系统必须连接场站；且捷运系统完成后对沿线附近地方发展冲击，难以预料。其中相关性是造成都市发展复杂性的根本因素，因为其他三种特性皆为某种形式的相关性。例如，不可逆性使得开发决策间在时间上相互影响。如果当初不是少数移民在淡水河畔的大稻埕落脚而发展成聚落，或者在黄埔江畔发展，也不会有今天台北市及上海市的存在。

都市发展由于具备这些特性，使得新古典经济学均衡理论不适用于描述都市发展的过程。易言之，都市永远在变动，不会达到均衡状态。我们怎能想象台北市或上海市处于一个均衡状态？因为在均衡状态中，每个住户及厂商都在经过不断尝试后，找到最适区位，都市便没有迁移现象发生。如果没有迁移的交易成本存在，大陆五千年的历史应可发展出"均衡都市"，但是现今这样的城市尚未出现。可见得在都市发展过程中，住户及厂商的动态调整，因为交易成本的关系，永远无法因其他设施区位变动，而立即产生最适的区位选择。也许都市便是这样地，不具显见的集体意图一直演变下去。

传统的规划观念是从事综合性、大规模的计划制定；但是有用的计划则视情况不同,而有不同的范围及内容。作者认为合理的计划是介于"无计划"与"完成控制"两个极端之间,而规划者如同在湍急的川流中划独木舟。如果知道如何规划,你便不会随波逐流,而能在川流中实现自己的意图。现今一般人对都市计划的理解,仍多停留在传统综合理性及乌托邦式的设计概念。殊不知,这种计划在实务操作上有其困难;最主要的是,计划与日常的决策脱节。台北市作过许多次综合发展计划,但是都市计划委员会在审议开发案时,是否有参考这些计划?我相信答案是否定的。问题出在这种计划的内容与形式,与规划者当下所面对的决策情况搭配不起来。当你在审一个游乐场的开发案时,如何说服其他委员它能实现"快乐、希望"的愿景?因此,我们必须从基本的计划逻辑,来检视当今规划实务的盲点。作者透过"机会川流模式"的解释,点出了如何突破这些盲点的建议。计划可以是有用的;它必须与日常决策有关。计划影响变化,而不只是"墙上挂挂"而已。

第 3 章

计划如何运作

在美国,都市规划主要是一愿景与调查、推与拉、交换与出售、教育与劝解、策略与权宜、法庭与陪审团的过程。

——瓦特·慕迪(Walter D. Moody 1919)
都市是什么?(What of a City?)

这里所呈现的计划是一改善措施,以算计来涵盖许多年期。从事改善的顺序及时机,其重要性并不如将每一事项完成,使得它们能在综合计划中适得其所。

——哈兰·巴索罗姆(Harland Bartholomew 1924)
田纳西州曼菲斯市都市计划(The City Plan of Memphis, Tennessee)

问题发生时,松散的会议将是不够的,而且逐渐地,官员们正从可预期的未来,寻找现有问题的解答。

——罗伯·沃克(Robert A. Walker 1950)
都市政府规划功能(The Planning Function in Urban Government)

立法部门的意图在于,用来推动发展的公共设施及服务,应与此发展所造成的冲击同时提供。

——佛罗里达州法(Florida Statutes) 163.3177(10)h,1985 年通过

计划如何运作？计划透过何种机制或因果过程影响行动？我们如何解释为何一特殊计划较可能有特殊效果？如上述慕迪、巴索罗姆、沃克及佛罗里达州法的说明可知，计划可以不同的方式运作，且近百年来，规划者已解释他们如何期望计划如何运作。这些解释并不能提供精准的预测，以指出在特定情况会发生哪些事，但它们确实合理地解释了我们所观察到的现象，并让我们能讨论应如何去做。本章考虑计划如何运作以及计划是什么，并且我们如何评估它们的功效。本书内容详述这些概念，并解释计划与都市发展其他面向之关系。第 7、第 8 及第 9 章考虑计划如何制定；在第 10 章，这些解释被用来建议制定更佳计划的方式。

议程（Agendas）、政策（Policies）、愿景（Visions）、设计（Designs）及策略（Strategies）

表 3-1 整理出五种不同计划运作的方式：议程、政策、愿景、设计及策略。[注1]在此处及整本书所下的定义是必要的，以避免许多"计划"意义的混淆。针对每一个意义，我使用了一具有与此狭隘定义最接近意涵的名词，即使这些名词可用来表示其他的概念。这些名词也在相关领域，具有更广泛而丰富的意思，如政策分析（policy analysis）中的"政策"。我们可引述外尔达维士基（Wildavsky 1973）的说法，即如果一名词可以解释成任何意思，也许它不具意义。

有关计划如何运作的解释，界定了计划属性及其效果间的关系。它们因而界定了计划所能完成的事项。任一计划能以一种或多种方式运作，意味着这些方式不是计划分类项目，而是计划影响世界的机制。表 3-1 例子中所提到的个案，在本书中有充分讨论。

第 3 章 计划如何运作

表 3-1 计划如何运作

面向	议程	政策	愿景	设计	策略
定义	所做事项的表列；不是结果	行动如果—则（if-then）的规则	未来可能性的意象（image），一结果（outcome）	标的（target），描述成熟完整的结果	视情况而定（权变）的行动（决策树中的路径）
例子	设施改善方案的表列	如果开发商支付道路成本，那就允许开发	社会平等，美丽城市	兴建计划或城市主要计划	道路兴建方案视有多少土地开发在何时及何处发生而定
如何运作	提醒；如果公开未，则必须承诺去执行	将重复决策自动化以节省时间；相同情况采取相同行动以求公平	激励人们采取行动，并相信它们会导致所想象的结果	显示相关决策完整的结果	决定何时何地，采行何种决策，取决于采取行动当时的状况
何时运作	许多行动必须记住，且需要被影响人们的信赖	重复决策须有效率地制定、一致性（consistent）及可预测性	能提升热望或激发作为（effort）	高度相关行动，行动无不确定性，且只有少数行动者参与	许多行动者，就很长时间及有关不确定事件，拟定相关行动

41

续表

面向	议程	政策	愿景	设计	策略
效度衡量	表列的行动采行了吗?	规则的应用是否不需不断重新考虑,或规则被一致性地应用?	信念是否改变了?此可由行动中直接撷取或表现显见。	设计是否兴建或建成了?	权变的相关性,在行动中是否维系下来,以及信息是否在适当时机被使用?
个案	1909年芝加哥计划	1967年芝加哥计划,1974年克里夫兰土地策报告,肯塔基州来克辛顿市	1909年芝加哥计划,2040波特兰,华盛顿特区	1909年芝加哥计划	1958年肯塔基州来克辛顿市,尼泊尔整体行动计划

议程是所从事事项的表列（list）。议程的运作，系帮助我们记住该做的事情，并将其以表列方式记录下来，或是公开分享承诺以做这些事情。当无法记住许多行动，或当获得受影响人们信任是有利的，或使行动者合法化而受到信赖时，议程便发生作用。发表或公开提倡议程，可作为记忆辅助工具及承诺。我们订定会议议程，以便我们会记得所欲讨论的议题。它同时是对其他人允下承诺，以讨论这些事项。议程也暗指重复的努力，以完成事情。议程可仅列出独立行动，其之所以会碰在一起，是因为某人选择同时或几乎同时注意它们。设施改善方案（Capital Improvements Program，CIP）或预算一旦产生，便可作为议程。它记录一表列，因太长而无法记住，并且知道其在所推估收益的预算限制范围内。当市民知道一项目是否在设施改善方案内时，便会因假设该案是否能在特定时间内被兴建，而具可信度。在这个解释中，每个市民或市议员并不关心开发案间的关系或决策相关性。然而，决定 CIP，是开发案间不同部门及政治党选区及利益团体的冲突焦点，以及可用预算的争取。因此产生 CIP 的过程，其运作的方式与产生议程不同。

议程与目标（objectives）不同。议程界定议题或行动；目标界定结果其具价值的属性。我们能注销事项表列中的每一事项，但仍无法达成完成这些事项表列的目标。我们可建立一可衡量目标的表列，但仍旧不知道该采取哪些行动以达成这些目标。所有计划的解释，必须说明行动到结果（outcomes），以及结果到目标间的关系。

会议议程项目（items）具有在同一会议中共同的决策时机，以及可能隶属共同决策者的权限，但项目的选择与其他项目没有关系。规划者对议程之所以有兴趣，是因为它们是将服务对象注意力集中的工具，不论该服务对象是个人、立法机构、团体、选民或广泛的一般大众。确立及发展议程，因而是影响未来决策制定的方式。议程将我们的注意力放在重要的行动或课题上，而不是仅仅由其他人发起而"碰巧在我们的桌上"。议程是将决策者的注意力放在某些决策，而不是其他决策的方式。

政策是如果——则的规则。政策的运作是，透过将重复决策自动化，以节省时间,或保证在同样情况下,采取同样行动,以产生公平性或可预测性(predictability)。政策适用于当有许多重复决策时,且决策制定具成本;一致性(consistency)被视为是公平的;或重复决策可预测性是有利的情况。例如,如果开发商愿意支付污水系统扩充的成本,那么就扩充污水系统。这个政策能在每个个案中节省决策的成本,对所有的开发者一视同仁,并使得开发行动成为可预测的。知道其他决策者的政策,进而能够提供预测他们决策的证据。政策与法规(regulations)不同,在于法规在法律及行政上改变了可实施的权利,而政策系针对同一情况的重复例子,拟定出标准反应。如果政策是提供税的诱因给新产业的厂商,那么当一新产业的厂商提出在社区内设厂,减税的鼓励便应实现。政策透过一次决策规则的决定,而适用在同一等级所有的情况中,故简化了决策(Kerr 1976)。政策以三种方式运作:节省决策成本,保证一致性(公平性)(fairness)以及增加可预测性。

愿景是对未来可能的想象。愿景迫使行动。愿景的运作系透过改变有关世界如果运作(有关行动与结果的关系)的信念,有关相互主观规范(intersubjective norms)的信念(同等团体对良好行为之态度),或有关成功可能性的信念(提升热望或激发努力)。【注2】愿景可被解释为一规范性预测(normative forecast):即一所期望的未来,其产生在于人们被说服该愿望将会实现。然而,愿景首先强调结果,然后才再考虑可能的行动,以达到此结果。亨利・大卫・所庐(Henry David Thoreau)在华耳顿(Walden)最后一章如此表示愿景的意义:"如果你已经在空中建立了城堡,你的努力不会白费;那正是它们应该所在的地方。接下来将基础安置其下。"愿景在当它们能改变信念,也因而改变投资行动、法规或居民活动形态时,是有用的。愿景与标的设计(target designs)不同,后者强调对相关性复杂问题的可行解答。愿景的运作系透过它们对信念的影响,而不是它们被创建的可行性。

愿景有助于克服系统的弹性(resilience)。弹性削弱了回馈(feedback),而回馈提供了我们所采取行动之立即反应。缺少回馈,使得有意图行动变为困难且具风险。如果你想试着去改变一族群对另一族群的态度,弹性便是一个阻碍。即使干预经过长时间的努力可能会改变此种态度,但却不能及时产生可见的结果以持续努力。即使最终有可能成功,该项努力会被遏止。愿景有助于激励持续的努力。

葛登伯格(Guttenberg 1993)描述"目标计划"(goal plan)其与愿景的概念几乎雷同:"意象(image)是可信的,它与区域中的既有机会有关联,但除了具说服力,并以其吸引力感动人们外,它并没有明确的方法确保这些机会能够实现。"(190)"目标计划之目的是陈述一期望目标,而不是就未来期间拟定行动方向。"(193)

未来情况的图形及文字叙述——社会乌托邦(social utopias)或美丽城市(beautiful cities)——几世纪以来已被开发出来了,而"提出愿景"(visioning)目前是都市规划颇受欢迎的工具。愿景能以不同的方式叙述现在的状况及与未来可能改变的关系,进而重构问题。愿景也叙述了在改变发生后,世界看起来会是什么景象。有关公司策略规划(strategic planning)的文献以及布来森(Bryson 1995;Bryson and Crosby 1992)对此类文献的申论,其从阶层组织(hierarchical organizations)到"分享权力世界"(shared power world)使用了所有这些愿景的方法。

1909年芝加哥计划(Chicago Plan of 1909)是计划作为愿景众所周知的例子。它同时包括实质愿景的图像表现及伟大城市特性的文字叙述。

> 在创造这理想安排中,住在这里的每一个人,他的事业及社会活动被更妥善地安置。在创造更好的货流及旅运设施中,每一个商人及制造者受到了协助。在建立一完整公园及公园通道系统中,薪水阶级及其家庭的生活变得更健康及舒适;而如此所产生的更大吸引力,令有财力及具有品味的人宾至如归,并如磁铁般吸引想要住在舒适环境中的人们。吸引有钱人的美景,使得其邻居的生活变得舒适,进而使得他及其财富在这都市中生根。所预定的繁荣是为了全芝加哥的市民着想。(Burnham and Bennet 1990,8)

波特兰2040计划(Portland 2040 Plan)也使用隐喻的未来意象,来推销它较不令人称心的行动(Metro 2000)。针对小城镇的规划通常强调"提出愿景"(visioning),其做法系由城镇中的多数人,根据类似公司策略规划过程中的集体作为而为之(Howe et al. 1997)。亚特兰大2020方案(Atlanta 2020 Project)采用了一提出愿景的方式(Helling 1998)。

设计是完整而详尽拟定的结果。设计的运作系透过从相关行动中,选定一经详尽拟定后的结果,并在尚未采取任何行动之前,提出这个结果作为信息。设计适用的情况为具有高度相关的行动;行动可轻易地从结果的信息来推断;以及行动的实现没有不确定性。我们通常视设计为一过程,其中许多概念被尝试并修正,但这个过程在没有任何行动在真实世界中采行前,是完全在一模拟的环境中进行的。哈里斯(Harris 1967)定义设计决策为零成本的可逆程序(reversible at zero cost)。单栋建筑物设计中,在兴建该建筑物的行动尚未动工前,所有的决策被尝试用来作为假说,并与图像及计算结合,以观察它们如何搭配。设计通常强调主要设施的形态,而不是在于将会发生在这些设施内人类活动的形态。然而,设计成功与否的量度(measures)应评量(assess)这些人类的活动形态。

设计的运作,系在采取行动前,为许多相关的行动先想出结果。它透过完全预见的预设假定(presumption),因而避免了相关性、不可分割性以及不可逆性的问题。设计没有迭代调整(iterative adjustment);一开始便先决定了结果,使得每一行动可立即与解答配合。贝肯(Bacon 1974,260-262)说明设计的概念如何在都市设计的时间上失灵,但却仍然导致某种程度一致性的实质形式。都市某个部分完整而一致的设计被提出来。这一致性设计的某些元素被实现了,但其他元素则由于市民抱怨、预算限制、政府轮替或权力关系而落空了。然后情况改变了,而新的设计也被提出来,其部分元素与先前设计的元素相关。新设计的某些元素又被实现了。这一连串相关的设计,形成了最后的都市形式,而这些设计没有一个是全部被实现的。

当兴建方案变得更为复杂,且更容易被分解(decomposed)为可单独采行的行动时(例如,一个以上的建筑物,分期兴建的建筑物,且每期之间横跨很长的时期),它们便具有一连串设计方案的特性,而由相关决策的策略联结这些方案。虽然任何建筑师在设计建筑物时会指出，在许多例子中，设计在兴建期间会被修改，且设计改变的成本不是零，但这些成本及修改与整个设计比较起来，是微不足道的。在较大规模的都市发展情况中，在不同时间所采取的行动，其规模是类似的，如现在兴建一污水截流管线，并在之后兴建快速道路。在兴建之前，修正快速道路容量或服务地区，以辅助容纳二十五年成长的污水系统设计，是一个与改变建筑物兴建细节不同的关系层次。

设计方法在行动尚未采取之前，已经解决了问题，而策略方法在决定现在采取何种行动时，同时参考相关的未来行动。我们不需要同时制定所有相关的决策，但我们能在制定当下决策时考虑潜在的未来决策。值得注意的是，创立设计标的（target）也与议程设定不同。议程是所欲从事事项的表列；标的是瞄准的事物。标的可引发议程。策略可拟定出来以达到标的。

策略是一组行动，其在决策树（decision tree）中形成权变的路径（contingent path）。策略的运作，系透过决定现在应采取哪个行动，同时已知未来相关的行动。策略适宜的情况为，在许多行动者的权限下有许多相关的行动，且发生在长时期而不确定的环境中。在序列决策制定（sequential decision making）中，当针对现有决策采取行动时，对该决策结果其未来的决策已经想通了。当我们说我们规划做某些事，其意义在于我们将在时机来临时，在某些情况下采取某些行动。设计及策略代表着由综合性（synoptic）或蓝图（blueprint）计划，以及渐进（incremental）及以决策为中心（decision-centered）规划间所形成的连续轴（例如，Faludi 1987）。主要的差异在于，所有决策应该或能够同时采行，或仅序列采行的程度。

策略可被认为是最具计划概括性（inclusive）及基础性（fundamental）的概念，因为它将相关决策、其后果、意图、不确定性及结果之间的关系明白地表示出来。策略最能完整地解决相关性、不可分割性、不可逆性及不完全预见之问题。愿景、议程及政策通常是计划的共同效果，而该计划也同时可作为策略或设计之用。如前所解释，愿景、政策及议程也能处理一些情况,而该情况并没有符合相关性、不可分割性、不可逆性及不完全预见的严格标准。

计划处理空间现象,而该现象是决策相关性在空间上的直接结果。从另一方面而言,政策分析者倾向忽略空间现象,而强调个别措施或政策冲击,并不在于相关行动的计划。单一决策或同一类型重复决策的分析,可借由冲击预测而获益,但当相关决策以序列方式采行时,决策与预测间的关系变得更为复杂。作为策略的计划,系根据决策本身及其冲击在功能、空间及时间上的关系而定。政策与策略不同,因为政策系用在同一形态的重复决策,而策略协调不同但又相关的决策。策略可产生政策,以作为决策规则的陈述,例如"如果开发商支付污水系统扩充成本,则允许开发"。这个政策可执行一在时间上与开发同时的污水基础设施提供之策略。计划也可在阶层上是相关的。例如,在加州规划法律下,地区计划(area plans)(或特定计划,specific plans)受到综合计划所设定之政策及策略限制(Olshansky 1996)。1966年芝加哥计划(City of Chicago Department of Development and Planning 1966)为每一住宅区拟订的地区计划设定了政策。

相对于计划,法规界定了—决策者的权利(rights),其系透过界定哪些决策是许可的,以及规定制定这些决策时其选择的判断范围及标准。法规系由国家透过武力使用的独占性来执行。例如,分区管制限制宗地的使用范围、建筑高度及建蔽率。土地细分规则(subdivision ordinance)限制了土地能被分割成建筑基地的形态。法规可由私人团体在契约(contracts)的强制下来制定,而契约又由国家来执行。因此住户管理委员会(homeowners' association)可强迫将设计法规加诸于会员身上。法规透过限制选择的考虑而影响了决策,计划则以提供信息的方式来影响决策。

相对于法规,这些计划运作的方式没有一个本就限制了行动者。计划以策略方式运作,拟定了影响现在从事选择的权变决策,但决策者被允许的选择方案范围,在现在及未来均无改变。其对于现有决策的影响,仅是透过决策者自己对相关决策的评估而定。法规定义了决策者可选择之未来方案，并据以决定现有哪一个行动是最佳的。法规在第 6 章会作进一步讨论。

计划也可作为商议(deliberation)沟通的焦点——讨论、争论、冲突以及和解。这个作用发生在计划制定以及作为行动指引的使用上。这些计划如何运作的面向，将在第 7 到第 9 章探讨，并将重点放在制定及使用计划上。

投资(Investments)与法规

实质基础设施或公共设施以及法规，被广泛地认为是都市发展计划中两个主要的构成元素(参见如 Alexander 1992a, 98ff; Neuman 1998)。如同政治诠释一般，这些不同形态的行动隐喻着计划的不同工作(按：投资考虑所隐喻的计划完成事项不同于法规考虑，而政治诠释指的是集体选择机制以制定投资与法规的决策。)不论公家机关或私人公司，投资改变了基础设施或建筑物的资本存量(capital stock)。法规改变了权利，以及制定决策判断的范围。计划通常包括较高位阶政府立法(enabling legislation)，以允许较低位阶政府采取某种行动的建议。立法因而与法规类似，但却是政府阶层之间的关系，而不是政府与民众之间的关系。我们所观察到计划的这种普遍的焦点，不论由政府机构、私人公司或个人来制定，显示了我们应能解释为何计划制定是针对实质设施及法规，而不是针对其他形态的行动。

简单的解释是，不论是由公共、私人或两者共同发起的基础设施投资，皆与其他投资相关。它们是局部不可分割的，并受限于明显的规模经济；它们是具耐久性(durable)——长期延续——以及一旦行动被采取，改变的成本很高；它们受限于有关需求、科技及相关行动之不完全预见。当迭代调整无法运作时，作为设计或策略的计划便能产生改善的结果，因为这些计划在采取现在的行动时考虑了其他行动。不仅从政府部门的角度来看，计划能产生这种改善，从私人公司或个人的角度观之亦然。

实质设施投资调和了地理空间与人们行为之间的关系。因而有两种决策是重要的：基础设施投资决策及以特殊方式使用这些设施的决策。生活品质指标（indicators）取决于人口活动，包括活动人口间的互动；他们生活及工作的设施空间，包括连结这些设施的网络（networks）；以及这些活动及设施发生的地理区位。因此每人每天的车行里程数指标，取决于在市区工作人们所居住的地点，以及他们行进所使用网络的种类，这些又取决于所在都市的地理特性。重点在于，投资发生在固定的区位上，而它们创造了区位选择及日常活动发生的实质背景。不论投资是否为建筑物——住宅、学校、污水处理厂，或网络——道路、污水管线、轻轨捷运（light-rail transit）——它们在位置上是固定的，且不能以零成本的方式迁移。它们的兴建系根据特定容量，且其改变需要额外投资。容量的逐步增加受到明显的规模经济限制。例如，兴建大型污水处理厂，其每单位处理的成本，较小型污水处理厂为低。虽然污水处理厂需要十年的时间去选址、设计及兴建，它仍将被期待来满足五十年生命周期的需求。因此六十年的需求预测是合理的，且必须准确到具有用处。然而，如果需求的发生比所预测的要来的慢，或呈现不同的密度，那么权宜的管线尺寸及兴建时机必须提供作为策略用。然而，更换管线以增加容量是十分昂贵的，因此网络中主要管线具韧性（robust）的策略便是恰当的。

人们选择在特定区位上的设施中生活及工作，乃由于某人在该区位投资该设施的兴建。人们在街道及捷运网络上选择交通工具及路线，而网络的兴建系由道路及捷运路线的投资，将这些区位连结起来。唯有当区位及交通选择行为发生时，投资结果才会发生作用。因此，我们必须对既有投资估计这些行为，而不是直接估计投资的效果而不考虑这些行为。

为投资而制定计划的逻辑也适用在私部门的资本投资。安那斯等（Anas et al. 1998）提出一多核心（multinucleated）都市创造新节点（nodes）的例子。在许多个案中，没有一个开发商具有足够的资金或土地单独兴建一崭新的中心（center）。如果几个开发商尝试选定新的次中心（sub-centers）区位，然而若仅有一两个该次中心会维持下来时，有些次中心便会失败。所投资的资金会流失，且由于改变使用的高成本，低度使用的土地会替代其他使用。即使成功兴建的中心,其发展也是缓不济急,因为某些开发商及租户将必须从其他失败的中心迁来。私人开发商若能事先想出哪一个中心会成功,并在那儿先兴建,便会获得暴利。公共基础设施提供者及购屋者,会被新中心区位的不确定性影响。

法规具有与投资类似的结构,即包含两种决策:制定法规的决策以及在既定法规下从事行动的决策。以土地使用形态及密度进行都市分区管制决策,是制定法规的决策。在这些分区之一兴建住宅的决策,是法规下的行动。通常制定法规的决策将是集体进行,而采取行动的决策则是个别的。为了使用法规,决策必须考虑在何处制定何种法规。这些决策与投资决策类似,因为它们面临相关性、不可分割性、不可逆性及不完全预见。为了实施分区管制规则,我们必须考虑够大的地区,以构思出土地使用形态,来降低相邻不同使用之负面影响,并提供到达服务的通道。被划定分区的地区必须以有限逐步的增量加以考虑;它是不可分割的。因此如同投资一般,法规不能以迭代调整的方式进行,它唯有在具冲突性土地使用进行相邻投资发生前便实施,才会有效果。如果一套法规是要将密度与基础设施容量加以配合,它唯有在投资进行前制定才会有效果。

投资与法规是作为设计或策略计划之逻辑性元素,因为它们可从这样的计划中获得利益。社会措施(programs)或其他行动,因其并非相关的、不可分割的、不可逆的并受限于不完全预见,而不太能从这样的计划中获得利益。例如,州政府援助的健康保险会影响生活品质,且值得从事谨慎的分析。住宅证券措施可以是有价值的公共措施。这些措施可列在议程中,可由政策来实施,或以愿景的方式来表达,但它们比较不会成为设计或策略的重点,因为它们不具有相关行动之资本投资或空间表达之法规的属性。

这个观察并不是说这些措施是不重要的;它说明了不同于设计或策略的计划运作工具,在达成这些所企求的结果上,应是比较有用。这个观察也不是说平等目标(equity goals)或社会目的(social purposes)不应用来评断投资与法规。不论所用的成功准则(criterion of success)为何,投资一旦进行了，便要花费很高的成本去改变。当所包含的行动是不可逆的投资时，借由迭代调整以达到经济效率目标是不可能的，更何况是社会公平目标。投资与法规较易从设计或策略的计划中获得利益，这是由于这些行动形态的特性使然，而不是评估它们所用之特殊准则的特性。而完整的准则有可能且也应该加以考虑。

决定计划是否产生功能

计划是否产生功能？这些计划如何产生功能的解释——作为议程、政策、愿景、设计及策略——提供一工具，以评估计划是否运作。这些解释指出，如果计划产生功能，我们能预期观察到什么，以及我们如何能解释这些观察之间的关系。我们能观察到：

- 计划制定的行为——当制定计划时，规划者及他们的共事者做了些什么；
- 计划——对某些人在特定的时机所提供的信息；
- 制定决策时人们使用计划；
- 可能会被计划影响的投资与法规；
- 这些投资与法规所造成的活动形态结果。

所有这些可观察到的现象，提供了评估的机会。我们将在第 9 章探讨计划制定行为的评估（evaluation）。在此处，我们的重点在于计划，以及它们是否产生功能，而不在于如何制定它们。

有四个广泛的准则（criteria）来评估计划是否产生功能：

- 效果（Effect）：计划是否对决策、行动或结果产生影响？例如，如果它被制定作为议程，有多少表列的行动被采行了？
- 净利益（Net benefit）：计划是否值得且为谁而作？例如，如果它是被制定作为策略，基础设施提供在时间上产生效率的获益，是否足以弥补计划制定的成本？

- 内在效度(Internal validity)(或品质)(quality)：计划是否满足它原先制定的逻辑？例如，如果它是被制定作为策略，其是否以适当的方法考虑了相关性、不可分割性、不可逆性及不完全预见？
- 外在效度(External validity)(或品质)：是否计划所欲或隐喻的结果，满足外在准则，如一公正社会(just society)的主张？例如，如果它是被制定作为愿景，该愿景是否包括公平性(equity)？伦理接受度(ethical acceptability)是外在效度重要的构成因素。

一些作者已建立出这种分类，而我并没有完全依照他们的分类，但是那些分法与此处分类的一些元素相同。泰兰(Talen 1996)提供这些文献的完整回顾，并就计划是否达成目标作为评估计划的基础，提出了有力的说明。亚历山大及佛路迪(Alexander and Faludi 1989)讨论可能的评估方式，包括行动与计划的吻合度、规划过程的理性、在影响决策前后评估计划解答的品质，以及计划是否在决策过程中被使用等。其他人(例如，Berke and French 1994；Dalton and Burby 1994)考虑是否满足文献上或州政府法定命令(mandates)标准之计划，比较容易导致更多适当的实施工具。最近，马斯托普及佛路迪(Mastop and Faludi 1997)为一"绩效"(performance)方法辩解，该方法要求注意计划如何影响决策，以及该决策又如何影响结果。这个因果链(causal chain)将计划与结果联系起来，与我的论点认为我们须解释计划如何运作是一致的。[注3]康纳立及慕勒(Connerly and Muller 1993)认为决策者参考计划的次数，可作为计划品质的量度，该论调点出了必要的因果链，但并没有解释使用计划的预期效果应为何。巴尔(Baer 1997)提供一评核表(checklist)来评估计划，其主要的依据，系计划文件(document)及当初制定时所记录的过程。

这些分类有些强调评估些什么，其他则强调如何评估它。如同大多数作者所指出，要评估计划对结果及目标达成指标的影响，十分困难。在都市发展过程中，几乎难以判别若没有计划的话，会发生哪些事情，并以此比较在有计划的情况下，有哪些事情实际上发生了。或者反过来说，不可能去判别说如果有计划的话，会有哪些事情发生。卡尔金斯(Calkins 1979)

完成了在时间及空间上,监视计划成果最完整的描述之一。他的主要概念是,同时辨认出不受计划影响的基本的趋势,以及因计划而造成的趋势。

值得注意的是,所有这些评量(assessment)方法,与评估(evaluating)一计划中特殊行动不同,譬如估计一高速公路兴建方案的净利益,或选择一捷运导向(transit-oriented)或汽车导向(auto-oriented)的发展形态,属于后者。亦即,上述这些形态的评估,并不是探讨在选择一计划内容的过程中,评估不同的计划。而是在问:计划产生了功能吗?

计划对决策、行动或结果有任何影响吗? 计划透过对决策造成直接或间接地影响而产生了作用。所采取的行动是否会造成所企求的结果,则是另一重要的问题。好的计划不仅只是要影响行动。它们也必须能包含导致所欲求结果的行动。芝加哥"看起来"像芝加哥计划吗?其热望(aspirations)根据某些指标有达到的吗?克里夫兰(Cleveland)"看起来"像克里夫兰政策报告,表示弱势人们的选择依指标显示增加了吗?维吉尼亚州的瑞斯顿市(Reston,Virginia)新市镇或英国的米尔顿金斯市(Milton Keynes)看起来像它们的计划吗?在使用这个基础时,我们不但必须能衡量与计划相关的结果,也要提供解释来说明计划如何造成这些结果。困难便在于,行动到结果关系的不确定性。即使如果规划行动被采行了,所欲求的结果可能不会发生。即使考虑洪水或其他自然灾害,以便在配置土地使用上作了好的选择,也有可能因一特殊的大型水灾或一组灾害事件,在一段时期后产生比之前没有计划情况下更大的损失。根据一个信念(belief)来制定计划,而相信若人们一旦处在捷运便利的环境中便会使用捷运,这个计划可以用来作决策并影响决策,但仍无法获得计划所追求的结果,因为其有关世界是如何运作的信念是错误的。

泰兰(Talen 1996)强烈地认为,直接以所产生的活动形态,而不是所采取的行动,来评估计划是具有价值的。与其强调投资或法规行动,她将重点放在是否计划的意图已经达到了,尤其是,是否一计划其在追求都市公园公平的分布已被达成了(Talen and Anselin 1998)。如果计划目标是提供公园给目前需要的住宅区或住户形态,那么衡量是否这些住宅区及住户的相对服务水准有所改善,较公园是否依计划在特定地点及规模兴建,更为恰当。这个区别让我们又回到了计划如何产生功能的解释。不论公园公平分布的目标是否达到,其仍然没有解释计划对分布有何影响的问题。从另一个角度来看,如果公园根据计划所建议的地点兴建,且计划建议这些地点是要达到公平的分布,那么仅仅显示计划使得公园在这些地点兴建,是不够的。

如果计划中的空间示意图(spatial diagram)或地图(map),其意义仅在于说服服务对象(constituencies)与目标有关行动的可能性,那么公园的具体区位便不重要。计划中的区位便成为达到说服力之精准度的错觉。从另一方面而言,如果计划所企求运作方式的解释,是一组精心算计过的相关决策,那么公园的特定区位会与捷运站、住宅单元密度、对角行人穿越道,以及交通减缓街道(traffic calming street)形态有关。在这个例子中,公园是否考虑其他行动,并兴建在特定的地点则是非常重要的。在后者的情况中,考虑人口特性来评估公园的分布是不够的。计划中行动间关系的实质逻辑,便显得重要,而计划如何影响行动的逻辑,也是重要的。

1929 年纽约及其环境区域计划(Regional Plan of New York and Its Environs)的制定花费了许多年,包含许多规划者,并采取四十年的观点。强森(Johnson 1996)利用该规划过程所造成的曝光度,以及追查行动及结果的机会,发展了该计划效果的详尽评估。他的分析虽然不是根据此处所述严格的定义与解释,但考虑了包括计划作为愿景、议程、政策、设计及策略的潜在影响。他指出评估计划是否能作为议程的困难处。

> 将事件可能发生的预测,其不论是否有计划,与因本计划而使得事件发生加以分离是困难的。并且如何对待本计划之前便有,且长期存在的提案,而其仅仅是被融入在计划中?它们作为计划的一部分,其实施对计划影响的程度为何?如果计划与事实之间的因果关系要能完整地判断,那么每一具体方案或提议便需要进行个案研究分析。(244)

强森也指出了评估政策或愿景效果的困难。

61 例如,去中心化(decentralization)应否被鼓励或限制?或者,高速公路是否应较捷运更为强调?一般政策在制定具体决策时被显现出来,但除了其他因素外,它本身也在改变并受计划的影响。但是计划作为典范(paradigms)而影响一般政策的程度,难以确定。如果计划包含了已被接受的公共政策,它应强化该政策,但其强化力量仅仅是一种揣测。当计划有创新,或尝试改变已被接受的政策假设时,以政策转变时作为参考点来衡量冲击,便是较简易的工作。(244)

强森比较了计划中的预测,如人口,及历史结果,以解释权变策略(contingent strategies),虽然该计划本身并未界定这种权变策略。他也报告哪些重要方案(projects)被实施以及哪些没有完成,而且计算次区域(subregion)完成的开放空间比率,但如同他所辩称,建立这些结果与计划联系起来的因果解释是困难的。

然而,即使在丹麦奥尔伯格市(Aalborg)交通减缓计划(traffic reduction scheme),经过数年来详尽观察的个案(Flyvbjerg 1998),仍然面临这些困难。佛赖杰克(Flyvbjerg)的解释集中在某些行动者的权力,来反对部分计划,作为他说明的重点。他解释该计划所有相关元素之所以无法实施,乃由于强而有力的反对力量,而形成面对权力时计划的失败。然而,他所分析的计划其所提出的方案,与计划被采用前所制定重大设施投资之相关行动逻辑是相互矛盾的。这个计划失败的可解释为,之前计划的成功阻碍了改变它的尝试。计划不完整的实现,并不能加以一般化来作为计划不会产生功能的证据。

62 每个计划运作的方式,隐喻着计划如何影响世界的解释,以及根据该特殊解释而加以评量。议程效度的衡量为,是否工作已完成了。我们能观察行动者或市民,在维系表列所隐喻的承诺时,是否参考该议程作为提醒的工具。这些观察可作为行动之所以发生是因为计划而引起的证据,以及因为它能作为一种外部的记忆工具。

就政策而言,其不同目的有着不同的成功衡量方式。就决策效率而言,其效果的衡量是,决策制定是否有参考政策,而不是重新考虑下个决策情况。决策者参考政策的行为是可观察到的。或者说,即使与政策的一致性仍能被观察到,但政策已成了习惯,因而无法直接观察。就决策公平性或一致性而言,效度的衡量是,政策在相似的场合中是否被准确地应用。这可由评估政策应被采用的情况样本来判别。

观察计划前后计划对象听众(target audience)的信念(beliefs),以及问说,其信念是否改变,能评量愿景的机制。信念可在行动中直接被撷问(elicited)、推论(inferred)或显露(revealed)。判别这些信念的改变是否也改变了所欲求的行动,需要对行动作观察。然而,若没有对信念改变的观察,或这些改变的推计,我们无法确知计划是否以愿景的方式产生了作用。

就设计而言,成功的衡量是,这个设计是否被兴建或达成。这种一致性的衡量已被用在一些计划效度的评估上(例如,Alterman and Hill 1978)。它通常不是与计划如何运作的特殊机制连接,而是将计划直接与结果连接的一般概念。值得注意的是,因为设计机制是直接与结果相关,因而没有介于其间的衡量方式。其假设在于,我们能辨认出结果是由设计所造成,因为设计是如此不同,使得其结果不可能任意产生。然而,如果设计不是计划被预期的运作机制,那么单是一致性是不足以作为效果的衡量方式。

就策略而言,成功的衡量是权宜策略是否被遵循。使用策略不见得会导致最有可能达到的结果。因此就这个解释而言,一致性的衡量方式并不直接相关。评估策略的效果在第 4 章会有详细说明。

最后,很重要的一点是区别没有计划与没有行动。在尼泊尔的加德满都市(Kathmandu),人们抱怨缺少规划,但实际上又有许多计划。原因是没有行动,部分因素是严重的预算限制,以及缺乏某些形态的土地开发法规。由于缺少投资及法规,使得人们通常说没有规划。这些计划已经匡定了行动,以考虑在逻辑上连接到良好的结果,但它们不是好的计划,因为它们没有考虑任何能采取这样的行动的行动者。或者说,如果这些计划被解释为愿景,那么它们的确在运作中,但却很缓慢地来改变人们对一都市聚落如何运作的信念,以及其他人相信什么是值得做或可行的。

我们可以连结三个可观察到的现象来判定一计划是否发生作用:

- 这个计划被使用了吗?或是,计划是好的,因为人们使用它来选择行动。
- 行动被采行了吗?或是,计划是好的,因为计划所隐喻的行动被采行了。
- 结果被达成了吗?或是,计划是好的,因为计划所追求的结果被达成了。

这三种观察形态组合,能产生具说服力的论述,即依次地,计划影响了决策、行动及结果。它们能测试有关计划如何运作的解释,也因此就类似的情况提供了可一般化的隐喻。至于结果是否具有价值及符合伦理,则是外部效度问题,并讨论如下。

计划是否值得去制定,并为谁而制定? 即使计划被显示对决策、行动或结果有影响,它有可能不值得花成本去制定。有关计划效果影响的实际证据是如此地少,使得考虑其效果是否能弥补成本的问题,看似没有必要。然而,这个问题必须加以正视,且效果应加以界定,使其能与成本作比较。衡量制定计划的成本,在概念上是直截了当的。衡量计划效果的利益(benefits),也许是负的,却充满了困难。

海尔林(Helling 1998)报告了亚特兰大2020年共同愿景方案成本—效益(cost-effectiveness)的研究。她假设该愿景、过程的结果以及创造愿景的过程多少应会影响行动,而这个概念与此处的解释是一致的。她的结论是,除了增加参与者的互动外,该计划相对而言是无效的,虽然该互动最终也许对行动有间接的影响。她也估计创造愿景的成本约为四百四十万美元。这些谨慎计算的成本为资源使用的机会成本(opportunity cost),包括一千两百位参与者时间贡献的机会成本。在没有对行动有可认定的直接影响情况下,这个计划值得花这样的成本去作吗?如果它欲作为一愿景,也许它已改变了信念,但尚未改变行动。信念的改变充其量很难衡量。在任一个案中,成本是重要的。我们至少能问,利益是否可能大于四百四十万美元。

要评价计划的效果,需要考虑计划可能运作的所有方式,将计划的效果从没有计划情况下会发生的事情中区别出来,以及估计这些利益的价值。不确定性更与这些面向纠结在一起,如第 4 章所讨论的。很清楚的是,利益的价值在个人及团体间有所不同,并且如果从一个集体的角度来看,引发了评估社会福利(social welfare)改变的所有问题。即使从一特殊制度的角度来看,如一卫生特区(sanitary district)从事污水系统的规划,利益的评估也是问题重重。在实务上,最实用的方式来问计划是否值得去作,在于衡量制定它的成本,然后问说,大概衡量其利益是否能合理地涵盖该成本。也就是说,只要能够判断利益是否高过成本,就不必对利益作更精准的估算。因此不仅就计划愿景的面向来看,从所有的计划面向来看,海尔林的例子是一极佳的模式来探讨这个问题。

计划其内部是否与计划运作的逻辑一致?内在效度决定于计划本身的属性。计划的内在逻辑仅借由检视该计划便可知道。如同面临不确定性的决策一般,问题是,好的计划其在制定时,是否根据所提供已知的信息,而不在于其所导致的结果是良好的。典型的方法是,去问计划是否包含了一组特殊的构件,如交通及土地使用,或具有一组特殊的属性,如根据决策者参阅的方式所组构起来。更谨慎的解释会是去问,计划是否至少满足一个计划运作的逻辑。就计划的策略面向而言:行动在权变的策略中被连结起来,其是否满足了决策分析(decision analysis)的逻辑?或就设计面向而言:元素的组合是否切中可运作的设计标的组构(designed target configuration),且这些相关的元素的作用正如所欲求的?

肯特(Kent 1964,91)界定了良好计划的属性:

主题特性(Subject-Matter Characteristics)

综合计划——

(一) 应强调实质发展

(二) 应是长期的

(三) 应是综合性的

(四) 应是一般性的,且应维持其一般性

(五) 应清楚地将主要实质设计提案与计划的基本政策建立起关联性

有关政府程序(Governmental Procedures)的特性

综合计划——

(六) 其形式应适合作为公共辩论之用

(七) 应被界定为市议会(City Council)的计划

(八) 应可提供给大众参考并容易理解

(九) 应被设计来将其教育潜力资本化(Capitalize)

(十) 应可被修改

这些是计划的特性,而不是它被制定的程序或它对世界所具有的影响。它们是内在效度的准则。有些准则能从计划如何运作的解释中获得,并进而借此较严格的观点来衡量内在效度。四个 I 认为计划应强调实质发展(physical development)。为实质发展而制定的计划是非常困难的,而足以独立于其他都市功能之外,使得仅强调实质发展的计划是合理的。长时期也许是一过于狭隘的解释,但关切到时间水平(time horizons)是适宜的,因为它认识到一组相关的决策可在时间上发生。然而,重点应该在与特殊相关决策组有关的多个时间水平。对肯特而言,综合性暗指横跨实质元素、所考虑影响范围以及涵盖整个都市等的综合性。肯特认为它应是一般性,以强调主要政策及主要实质设计提案(proposals),而不是细节。这些主张与将重点放在有可能从具四个 I 特性计划中获益之开发,是一致的。第六项到第十项的特性,增加了计划将在制定决策中使用的可能性,因而将这些内在效度准则与计划如何影响行动及结果连接在一起。

1954 年住宅法案(Housing Act)中 701 节联邦政府所补助的计划(Feiss 1985),以及在一些州政府所规定之地方计划必须包含特殊的元素,其基本上是因为相信良好的计划必须具备这些元素。例如,加州(California)要求土地使用、交通、住宅、保育、开放空间、噪音及安全(Olshansky 1996)。这些要求同时涉及所考虑的决策范畴(scope)及影响范畴。为何州应规定计划的某些特性,引起了超过计划内在效度之其他不同课题的讨论。然而这些规定说明了有关如何规划的决策,其制定系部分立基于计划本身的属性,而不在于计划是如何制定或它们所具有的影响。因此,内在效度是准则的一重要项目。

计划所追求的结果及所使用的工具,在伦理上(ethically)是否恰当? 计划其在追求穷人的公平性,比起增进都市发展效率的计划为佳,因为效率的获益终究归于最富有人的手中。此处不详论伦理的诉求,但很清楚的是,计划能影响决策、行动及结果,产生利益足以弥补成本,在逻辑上是内在一致的,但由于它所追求的目标或它所用的工具,仍旧可能是坏的计划。外在效度要求计划遵循伦理的标准(standards)。

基丁及克蓝姆侯兹(Keating and Krumholz 1991)主要根据计划是否完成发起人及支持者所欲达到的事项,比较了六个计划以评估市中心计划的效果。计划是否影响了结果?他们应用西德卫及库克(Sedway and Cooke 1983)的标准,认为如果有主要财产拥有者及租户的支持,市府所有局处的合作及支持,市民咨询委员会(citizens advisory committee),以及根据整个都市的计划来制定市中心计划,市中心发展计划应值得去作。这些准则可预测计划是否会为赞助它的人带来利益,以补偿成本。基丁及克蓝姆侯兹发现,他们研究的六个计划,都符合西德卫及库克的标准。它们是一种我们所期待发生的计划,因为它们是由地主、企业领导及地方政府所发起的,这些人能从市中心发展而获益。这些行动者有诱因来产生这类型的计划,以投注在他们能制定并从中获利的决策。然而,这些计划没有一个以显著的方式来探讨公平性,当知道计划是由这些人所发起时,便使得这样的结果是可预期的。这些计划通不过公平性规范准则的外在效度检视。

如果我们能根据前三个广义的准则,解释计划可能被制定及产生作用的情况——效果、净利益及内在效度——那我们能建议,如果规划者衡量计划的成功与否在于影响行动,以及在可回收成本的情况下,他们应该制定计划。然而,这种计划及规划,其所能完成的是简单及正常事项,而不是成就不凡的改变,例如社会公平性的改善。因而所有这四个准则——包括外在效度——在计划评估中是适切的。

结论：计划在特殊情况下运作

计划可以一种以上的方式来产生功能。已知计划如何运作的解释——连结可观察到现象之解释——便有可能根据它们的效果，它们的净利益，它们的内在效度以及它们的外在效度，来评估计划在特殊情况下产生作用的程度。这些解释也能够用来预测，凡是满足这些评估准则的计划，其一般而言，会以这些方式在适当的情况下产生作用。这些解释因而提供了借以预测哪些计划值得去作的基础。

都市发展计划通常包括议程及政策，以作为建构计划中所隐含行动的工具。然而，计划的愿景、设计及策略面向，最适合用来想出都市发展计划的内涵逻辑（substantive logic），因而会在议程及政策之先发展出来。这个优先性的基本原因在于，愿景、设计及策略探讨了行动间的相关性，而议程及政策则不然。计划的策略面向也必须面对不确定性以及预测，进而导引我们在第 4 章以决策分析来解释计划。

译注

　　计划如何运作以对都市发展产生影响？这个问题没有显见的答案。试问上海市及台北市的捷运系统计划，对都市发展产生了何种影响？我相信没有人能完整回答这个问题。然而，作者归纳出五种计划运作（或产生功能）的方式，而透过这些机制，计划影响了行动，进而产生了结果。这五种方式分别为议程、政策、愿景、设计与策略。议程为工作的表列，如台北市市长的竞选承诺。政策是"如果则如何"的规则，如同都市计划委员会的审议规范。愿景则为未来的憧憬，如建设南宁市成为国际都市。设计为精密考虑相关性的结果，如南宁市2020年城市总体规划。策略是一组权变而相关的决策，如台北县淡海新市镇的开发，若无厂商进驻，该如何处理。这五者以策略最具威力，但也最少在规划实务中使用。我们何曾见过计划考虑过权变的措施？大多数计划都假设预测的结果必然会发生。例如在进行台北市综合发展计划时，许多分析如公共设施需求，都依赖人口预测。但影响人口数的因素何其复杂，我们顶多只能如天气预报一样，以几率的方式作为预测的附带条件，万一实际的人口数不如预期时，采取权变的因应措施。淡海新市镇开发目前所面临的困境，便是一个很好的例子。我们甚至可以大胆的猜想，都市发展过程系由计划透过这五种机制，以近似随机的方式相互影响，在既有的市场机制及制度结构下，产生了开发决策，进而形成都市实体的空间环境。描述这个复杂过程乍看起来似乎不可能，但是随着计算机科技的发展，以电脑模拟的方式探讨复杂空间系统演变，已在都市空间系统模型建立上形成一种趋势，也取得了初步成果。

　　既然计划对都市发展的影响如此难以了解，我们如何评估计划的运作？解答这个问题，有助于我们从经验中学习，以增进规划者制定计划的能力。作者归纳出决定计划是否发生作用的四个准则：效果、净利益、内在效度及外在效度。效果指的是计划是否影响决策。净利益则是说，计划所带来的利益是否大于制定计划所产生的成本。内在效度探讨计划的作用是否合乎它本身的逻辑。例如,如果计划作为设计的话,其是否考虑决策间紧密的相关性。外在效度乃说明,计划的意图是否符合社会伦理道德的规范。这些评估计划的准则看似简单,但在实际操作上都有一定的困难度。以台北市捷运系统计划为例,我们可以探讨该计划是否影响了台北市交通及土地使用的日常决策。该计划所带来的利益是否大于该计划制定的成本? 该计划是否考虑了其他相关的都市发展权变决策? 该计划是否提升了社会资本(social capital),以增进民众间彼此的信赖或促进社会公平性? 如果这些问题的答案都是肯定的,我们可以说台北市捷运系统计划是成功的。问题是,如何准确地去衡量这些准则? 其实,就实务操作面而言,这些准则的衡量不在精确,而在差异。有些准则容易衡量,如计划成本,而有些不容易衡量,如计划所带来的利益。我们只要概估计划利益大于成本,则计划的净利益准则便达到了。其他准则的衡量,也可以类似的方式评估。总之计划的好坏,不仅仅看它是否被执行,还要考虑它是否因改变了行动而带来预期的结果,以及这些结果是否符合社会伦理规范。

第4章

策略、不确定性及预测

> 我们仍可争论,希望及愿景在几率背景中是理性的,因为它们鼓励人们努力工作,作出更伟大的承诺,以之前无法想象的方式动员社会及自然资源,以及扩大之前视为合理的行动范围……如此,则抱持着希望实际上将改变了几率及报酬。

——马丁·克利格(Martin Krieger)(1991)
  规划的权变:统计、命运与历史(*Contingency in Planning: Statistics, Fortune, and History*)

为都市发展制定计划的最根本面向是，就相关决策来从事选择——即在这些决策中，某一决策中选择的决定，取决于另一决策中选择的决定。在大学里选择修哪些课，说明了这种规划情况的一般形态。在这个例子中，如果你要在八个学期内完成学业，有八个决策阶段。在每一学期前，你必须决定修哪些课，并已知在接下来的学期中，你将会修哪些课的权变决策。你也必须将即将来临的学期，其课程加以调整以符合每周的时程。你选择先修课，以便你日后修其他课程。你确定所选择课程的组合，将会获得学位及主修。然而注册课程的结果是不确定的。你可能不会通过所有课程。你会发现你实际上会多少较喜欢某个主题。因此，你应考虑因选择某些老师的课所造成偏好改变而带来的影响。某些课在你要选时已不再开。你应考虑具有韧性(robust)的决策，即选择同时符合一些主修的课程以便后来改变主修。如果你规划要成为工程师，但后来决定成为历史学家，你必须知道何时及如何修定你的计划。你想要将重点放在学习，而不是从事规划来学习，所以你必须至少隐然地决定该投入多少努力（担心），来规划你的课程。相关决策的顺序、不确定结果、改变的偏好，及由外在决定但可能会改变学位的要求，形成了典型的情况，而计划的策略面向在这种情况下，将有所助益。

相关行动、计划及预期价值(Expected Values)

决策分析(decision analysis)提供一致性架构以考虑行动、后果、不确定性及预测(forecasts)间的关系。它将规划情况与和这类问题有关且已发展成熟的文献结合起来。然而，它在解释计划如何产生作用的用处时，不应与使用决策分析作为特定问题之解决工具混为一谈，后者是决策分析经常用来表现的方式（如 Stokey and Zeckhauser 1978；Kirkwood 1997）。根据你的经验，你知道你从不曾将课程规划的问题，清楚地建构成一决策树(decision tree)，更遑论以算数的方式计算其预期价值(expected values)。

课程计划常用的工具包括一组八个表的课程,每一表代表一个学期。用表格来检视所达到的要求,并点出尚未达到的。这个表也有助于检视先修科目是否修毕,以便你能修进阶课程。通常学生(或他们的指导教授)界定将来学期的权变课程选项,以确认不同的选择是开放的。例如,在第四个学期,你将选修一工程课程或一历史课程,端视你一年级英文(或数学)的成绩。

在都市发展中,投资及法规不会产生立即且唯一的结果。如果选择一行动不能造成唯一结果,那么我们需要一观念,以考虑行动的预期价值。如果现有行动的偏好取决于未来行动,那么我们在作决定前,可借由预测未来背景、决策情况及偏好而获益。如果偏好会改变,那么我们应考虑我们的行动对偏好所产生的可能影响,也就是说它们的构成性效果(formative effects)。这些问题,在本章以决策树描述规划情况,作为观念性的解释。

想象你正面对选择新开发地区住宅单元的户数,以及服务该区的污水管线及主要道路容量的问题。此刻暂且不要考虑该两个决策——住宅及基础设施——是由一个或两个决策者来决定,或可同时或分开来考虑。而将重点放在如何分析规划所带来的差异。在针对其中一个决策采取行动前,若能同时考虑两个决策会带来何种益处?

图 4-1、图 4-2 及图 4-3 的决策树,以三种方式使用表 4-1 的假想资料,描述这个问题。为了简化起见,暂时忽略土地成本。数字以千元为单位,但它们是假想的数字以说明一个概念,而不是实际的数字用来针对一特定结果作实证说明。

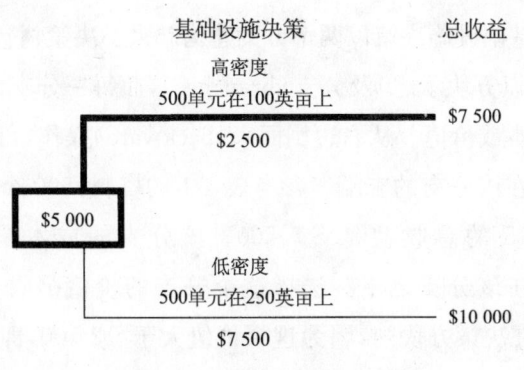

图 4-1 基础设施决策独立考虑

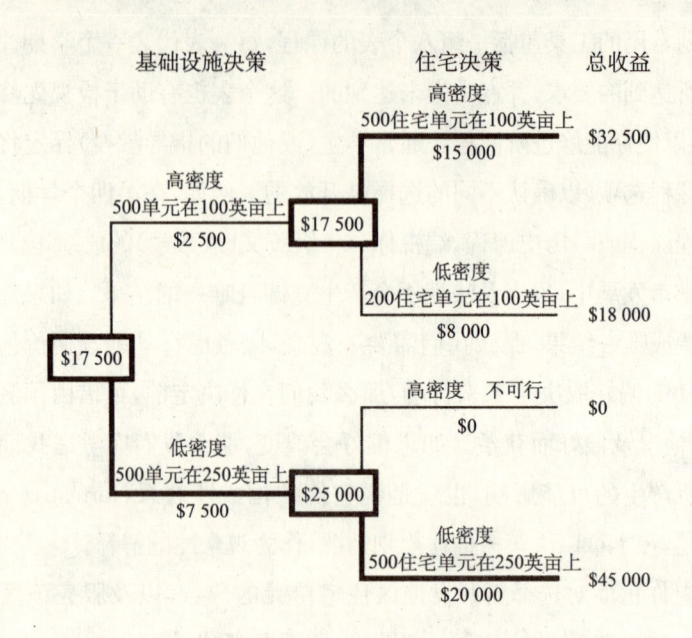

```
                基础设施决策              住宅决策           总收益
                                                    高密度
                                            500住宅单元在100英亩上
                                                   $15 000          $32 500
                        高密度
                   500单元在100英亩上  ┌$17 500┐
                        $2 500                    低密度
                                            200住宅单元在100英亩上
                                                   $8 000           $18 000
         ┌$17 500┐
                                                高密度    不可行
                                                   $0               $0
                         低密度
                   500单元在250英亩上  ┌$25 000┐
                        $7 500                    低密度
                                            500住宅单元在250英亩上
                                                   $20 000          $45 000
```

图 4-2 基础设施及住宅决策同时考虑

表 4-1 基础设施及住宅说明

	低密度		高密度	
	收益	成本	收益	成本
基础设施	20	15	15	5
住　　宅	70	40	50	50

　　图 4-1 将基础设施决策以两个方案建构起来。决策树包括决策点（decision nodes）（以方块示之）及分支（branches），而每一分支代表一方案，以及该方案的成本或价值。从右边倒回来（backward）操作，每一分支所形成的总收益显示在该分支的末端。参考表 4-1 的资料，500 个高密度住宅单元，每单元 $15 的总收益是 $7 500。该分支的成本是 500×$5＝$2 500，显示在该分支之下。选择这个分支的价值是收益减去成本或 $5 000，显示在决策方块内，因为这个价值大于 $2 500，即下方分支的价值。在这个例子中，你应该选择如粗线条所显示的高密度基础设施。你可

以建构类似的决策点及分支,以单独考虑住宅决策,并且你会选择低密度住宅。

如果你同时考虑两个决策,如图 4-2 所示,你应选择低密度基础设施,此与仅考虑基础设施决策不同。将基础设施的收益与成本分开来对待,乃因为成本系根据预期的单元数来决定,而收益是从实际兴建的单元,以实际兴建住宅密度的基础设施收益费率计算。如果你先兴建高密度基础设施后,再兴建低密度住宅,你只能兴建 200 单元而不是 500 单元,因为你只能将 200 个低密度单元配置在有基础设施服务的 100 英亩上。在这个例子中,基础设施收益是每单元 $20,因为它是服务低密度住宅,且乘上 200 系因为你仅能从所服务的单元获得收益。如果基础设施是为低密度而兴建,则高密度住宅便不能兴建,因为服务既定地点管线不具备足够容量。在这个例子中,便没有收益。因此最上面的分支其收益是 500×$15+500×$50=$32 500,第二个分支是 200×$20+200×$70=$18 000,以此类推。给定这些收益,你可以从右向左反过来操作,减去每一分支所产生的成本,以计算每一决策点的价值。如粗线条所示,在这个例子中你应选择低密度住宅。

比对没有计划下制定基础设施决策及有计划下制定基础设施决策,现在先考虑没有计划的两种解释。首先,你会以序列的(sequentially)方式对待这些决策,因为你可能不知道有住宅决策,或者你可能知道有住宅决策的存在,但忽略它与基础设施决策之间的关系。然后已知基础设施决策,你再制定住宅决策。其次,你可能视住宅决策为不确定的,并因知识的缺乏,而假设住宅所有的选择均有相等的可能性。值得注意的是,此处这些决策是在单一决策者的权限内,而他仍然必须面对考虑一个以上决策的工作。

根据第一种解释,不知道或选择忽略住宅决策,你根据基础设施报酬制定基础设施决策,因而选择高密度容量的基础设施,如图 4-1 所示。已知高容量基础设施,你然后会选择高密度住宅,如图 4-2 所示。如此则净收益为 $17 500,显示在高密度住宅的决策点,减去 $2 500 高密度基础设施成本,而得到 $15 000 的净值。值得注意的是,这个结果不如同时考虑两个决策所能达到的净收益,即图 4-2 所示的 $17 500。

根据第二个解释,如图4-3所示,住宅决策以机会事件(chance event)代表(图中的椭圆形)。每一机会事件结果的可能性,以从0.0到1.0的小数为代表。结果的表列应包括所有的可能情况,因此任一行动结果的可能性加起来必须等于1。有关列举所有结果的困难,在概念上可以列一结果分支代表"未知"结果来解决。如果一决策的结果是未知的,那该决策的价值应整合所有可能的结果。标准方法是计算预期价值(expected value)。在一离散的问题中(discrete formulation),预期价值的定义为每一结果的可能性乘上该结果价值的和。【注1】

预期价值的计算如图4-3所示。这个决策树与图4-2不同之处,在于两个决策点已被两个机会点(chance nodes)及其几率所取代。两个结果的可能性均相等,且因为所有的结果其几率和为1.0,因此其几率各为0.5。上方机会点的预期价值是 0.5×($32 500－$15 000)＋0.5×($18 000－$8 000)等于$13 750。同样地,下方机会点的预期价值是 0.5×($0－0)＋0.5×($45 000－$20 000),等于$12 500。预期价值减去高密度基础设施的损失其值较高,因此如果你没有住宅密度相关信息,你应该选择兴建高密度基础设施。分派相等可能性到每一结果,是无信息的标准假设。

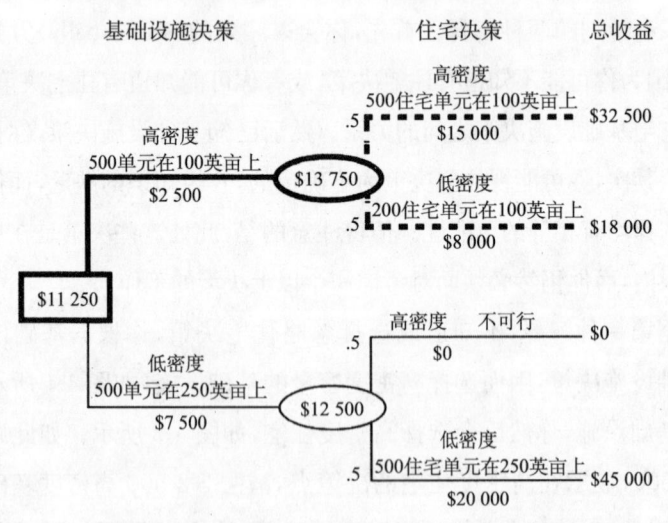

图 4-3 将住宅视为不确定的基础设施及住宅决策

经过计算计划的可能性，我们能估计在不同的无计划解释下，一计划所具有的价值(图 4-1 及 4-3)。在这个例子中，同时制定两个决策，与已知最佳基础设施决策，然后制定最佳住宅决策，其价值的差异为 $17 500 减 $15 000 等于 $2 500。这个比较可参考图 4-2 中，比较组合选择(combined choice)与在已知高容量基础设施下的住宅选择，而该选择是单独考虑基础设施后的选择。就第二个解释而言，同时制定两个决策，与制定第一个决策，但将第二个决策结果可能性视为均等，其价值的差异为 $17 500 减 $11 250 等于 $6 250。一般而言，如果你假设第二个决策的选择视第一个选择的情况而定，而不是假设第二个选择的可能性为均等，计划的价值较低。因此计划的利益，端视你没有它的时候，如何进行决策。

值得注意的是，这些计划价值的估计，只有当计划完成后才能计算。它们能告诉我们计划是否值得制定。在计划尚未制定前估计计划的价值，需要可能计划的分配(distribution)(可能行动选择的组合)及其预期价值。从这个分配中，制定计划预期利益可与没有计划的选择来比较。如果你能从同时考虑两个决策中获得较高报酬，你应愿意支付这些报酬的差异给某人(规划者)，以帮你进行规划。制定及使用计划的成本应低于它所带来的获利。

这个逻辑在考虑制定计划所带来利益是有用的，而不是在于如何以数学方式计算这些利益。例如，如果一都市边缘地区可能被郡收买作为区域公园，否则会开发成为都市密度的住宅，那一污水系统的提供者(provider of sewers)会判断，若忽略后者决策的可能性，其可能对污水系统投资是否会带来利益，则有很大的影响。一计划若能谨慎地考虑这个购买的几率，及其具弹性(flexible)或韧性(robust)污水系统扩充可能的策略，便值得进行。从另一角度来看，如果现存没有污水系统服务的地区已经被州际高速公路服务，并明显地适合作为都市发展，那就没有理由进行计划制定，因为这些计划不会影响污水系统投资的结果。简言之，计划的利益随着可能结果价值差异的增加而增加，而这些结果端视行动的相关性、不可逆性及不可分割性而定。

序列决策(Sequential Decisions)及不确定性

开发商必须考虑是否取得一块土地,并决定每年兴建多少单元。这一序列土地使用决策的报酬,取决于每年实际的需求。基础设施提供者必须决定是否(一)现在开始兴建一大型污水处理厂,然后何时兴建污水截流管线(sewer interceptors)以与该厂连接,或者(二)现在兴建一小型污水处理厂,然后再兴建其他的小型厂。这些决策结果,将取决于对这些服务的实际需求,以及这些设施何时启用。需求可能在具有足够容量的基础设施完成之前就产生,犹如现在经常发生在主要都会区都市中心高速公路容量的例子。在每一个这些例子中,有着一连串具有不确定后果且相关的决策。

不确定性的发生有几种方式。福兰德及耶瑟普(Friend and Jessop 1969)已指出了三种:有关环境(environment)的不确定性、有关相关决策(related decisions)的不确定性,以及有关价值(values)的不确定性。同时还有可采取行动或方案(available actions or alternatives)的不确定性。

与环境有关的不确定性指的是不能确知的事件,且不在其他决策者直接的控制之下。有关未来利率的不确定性是有关环境的不确定性,因为平均利率不因特定决策者的特有决策而形成。然而,一特定的银行或为某一措施而定的利率,可被视为关于相关决策的不确定性。

相关决策不确定性指的是,同一决策者面对着其他决策或其他决策者具有权限制定的决策。同一决策者之其他决策不确定性可建构如图4-3所示。有关其他人决策的不确定性必须认识到他们也在考虑不确定性,如第5章所讨论的。有关环境以及相关行动的不确定性之结合,形成了有关行动后果之不确定性。

有关价值的不确定性指的是不同结果间偏好知识的不完全。这种不确定性的发生是因为决策者代表着其他人,且不知道他们的偏好或适当的偏好整合(aggregation)方式。或者决策者自己的偏好会以不确定的方式改变。

有关方案的不确定性指的是可能替选行动之不完全的知识。行动的概念是被创造出来的,而考虑并操弄(manipulating)概念的过程也影响价值。因此有关价值及方案的不确定性,在制定计划过程中纠结在一起。方案及偏好不能视为已知的。

表达这些知识情况作为不确定性,在概念上是有用的,但真正去详究它们会导致困难。马区(March 1978)将在没有足够的信息下以建立决策分析架构的情况称之为"模糊性下的决策"(decision making under ambiguity)。此处目的在于思考计划如何产生作用,而不是衡量不确定性及计算预期价值。

由于决策及所欲兴建设施可用性间的预先时间(lead time),土地开发及基础设施提供的决策,必须在需求发生前定夺。一旦承诺决定了,资金便花费了,且一般而言,已开发土地或无需求的基础设施不可作为其他使用。私人开发商在决定从事一项重大投资,以及市政府在决定设置基础设施时,面对类似的问题。开发商的土地投资及基地改善,必须在时间上逐渐地以不同的规模进行,但又必须在单元出售前完成。单元出售决定了可支付贷款的收益或产生报酬。市政府也必须投资,而相较于私人开发商,它通常是在设施上,且面对较长预先时间来兴建完成,以及大区块的有效规模。例如,服务都市主要地区的污水截流管线是大区块有效率投资,而开发商所关切的是服务某一街道的污水系统主干。市政府必须借款及从税收或收费赚取收益以支付贷款。每个投资者面临在收益及不确定结果产生前,序列相关决策的承诺。这些决策情境中类似的情况,创造了土地使用开发者(通常是私人公司)以及基础设施开发者(通常是公家机构)的机会,来分担成本及收益风险,以及共同进行透过计划、法规或集体行动来降低风险。这种分享利益的暗喻在第 5 章有详述。

图 4-4 描述一假想的,从一公有或私人开发者观点来看的土地开发问题。本例的重点可以图形表示:在某些情况下进行某些投资是合理的(第 1 年的基础设施及第 2 年的住宅),观察后段时间的状况(第 3 年所发生的需

求),然后根据这些信息决定如何做(第 4 年或第 5 年的扩建)。关键在于,你第一年的选择,取决于你对未来可能结果的预测,以及你会作的权变决策。你的策略应在制定第一个决策前考虑相关的决策。

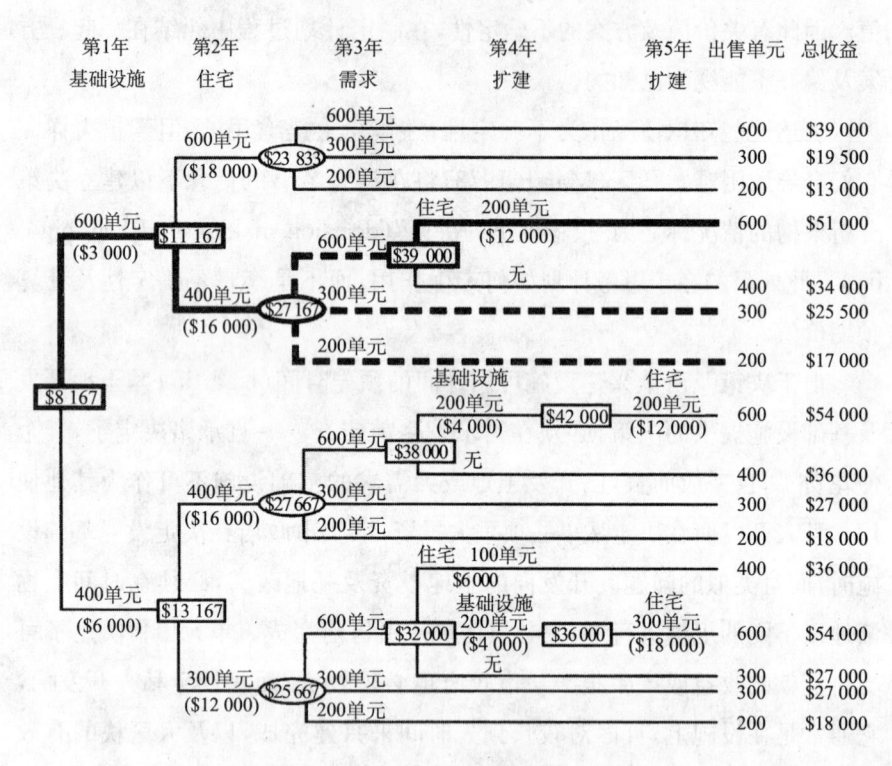

第1年 基础设施	第2年 住宅	第3年 需求	第4年 扩建	第5年 扩建	出售单元	总收益
		600单元			600	$39 000
	600单元 ($18 000)	300单元	$23 833		300	$19 500
		200单元			200	$13 000
600单元 ($3 000) $11 167		600单元	住宅 200单元 ($12 000) $39 000		600	$51 000
	400单元 ($16 000) $27 167	300单元	无		400	$34 000
					300	$25 500
		200单元			200	$17 000
$8 167			基础设施 200单元 ($4 000) $38 000	住宅 200单元 $42 000 ($12 000)	600	$54 000
	400单元 ($16 000) $27 667	600单元	无		400	$36 000
		300单元			300	$27 000
		200单元			200	$18 000
			住宅 100单元 $6 000		400	$36 000
400单元 ($6 000) $13 167		600单元	基础设施 200单元 $32 000 ($4 000) 无	住宅 300单元 $36 000 ($18 000)	600	$54 000
	300单元 ($12 000) $25 667	300单元			300	$27 000
					300	$27 000
		200单元			200	$18 000

图 4-4 不确定性下土地与基础设施开发

今以数字来解释这个例子,在第 1 年,开发商面对一有关基础设施容量的决策:它应兴建基础设施足以服务 600 住宅单元或 400 住宅单元?从基础设施决策到基础设施提供的预先时间是两年,因此基础设施将在第 3 年初提供服务。在第 2 年,有关兴建住宅单元的数目,必须于一年的预先时间内决定,表示它们将与基础设施同时提供服务。如果在第 1 年有为 600 户服务的基础设施被兴建,那 600 或 400 户的住户可被兴建。如果是为 400 户服务的基础设施被兴建,那 400 或 200 居住单元可被兴建。

已知表 4-2 的成本及收益,图 4-4 的决策树可被建立,且每一住宅决策需求结果的三个可能性均相等。【注2】在第 3 年初所发生的住宅单元需求是不确定的,在此处由个别相等的三个可能性 1/3 代表 600、300 或 200 的需求。这不确定性可能代表迁移、收入、家户组成、税率改变及任何其他因素的变化。【注3】在这个例子中,所产生的需求并不区别所出售单元数的变化,及每单元价格的改变。当需求产生时,且如果基础设施容量有剩余的话,额外的住宅可在第 4 年兴建。或者说,基础设施可以在第 4 年扩充,而住宅可在一年后增加。在这个数据说明中,计划应兴建容纳 600 单元的基础设施,然后兴建 400 住宅单元。如果 600 单元的需求发生,那在第 4 年再兴建 200 户。【注4】

表 4-2　土地开发案例资料

	300-599 单元	600 单元以上	增加的单元
基础设施			
收益	20/单元	15/单元	20/单元
成本	15/单元	5/单元	20/单元
住　宅			
收益	70/单元	50/单元	70/单元
成本	40/单元	30/单元	60/单元

面对序列决策及不确定结果的策略,是决策树中的路径(path),并视机会点上所发生的结果而定。策略有助于决定考虑相关的决策后,现在应采取的行动,而这些决策有些乃在某些不确定结果发生之后才制定。如果所有的需求为已知,那么这个问题可被视为是设计问题。在尚未动工前,所有的基础设施及住宅能透过一迭代过程(iterative process)来决定。然而,如果以序列方式来兴建,它便是一个策略问题。决策必须为当下兴建的开发部分而制定,但必须考虑其他开发部分之权变决策。

序列决策与不可逆性

都市发展行动以序列的方式展开,而不是同时发生。改变实质投资之必要拆迁,其高成本是一重要理由说明为何都市发展计划通常是值得作的。下面的例子解释为何作为策略的计划,会保留某些空地作未来发展之用。

一开发公司在缓慢成长的社区边缘拥有两大片土地,并面临一主要道路,且相距两英里远。该公司拟在距都市边缘较远的土地上兴建独户住宅。它认为这么做是合理的,因为未来五年内有对这种住宅的需求,但在同一时期没有对较高密度住宅的需求。五年后,或只要是需求发生时,该公司将在距都市较近的土地上,兴建较高密度住宅以及商业使用。欧尔斯及判斯(Ohls and Pines 1975)以土地经济学的架构解说这个问题。较高密度比低密度产生较多旅次,以及其他每英亩基础设施流量。因此如果高密度较低密度靠近基础设施流量的主要目的地,其基础设施成本较低。问题在于,是否将较高密度开发兴建在靠近基础设施的主要目的地及来源,一旦兴建,其利益高过同时因独户住宅兴建在较远的地方所增加的交通及基础设施成本。也有可能先将独户住宅兴建在较近的地方,然后再将它改变为或拆除重建为较高密度住宅,并将较低密度住宅重新在较远的地方兴建。然而,除非直到高密度兴建其时间延迟十分长,拆除并重建的成本将必然是非常昂贵的。

巴尔(Bahl 1963)计算了肯塔基州来克辛顿市的例子其成本的差异。就一两英里"蛙跳"(leapfrog)越过空地的新低密度开发而言,所估计的成本,其每年的差异以1963年的币值换算为﹩580 000(或若将某些资本成本每年均摊下来为﹩590 000)。百分之五十四的成本是私人通勤成本。百分之五十八的成本由蛙跳土地细分区(subdivision)居民承受,其余的由都会区其他居民负担。[注5]这个数量的成本说明了土地保留为空地的时间间距长度,将在决定是否要进行蛙跳式开发,其利益上扮演重要的角色。

在开发过程中越过数笔土地是合理的,且有一概念架构可用来思考这个问题,以及制定特定决策的因素。公部门制定法规者现在要作的决策是,是否允许低密度在较远的土地上开发。作为策略的计划则是较高密度住宅于是将在较近土地上兴建。制定法规者或规划者在考虑为这开发案进行重新分区(rezoning)、编入行政区(annexation)或提供基础设施时,如同开发商一般,应以决策分析的方法来思考。较高密度开发将产生较多的每英亩旅次,以及每英亩对基础设施的需求,例如污水管线。从长期的角度观之,较高密度靠近市区为佳。在较近的土地上开发较高密度,比较低密度能省多少经费?将较低密度建置在较远的土地上会增加多少成本?在任一年度,高密度需求的可能性是多少?当需求发生时,将低密度变为高密度的成本是多少?需求终究会导致内环的土地作低密度开发的可能性为何?决策分析为这些一般形态的规划情状提供一概念架构。如果能针对特定的决策案例,画一决策树以清楚地考虑一个状况,即使不用产生数据以进行计算,也是有用的。

欧尔斯及判斯(Ohls and Pines 1975)解释在三个情况下,使得土地应保留为空地以作未来高密度的发展。折现率(discount rate)(按:未来花费折算成现值的比率)具一下限及一上限。如果它太高(按:折现太快),最终较具效率形态其未来的利益,不能超过因靠近市区土地保留为空地所增加的基础设施成本。如果它太低(按:折现太慢),根据密度的兴建成本,其所节省的经费,将无法补偿基础设施的成本,已知兴建成本在最终形态将会一样(因为在他们的例子中,总是有一块高密度及两块低密度的土地),但基础设施成本将取决于空间形态。同时,高密度的额外成本必须足以大于基础设施成本,以允许在较远的土地上兴建低密度,但具较高基础设施成本。这个简要的说明假设开发完成后形态维持不变,但其基本逻辑可应用在考虑持续的发展形态。欧尔斯及判斯针对预留土地作商业开发拟定出一套类似的逻辑。

维吉尼亚州的瑞斯顿(Reston, Virginia)市中心便是这种土地保留的一个例子。当发展在1960年代早期开始发生时，土地预留作市中心使用，因为知道当时没有足够需求做所预见的开发强度。市中心的发展在1980年代后期，开始兴建传统市中心临街建筑配置及格状街道形态。区位的保留使得这种发展变为可能。相对地，马里兰州的哥伦比亚市（Columbia, Maryland）也是1960年代兴建的新市镇，其一开始以郊区密度的形式兴建市中心。现在的哥伦比亚市中心已不可能如瑞斯顿市中心的密度来重建了。

决策情况的预测

预测是在某未来时间点会发生之结果的陈述。现在所作的决策根据现有信息、所规划之未来决策以及有关未来决策之计划所依据的几率预测而定。预测的价值，类似计划的价值，是有预测之决策与无预测比较时，其决策价值的改善。雷夫（Lave 1963）及松卡等（Sonka et al. 1986）曾估计一年内及几年间，与农业生产规划策略有关之天气预报价值，但在都市发展的预测中，却没有这方面的研究。预测具有一些特性，影响了它们作为信息的价值：所预测事件发生前的预先时间（lead time）、预测水平（forecast horizon）、空间分辨率（spatial resolution）及时间分辨率（temporal resolution）（Mjelde et al. 1988）。

早上天气预报的预先时间，给当天的其余时间来决定是否因天雨而带伞。农夫的预先时间需要每年作预测，以决定栽种何种作物。基础设施提供者的预先时间必须早在基础设施被设计、核准及兴建以及需求发生之前，便足以预测该需求。在预测未来的偏好时，预先时间允许一决策做及时的预测，以便现在拯救一荒野地区，但其价值被尚未出生的人所重视。你必须预测他们的偏好将为何，以评估它未来的价值。预测的利益，部分在于其预先时间是否适合当下的决策情况。

预测水平是所预测的信息其所提供时间的长度。我们可能针对下周而得到每天的天气预测。每天则为时间分辨率,而每周则是水平,也就是说我们得到七天的预测。就都市规划而言,空间及时间上分别的预测(disaggregated forecasts)是重要的。透过十分具体的人口预测结果,我们想知道学校容量及污水系统容量,在何时及何处将被需要,以便选择学校地点和规模及截流地点与规模。一般而言,预测越个别(disaggregated)则预测越困难。预测一州的人口较预测该州某城市的人口容易。预测都会区成长较预测特定地区容易。

图 4-4 所示简图的问题可扩大来考虑预测。然而,该决策树会变得极复杂,而解释会比绘制来得容易。你不但应考虑基础设施及住宅的投资,还应考虑预测的投资。如果你不预测,兴建高密度或低密度基础设施决策的预期价值与图 4-4 相同,其计算系根据相同的三个需求水准的发生几率。相同可能性表示无信息。一预测应改变这些可能性,但是你将无法知道所预测的可能性,直到你已经完成预测了。如果你决定去预测,那么表示你从预测中假设可能预测结果的分配。每一可能之预测结果其发生的可能性相同,并在原始问题中,针对每一行动结果包含了一组几率。预测之后,你将知道所有行动结果的新几率,并能依据这些新几率制定决策。根据这些新几率,新的预期价值必须被计算出来。【注6】

在第 2 年决定兴建多少住宅前,你也能考虑住宅需求的可能性,并预测它。在时间上,与决策较近的预测可能更准确,如同当天早上下雨的预测使得你决定带伞,较一周前的预测会更准确。有关一系列预测的决策,隐喻着一决策树的权变路径,即一预测策略。计算数值几乎是不切实际的,但是认识到之后预测的可能性,仍是值得的。

人口预测在计划中很普遍,但是这些预测通常在传统计划中所表达的方式,其在选择策略上无直接用处。人口预测的产生通常不考虑任何决策情况。它们很少以不同人口预测结果的几率方式来表达。在大多数决策情况中,我们并不希望知道未来人口数,而是希望知道其所衍生的用途,如住宅及基础设施的需求。此处我们不讨论如何从事人口的特定预测(参见如 Isserman 1984),本章所描述的情况清楚地说明,预测应与所面临的决策情况相关。预先时间、具体性(specificity)及准确性(accuracy)的课题,在预测与决策情况的配合中,是适切的。此外,我们应注意自我实现的(self-fulfilling)预测,以及在既定的趋势或形态中预测意外变迁的困难性。

与决策**无关**的预测,可能更容易被决策者接受。

人口推估(projections)在未来服务设施的规模上,如学校、机场或卫生系统(sanitation systems),偶尔直接切中决策。但是一般而言,人口推估并不能与特殊方案配合,因为接受某一特定推估,限制了合理方案的范围。人口推估通常与决策无关的事实,表示它们较不会威胁政策制定者,并维护他们自己的政策偏好。

......主计处(Census Bureau)推估的多系列型式(multple-series format)能讨好预测使用者,使得他们能选择最适合所期待之特殊推估系列。(Ascher 1978,31)

亚席尔(Ascher 1978,46)进一步认为,主计处的中间推估(middle projection)最常被使用,因为它被不同的推估以对称的方式包装起来。这是另一个伯努利原则(Bernoulli principle)的例子:如果你没有信息,便假设结果是一样可能的。平均结果,或是它最明显的冒牌者,即一组预测的中间推估,是一自然的选择。无论采取哪一种推估,这些人口推估大多数与决策情况无关,因为相关的预测应视行动方案而定,并足以具敏感性而能就方案加以区别。主计处的人口预测不能符合这两个标准。此外,一决策不应仅考虑某个最有可能的结果,而应考虑足够数量的可能结果,以顾及不确定结果间风险的偏好。[注7]预测应切中有关行动的策略思考。普遍的人口预测虽是经过谨慎的调整(tuned),但是却从决策情况中抽离出来,因而对决策的改善没有贡献。

在某些预测中,留意预测需求(即如狭隘经济定义中价格与所购买数量的关系)与预测实际市场交易量的区别是很重要的。如果需求在短期内很容易调整,而供给不能时,如同二次大战后的住宅例子,无论你如何根据一需求曲线及一固定价格来预测,最后,供给量会决定市场交易量。因此低的住宅需求预测,将导致在短期内供给减少而价格上扬。这些预测也影响整体行为,因为每一个别供给者必须对其他供给者的行为作某种假设。

规范性预测（normative forecast）（如 Ascher 1978，212）将意图与推估结合在一起。如路易斯·康（Louis Kahn）的用语，计划"想要成为"（wants to be）预测。亦即，如果我相信一计划会执行，那么最佳的预测是从该计划来预测结果（Harris 1960）。如果我不相信最佳的预测是该计划的结果，或更确切地说预期结果的分配，那么该计划便没有考虑成熟，因为它没有考虑我认为会发生的事。

传统的综合计划，如许多在1950、1960及1970年代制定的701计划，从程序上及文件上一开始就作整体人口预测。这些预测从来不是规范性的，这可由它们的使用系作为想出要做什么及为计划做辩护的起点可以看出来。如果假设是计划只影响都市内部安排，而不是与其他都市或乡村地区的比较优势（comparative advantage），那么假设外生人口分配便是合理的。隐然地，这种计划假设都市的规模不是问题。1900年代早期的花园城市观念（garden city idea）及1970年代成长管理（growth management）的肇始，都认为都市规模是重要的。因此人口的规范性预测，对具有这种目标的计划是极端重要。如果重点是控制成长率，例如加州的皮塔鲁马（Petaluma, California），那么成长率的规范性预测是适切的。

韧性（Robust）、弹性（Flexible）、组合（Portfolio）与及时（Just-in-Time）策略

为了简化起见，今考虑提供教室给不同规模的班级使用。具韧性的策略可兴建大型教室，因为它们能给许多规模的班级使用。弹性的策略可提供易于移动的隔间，使得教室规模可以改变。组合策略可提供规模大小不同的教室，使得当一规模不适合时，可用另一规模的教室。及时的策略可在开学前供应活动教室到学校。这些观念是解决不确定性问题的实用方法，而不需直接使用决策分析以计算策略。然而，决策分析的架构可用来说明，为何这些策略在某些形态的状况下能产生功用。

韧性是结果的范围,而在该范围内特殊决策仍旧维持是较佳的决策。制定具韧性决策以使其产生作用的一个方式是地理上的整合。针对一区域所有预期成长而设计的大型区域性污水处理厂是具韧性的决策,因为无论成长在哪里发生都无所谓。具韧性的决策必须在优势及劣势间取得平衡。区域处理厂需要更多的抽水功能及较大的截流管线。这个取舍(trade-off)值得吗?答案取决于特殊的形态,兴建处理厂相对于污水截流管线的预先时间,以及建厂规模所形成的规模经济(economies of scale)。

韧性也可指资料错误或预测准确性。针对下雨可能性的广泛变化而作的决策,是可能性准确度的韧性。针对成本或利益广泛变化而作的决策,是对资料的韧性。韧性是决策对不确定结果的差异,或对该问题其他资料错误差异之敏感性。

具韧性的决策是有用的,因为从决策者撷取(elicit)风险回避(risk aversion)态度是困难的,且资料估计也具某程度的错误。如果预期效用(expected utilities)可准确地撷取,并涵盖风险回避,那么有关结果或资料错误之决策韧性便无关紧要。然而,具韧性决策也带来成本,因为兴建一座大型教室以容纳可能的大型班级,如果结果只有小型班级出现,则会浪费金钱,即便是如果其成本较后来当更大型班级出现时,而必须兴建更大教室之成本为低。兴建一大型教室以容纳小型班级,其环境也较不舒适。

弹性是不同决策的范围,其制定对预期价值的改变不大。较具弹性的计划或序列权变的计划,是在后续每一个阶段具有较多的选项。序列计划(sequential plans)较标的计划(target plans)——亦即设计——更有弹性,因为接下来的决策能考虑先前决策所导致不确定的结果而制定。因此,面对不确定的结果,最好尽可能制定序列计划,因为有些结果在某些决策必须制定前便会知晓。韧性暗指决策维持不变,并对序列结果的总价值没有影响。弹性则暗指决策可以改变,并对序列结果的总价值没有影响。使用可移动教室是较固定式教室更具弹性的策略,因为它们能被迁移到不同的地点或售给其他学区。以化粪池的方式作为污水处理方式是具弹性的策略,因为污水处理设施能在任何发展发生的地方安置,并以独户住宅产生之容量逐步增加。

组合策略也能用来处理不确定性问题。如果行动将因利率上扬而造成好的结果,但若利率下降时表现不佳,那么以"避险"行动(hedge action)来弥补该行动,使得如果利率下降时,该避险行动将表现颇佳。选择一组行动的组合,其中一个行动在某一情况表现佳,而另一行动在其他情况表现佳(如 Raiffa 1968, 97)。开发市中心购物地区以及郊区商场(suburban mall)几乎是完美的避险行动;如果其中之一失败,另一个行动会成功。如果我们不能预测消费者比较喜欢哪一种购物形态,我们可以设计一组合来同时包含两者。一交通策略提供步行、大众捷运及汽车方式是一组合策略,以面对能源价格、科技或生活方式改变的不确定性事件。歧异性(diversity)表示与组合性策略不太一样的概念。行动组合是一策略,其中所有的行动发生了,但其结果互补。歧异度增加选项的集合(pool),而当环境改变时,存活者可从中被筛选。然而,只有某些选项在筛选过程中被选择。

计划如投资:范畴(Scope)、水平(Horizon)、修改(Revision)及学习(Learning)

计划本身就是投资(Hopkins 1981),该投资结合相关元素;是不可分割的;一旦采取行动后是不可逆的;以及包含不完全的预见。因此是否制定计划是一投资问题,其在许多方面与其他任何投资的分析相似。决策分析有助于建构相关的问题。计划应考虑相关决策的何种范畴?计划应考虑何种时间水平?计划应在何时被修改?针对有关系统的学习潜力,其如何影响时间水平及修改间距的选择?

所考虑的范畴应依据相关性及分解(decomposition)的可能性。计划应考虑足够相关的决策以影响每个决策的选择,并进而影响足以补偿考虑多个决策成本之预期报酬。我们不能计算这个计划范畴的预期净利益,因为它将成为无限回归(regress):我们应做出多少努力以考虑我们应考虑多少决策？无论如何，计算变得不可能，因为无法获得可用信息。然而，我们能问的是，造成相关性的假定关系为何，以及是否降低不确定性的可行性是可能的，以在剩余的不确定下产生报酬的巨大差异。为捷运系统及为污水系统制定的计划，其在粗土地使用密度及预期开发时机的层次上是相关的。特定的污水收集管线(collector sewers)及收集道路(collector streets)能在土地开发时决定其规模，因为兴建这些设施与建造建筑物的预先时间相同，大约一年。因此，我们不需要在一都会区计划范畴，作出污水收集管线及收集街道的配置。相对地，一污水处理厂区位及规模的决定，以及快速道路及捷运线的区位与容量，属于一都会区计划的范畴，以决定未来五十年到一百年的成长方向，因为这些决策是相关的、不可分割的及不可逆的。范畴的逻辑再次强调，将有而也应有许多具不同范畴及时间水平的计划。

英崔立盖特及雪辛斯基(Intriligator and Sheshinski 1986)将选择时间水平及计划修改间距(interval)的问题加以正规化，而成为一存量控制(inventory control)或是容量扩充(capacity expansion)的问题。时间水平类似订货量或设施容量的增量。修改间距类似订货间距或扩充之间的时间。例如，典型设施改善方案有三年时间水平及一年修改间距。三年的预算花费及建设在同一时间考虑，而计划(设施改善方案)每一年修改一次。除了时间水平及修改间距的选择，还有关于实际投资或所规划法规的选择。

英崔立盖特及雪辛斯基假设无限预测水平决策的预期价值，故而决策的冲击，能加以计算，也因此仅仅是所考虑决策的时间水平是有关的。在实务上，这种无限预测是不可能的。除了英崔立盖特及雪辛斯基将计划水平定义为决策被制定的时期外，我们也应定义一较长，但有限的冲击预测水平(impact forecast horizon)。例如，纽约及其环境的1929年区域计划(1929 Regional Plan of New York and Its Environs)，使用四十年的时期作为它发展的架构。然而，它的重点在于在十年内较短的时间架构中会发生的行动(Johnson 1996)。华盛顿2000年计划(Washington 2000 Plan)的楔子及走廊(wedges and corridors)概念，是根据一不定但有限的冲击预测水平。但该计划却处理较短时期的行动。

计划水平、冲击预测水平及计划间距，取决于计划所考虑行动的特定范畴。二十年水平的综合计划，也许是具有不同水平之不同元素的不良妥协。计划水平的选择，取决于所规划行动的规模经济或不可分割性，以及需求不确定性的水准（Knaap et al. 1998）。计划水平也取决于规划的成本，因为规划成本随水平的长度而增加。

由于关于可能的开发密度、区位及时机上所发生结果之新信息，我们可在十年后修改一具五十年计划水平的计划。这种修改可以是时间驱动（time driven）或事件驱动（event driven）的，即如同标准存货或容量扩充模式（Freidenfelds 1981；Sipper and Bulfin 1997）。时间驱动修改指的是，计划无视系统状态，而在某些年之后便修改。事件驱动修改指的是，计划如果在某些情况发生时，则修改。例如，计划唯有在当污水管线可用容量足以供应五年的成长需求时修改。一般而言，如果辨识触发事件的监控成本，相较于修改计划的净利益为低时，事件引发（event-triggered）的规划是较时间引发（time-triggered）的规划为有效率。修改间距视规划成本及相对于不确定性的学习速率（rate of learning）而定。

学习在前述四种不确定性中会发生：有关环境的不确定性，有关价值的不确定性，有关相关决策的不确定性，及有关可用方案的不确定性。如果当你知道新的法规会使你的财产易受环境灾害的侵害，那考虑修改你的计划，以考量有关环境的新信息，是恰当的。你也许会发觉，因为你误判你的偏好，或因为你的偏好因财富减少而改变，你较你原先所想的更在意冒着财务损失的风险。你应考虑修改你的计划，以考量新的价值。如果你知道一新的开发公司进入当地市场，那你应鉴于新的相关决策，来考虑修改你的计划。如果你透过新科技发现可以更便宜的方式来兴建住宅单元，那么你应考虑根据此新的方案来修改你的计划。

尤有甚者，修改计划应基于可用的新预测而加以考虑。一适当建构的计划，用来作为策略行动——一具不确定后果之决策树路径——**不应仅仅**是因为最有可能或最令人期待的不确定结果没有发生，而被修改。这些计划已经考虑了这种情况，并事先拟妥权变的决策。然而，如果计划所根据的信息改变了，那么计划应被修改。高速率的学习暗指可用信息的高速率改变，因此造成高频率的修改。

如果学习是高的，那么预测变得较不具价值，因为当未来权变决策被制定时，环境、偏好、其他决策及可用方案的预测，其将仍然维持准确的机会便降低了。此效果与预测的准确性问题相等。或因为预测的有限性，或因为所预测的现象改变（学习），不论预测是否不准——亦即无法正确预料结果——其效果是一样的。如果学习是非常得高，不同结果发生的几率趋近相同。预测的预期价值因而接近没有预测的预期价值，因为我们能做的是，就每一个结果假设相同的几率。预测投资便失去价值，因为我们不能期待改善相等几率的假设，但计划投资仍然具有价值，因为在行动中作选择仍具重要性。一般而言，即使可能的未来状态其几率必须假设是相等的，不同的行动仍具不同的预期价值。

在高不确定性或高速率学习情况中，监控与当下决策有关之先前的结果，变得具有价值，因为知识改变得如此迅速，使得不断学习，而不是预测，变得具有价值了。就某方面而言，监控恰与规划相反。与其建立未来决策与现在决策所造成预期结果间的关系，监控将现有决策与因过去决策所造成而被记录下来的结果建立关系。监控也是预测的基础。如果现象或它们的知识缓慢地改变，那么预测便值得去作，因为预测必须根据所被预测系统之经验而进行。

在高学习速率的个案中，有意图之形成性策略（intentionally formative strategies）变得更有价值。如果有意图之形成性策略，其塑造信念与态度之效果至少是局部可预测的，它们增加了某些结果相对的几率，也因此脱离了对每一可能结果均等几率的预测。我们能"教导愿景"（teaching the vision），以降低对未来价值及信念的不确定性。

我们在第 9 章回到计划范畴及水平的描述，以根据此处所陈述的计划逻辑及第 7 章所考虑的人类问题解决的逻辑，来讨论计划如何制定。不令人意外地，且也不管传统综合理想怎么说，我们通常观察到许多具不同地理及功能范畴的计划,并各具不同的计划水平与不同的修改间距。

结论:策略、不确定性与计划的价值

　　检定一计划作为策略的价值在于,仅考虑当下决策所作决定之预期价值,与考虑一组相关决策所作决定之预期价值,两者的差异。一计划的净利益必须考虑制定及使用计划的成本。相关的、不可分割的、不可逆的决策,而针对这些决策从事具体、准确及适时的预测,且其学习速率是低的话,较容易从计划中得到利益。缺少计划净利益的估计是有关规划研究的主要盲点,但这些计划可能产生作用情况下的一般特性,提供了在何时规划多少之质性指导(qualitative guidance)。

　　具不确定结果的序列决策、预测、权变决策以及计划的利益,解释了计划如何能考量不确定性。斯投基及萨克豪瑟(Stokey and Zeckhauser 1978,213)认为使用决策分析,能使得时间架构明确;增加考虑收集信息的潜力;以及"强调了弹性,以别于不变性纲要计划(immutable master plan)的建构"。透过决策情况之缜密的概念架构,且不需进行任何数字计算,能使我们能获致这些利益。

99

译注

决策是规划的内涵，而规划是决策的展开。广义而言，规划是策略的研拟，以考虑相关决策在时间及空间上的安排。策略的概念在中国历史中已有无数探讨，如孙子兵法等，但是应用在都市发展上，是近五十年的事。在作者的概念中，贯穿整个策略逻辑的中心思想是决策分析。决策分析强调的是，在既定的一组方案中，如何选择最佳方案。在这看似简单的问题中，却牵涉到许多值得探讨的课题。例如，问题界定、目标决定、价值撷取、取舍判断、不确定性、风险及连结的决策（linked decisions）等。其中连结的决策与规划或策略的概念最为接近，然而决策分析对这个课题的讨论却最少。都市发展过程是由许多相关的开发决策互动所形成。上海浦东地区的开发，虽然政府的干预力不可忽视，但是厂商设施投资的决策，却也是该地区繁荣的主要因素之一。而这些设施投资决策在地理区位上、功能上及制度上互动牵引着。捷运系统路线的决定，引起不动产或土地开发者开发区位的决定，进而诱发出一连串的连锁反应，如学校及公共设施的选址。这种复杂的影响网络，使得与都市发展有关的预测十分难以掌握。作者以决策树概念及简单住宅区开发范例，点出了计划在这样繁复的发展过程中，会给规划者带来利益。简言之，同时考虑两个以上相关决策，其所计算出来的预期效用，较个别单独制定这些决策所获得的预期效用为高。

计划制定其实也是一决策问题。如何建立决策树以便从中选择最佳路径，便是一决策问题。在都市发展中，其不同于其他决策问题，在于开发决策具备四个 I 的特性：相关性、不可分割性、不可逆性及不完全预见。因此，要将决策分析所发展出来的技术及理论，应用在都市发展计划制定及策略拟定上，必须谨慎为之。规划者常常应用决策分析发展出来的评估方法，从事方案的评比，却忽略了这些方法的基本假设而导致误用。例如，分析阶层程序法（Analytic Hierarchy Process），在台湾及大陆常被规划者用来从事开发案或交通措施的评比，殊不知这个评估方法因应用加法偏好结构模式，隐然假设了属性间的偏好独立性。规划者在应用这个方法时，常常忽略了这些限制。此外，都市发展开发决策的四个 I 特性，使得一般决策分析或策略拟定在都市发展上，越显它们的重要性。例如，南宁市的"城中村"及台北市捷运站之无法与市政府及机场连接，都是因都市发展的不可逆性及缺乏策略性规划所造成的成本。如何解决这个难题？译者认为唯有从根本上发展一套适用于都市发展情况的规范性规划逻辑。该逻辑可建构在既有的决策分析基础上，融合认知科学及财产权理论，借由实验经济学、数理模式推导以及电脑模拟等研究设计，探讨都市发展计划制定的行为课题，以建构"行为规划理论"，方能从科学的基础上解决目前规划界所面临的"典范难题"（paradigmatic dilemma）。即便如此，作者却也点出了，缺乏稳固理论基础的概念，也具有实务操作的适用性。例如，在进行台北市都市计划通盘检讨时，我们可考虑相关决策来界定问题及计划范畴，并设计方案，且应用多属性评估方法来比较方案，以采取行动。此种结构化的分析过程，在逻辑上，应是比直观判断较具说服力的。

第 5 章

为自愿团体与政府及其本身所作的计划

未来的不确定性是一因素,如同土地、人口及金融一般,应该在规划时加以考虑。为一复杂活动如多克兰兹(Docklands)(许多不同的人及机构参与,且任何人的行事受到其他人影响)所拟定的计划,其主要目的是降低有关其他人要做什么的不确定性,并尽可能保证个别行动及决策结合起来,达到所欲的目标。如果有 100 个不同的人能以 100 种不同的方式解释计划所说的每件事,该计划将不会达到这样的目的。如果它所根据的是一种幻觉,认为所有未来的影响都是已知的,这也不会成功,因为事件将拆穿该幻觉,而计划也失去可信度。

——多克兰兹策略计划(1982),摘自马利斯(*Docklands Strategic Plan* (1982), *quoted in Marris*)

本章的宗旨是探讨并说明许多决策者制定有关是否规划与预测之决策的隐喻。为何个人愿意自愿形成团体来规划？为何他们要求政府来规划他们自己的行动或政府的行动？为何住宅区的居民选择参与规划的作为？个人、自愿团体以及强迫性团体（coercive groups），如政府，决定采取行动，也因此而决定制定计划。团体可决定替个别行动规划。一团体可决定替另一团体的行动从事规划。行动的决策与规划的决策不同，但同样受限于个别行动及集体结果（aggregate outcomes）的困难。

计划可能被制定的情况

　　个人，或单一团体，如果它相信制定计划的成本可由在采取立即行动前，考虑另外的行动所带来的获益补偿过来，会有可能就其自身行动制定计划。这个抽象的解释，并不足以完全解释所有观察到的规划行为，但探讨这种解释的隐喻是有用的。其他的解释，例如有利于计划的社会规范，在第7章及第8章会有探讨。开发商在规划开发的规模、特色及时机时，通常是分期进行，以保持需求时机及变动喜好的弹性。公用事业为服务扩充而拟定计划。零售商规划店面的区位，并考虑在新的市场设置第一个超级市场前，可能的第二及第三个区位。这些计划是有道理的，且可以这种方式解释。在某些例子中，规划过程是如此的投入，使得某些人因规划本身是如此令人兴奋，而不需要它具足够的工具性价值（instrumental value）来改善决策，作为他们参与的理由。或者说，制定计划可以是一种"流行"（in fashion）。

　　当个人在为都市发展规划时，他们立即面临到有关其他人会如何做的不确定性，因而产生诱因以某种方式一起从事规划。伊利诺伊州俄白那市（Urbana, Illinois）市中心再开发的故事说明了某些可能性。[注1] 1950年代后期，俄白那市中心作为零售中心的角色迅速凋零。转变的情况令当地企业界及市政府关切。私部门的代表探讨替选方法以改善情况。他们的努力最后形成了一市府及私有开发商的合作方案,来兴建有顶盖的市中心购物街(covered downtown shopping mall)。

起初,有三个人是关键人物:律师、商人及市中心旅馆的经理。政府官员也对寻找更新俄白那市中心的方法感到有兴趣。1959年秋天一共同委员会形成了,其代表包括俄白那市议会(Urbana City Council)、俄白那商会(Urbana Association of Commerce)及俄白那经济发展委员会(Urbana Economic Development Committee)。一包括三个创始者的委员会进行规划的工作。这三个人是重要的成员,不仅仅因为他们是发起人,也因为他们的专业及社会地位与人脉。私部门代表在发展过程的第一期控制了规划过程。两个发起人与一全国性零售连锁店取得联系,并提出构想将俄白那市中心现有的商店扩充。该店管理阶层不感兴趣。诚然地,他们指出他们自己的计划是将该店迁移到俄白那市郊。**在这个规划活动中,一自愿私有团体以获取资讯、考虑可能性及获取他人规划行动的资讯,尝试去创造方案。**

市中心旗舰商店迫近损失的发生,增加了委员会运作的急迫性。于是次委员会与卡森皮尔斯考特(Carson Pirie Scott)的总裁见面,而该公司为以芝加哥为基地的连锁百货公司。该总裁不愿承诺在市中心兴建商店,除非它是较大零售开发的一部分,并具备停车场。他的公司委托进行一消费者调查,以决定俄白那市中心的市场潜力。透过调查所获得的资讯,使他相信俄白那市是一看好的零售市场。**个别厂商产生资讯,以降低有关环境以及其他人价值的不确定性。**

卡森皮尔斯考特的参与,改变了委员会原先对案子了解的视野。该案现在的重点在于包含数个街廓,并要求封闭数条街的穿越性交通的大尺度零售发展。很清楚的是,若没有公部门参与,私部门不会成功。虽然公部门在共同委员会有代表,但到目前为止它没有发生作用,而且次委员会也没有告知它规划活动的结果。只有少数人知道次委员会委员与卡森皮尔斯考特的协商。即使俄白那市长在1961年前也不知道这个案子。**这些规划活动在私部门秘密地进行着。**【注2】

公部门在开发案进行了一阵子之后才积极参与。此时大约百分之八十的土地已经收购。都市土地征收(eminent domain)权力作业的需要,只是要完成收购阶段。**市政府仅在它自己的行动,即土地征收,变成开发案的必要元素时才参与。**

市府的谈判立场是薄弱的。俄白那市在市中心经过一段全面性衰退时期后,即将失去一主要百货公司。没有替选方案能代替私部门所提出的计划。在最后阶段购买的过程中,市府的参与造成购买及许可阶段的重叠。市府在取得土地的参与构成了开发案事实上(de facto)的通过。**市府扮演的角色,降低了正式许可是否通过的不确定性。**

购物中心在1964年完成。随着时间的进展,其他零售开发,尤其市郊一大型购物中心的开张,造成俄白那市中心新的难题。俄白那市中心的购物中心并不如预期般的获利。其困难一方面在于俄白那林肯饭店(Urbana-Lincoln Hotel)的不良绩效,该饭店为老旧建筑物,且被纳入购物中心。该饭店的结构优良,但如市区其他建筑物一般,已逐渐地损坏。在1975年,市府因该饭店违反防火法规而开罚单。它的拥有者,卡森皮尔斯考特,愿出售该栋建筑物。在1976年,当地大型的银行布西银行(Busey Bank)开始协商来买这栋建筑物。该银行正在扩充,并需额外空间来容纳它的成长。最后,布西银行选择购买此饭店,但条件是市府必须作一些让步。尤其是,该银行要买下饭店附近市府所拥有的土地。**该银行花费相当多的金钱评估这个方案。购买的选择权(option to purchase)用来维持这个方案,而同时尝试降低市府行动的不确定性,且市府本身尚未参与这个规划。**

大约在同时,市府雇用一顾问公司,来调查更新市中心的可能方案;零售营业税收入是主要的考虑。在1976年4月,该顾问公司的建议被公开:购物中心应扩充,为达到扩充的目的,必须用到市府拥有的不动产,并且另一条街必须封闭,切断了所建议银行区位的视线。经过评估这些市府默许的建议,该银行便放弃竞标来购买饭店,并在市中心其他地方扩充它的设施。**市府雇用顾问公司来规划一私有购物中心可能的扩充,部分原因在于市府接受营业税收,且部分原因在于市府拥有关键土地。规划所带来的资**

讯使得市府决定保留一些土地，以保留未来采取行动的选项。

这些俄白那市中心的事件，不论个人或集体，在私部门及公部门，说明了许多行动者规划的方式。行动者进行规划投资，以降低有关可用方案、价值、环境及其他人行动的不确定性。他们倾向将重点放在与他们立即行动有关的资讯，虽然这些资讯与其他人具共同价值。规划所产生的资讯以及规划的发生，可保持秘密。即使其他人知道规划正在进行，但资讯可以不分享，或者当规划发生时，资讯可以是分享的。当相关决策、不可分割行动、不可逆行动及不完全预见存在时，计划是值得去作的。然而这种计划不全然是综合性的；也不见得有正式的文件。计划的范畴及时间水平应与决策需求配合。了解许多从事规划的个人如何互动，明显地是重要的。

1909 年芝加哥计划，便是由一群企业领导人组成自愿团体所创造的，而它被宣称是为全芝加哥人谋福利，并且交给地方政府来执行。其议程内容为从企业领导者的私有资金所资助的计划能期待些什么。完全而直接满足的利益，则属于那些大型公共结盟之小型领导核心，并透过为该计划实施之最详尽的公共教育活动，扩充该公共结盟。该商业团体的立即议程，是被宣称为符合较大民众的利益，因为居民的选票是需要以通过公债发行（bond issues）实施计划。

该计划系从参与设计及执行 1893 年芝加哥世界博览会（Chicago World's Fair）团体的活动演变而来。两个企业家俱乐部发起活动，后来并合并为芝加哥商务俱乐部（Commercial Club of Chicago）。这些企业家视该计划为管理他们的事业，因此，即使它是被用来为芝加哥市谋求利益的，他们认为自己很在行。

成本估计看起来有争议，但慕迪（Moody 1919，359）指出商务俱乐部捐赠 $85 000 "作为计划原创的酬佣。该笔款项是作为技术计划（technical plan）的实际创作之用，并用来支付该俱乐部华丽的计划报告书之成本。"伯恩汉姆（Burnham）捐献他自己的时间。市长指派一由 328 名士绅组成的委员会，并以查尔斯·魏克（Charles H. Wacker）为主席，且包括一由27人组成的执行委员会,以研究该计划,并告知市民其内容(Walker 1950,235)。

瓦特·慕迪(Walter Moody)被雇用作为"推手"(hustler)来推销这个计划。他制作了一个小册子,分发到整个都市的财产拥有人,以及每月支付＄25以上租金的人。他写了**魏克的芝加哥计划手册**(Wacker's Mannual of the Plan of Chicago)(Moody 1912),并成为每所都市学校八年级的课程之一。慕迪在他的书**都市有什么?**(What of the City?)强力倡导计划的推动是重要的。相对于＄85 000的捐赠以发展该计划,商务俱乐部在最初十年内的计划执行,又提供另外的＄218 000来推销该计划,且市府提供另外的＄100 000作为委员会技术工作的费用(Moody 1919,359)。他们在推广计划的钱要比制定计划的钱为多,更说明了该计划是企业家对公共改善的议程。这些改善,他们既没有资源也没有权限来完成,然而市府却同时具发行公债及土地征收的权力。

在俄白那市及芝加哥市的两个例子中,自愿团体形成以启动计划,但这些团体又向政府求援,因为政府的权力是需要的,以执行计划。这些计划创造、倡议(advocacy)及执行的例子,可解释为自愿团体及强迫性政府权力及能力的表现,以提供集体财。

集体财(Collective Goods)及集体行动(Collective Action)

灯塔是一集体财。不论有多少船只正在看着它,它以一定成本发出危险的信号。因此,它所提供的服务其消费是"无竞争的"(nonrival)。如果一艘船能看到它,所有的船都能看到。因此排除在它的服务之外是"不可行的"(infeasible)。财货或服务,其消费是无竞争性的,且排他性是不可行的,称之为集体或公共财(collective or public goods)。【注3】另一常用的集体财例子是国防,其强调集体财对特定团体而言总是具集体性。

许多集体财的有趣例子,因包含某些竞争性及排他的潜在性而具极高的成本。高速公路在低于尖峰容量下无竞争性,但当交通流量增加形成拥塞时,则竞争性便发生。这些例子称为具拥挤性的集体财(collective goods with congestion)。使用者可至少因长途旅次或不寻常的连结,例如桥梁,设置收费站而被排除在高速公路外。这些例子称为"收费财"(toll goods)。在美国西部放牧土地(grazing lands)上,排他性很难执行,因为这些土地过于广大而无法围篱或巡逻,但其使用显然具竞争性,因为承载量(carrying capacity)是有限的。如果放牧的动物太多,可用的牧草很快便被用完而来不及再生。这些例子称为"共同拥有"(common pool)资源。

基本的困境是,没有人具有诱因支付成本,来提供适量的集体财,因为一旦提供了,其他每个人便可免费使用。这个"囚犯困境"(prisoner's dilemma)因为所描述的传统故事而得名,建构了集体财问题。【注4】假设集体财是从郊区到市区的高速公路。有两个投资者在郊区投资土地开发。每个投资者可选择加入共同兴建高速公路或不加入,如赛局5-1所示。

赛局5-1 集体财

		投资者二	
		加入	不加入
投资者一	加入	2.5与2.5	−5与10
	不加入	10与−5	0与0

如果两个投资者同时加入,且每个人平均分摊高速公路的成本15单元,并从中获利10单元,则每个人的净利益是2.5。如果其中之一选择不兴建,那单独兴建者的成本是15,且其利益是10,而得到的净利益是−5。然而另一投资者不能被排除在利益之外,因此他的净利益是10。如果任一方均不兴建,便没有利益与成本存在,两者的净利益均为0。这个净利益的结构形成囚犯困境赛局。每一投资者应选择不兴建,因为,不论对方如何做,不兴建的回报比较大。0与0的结果便形成,但却不如2.5与2.5的两者皆投资高速公路为佳。

如果只有两个人，而沟通是可能的话，他们可能找出一个方式承诺来参与，而因此达到2.5与2.5。然而，当提供具说服力的承诺问题是相当困难的时候，集体财的逻辑在大数(large numbers)的情形下最具说明能力。即使是许多人参与的赛局，其成本假设为1 000单元，且每个人的利益是1，行为的个别逻辑是一样的。每个人选择不兴建。但对任一团体大于1 000人，且其成本均摊，如果设施兴建的话，每个人的利益会较大。

即使某个人知道其他个人宣称他们会做，对该个人而言，不参与集体财的提供对他是有利的。问题不在于如分享资讯所述的资讯或协调。而是承诺的问题，而该问题可由三种方式来解决：(一)能发出可信承诺信号的个人，(二)形成自愿团体，(三)形成强迫团体，例如政府。参与者的重复互动，及侦测与处罚或排除背叛者的能力，是三个解释方式的基础。首先，我们强调个人承诺的信号，主要系根据罗伯特・富兰克的**合理的情感**(Passions within Reason)一书(Robert Frank 1988)。接着我们考虑团体的形成。

如果我知道你不能直接看着我的眼睛并说谎，或你说谎时会脸红，那么你无法在说谎时不脸红，是一承诺的机制。在任一特定的场合，你会希望你能说谎而不脸红，但你会因无法如此做而得利，因为可省下资源来说服我你在说实话。当监督你的行为是不可行时，如果你具说谎的技巧，你可能被禁止参与。生气或罪恶感的感情具有这样的功能。即使我的文化告诉我克制生气是无益的，然而对我脾气的预期，便可排除克制的必要性。如同富兰克(Frank 1988)所指出，许多犯罪，如轻微的偷窃或骚扰，对加害者而言是合理的，因为他相信受害者会以理性对待这些犯罪。受害者不值得花时间去进行报复，或其他方式的制止或预防。但如果我被认为对轻微骚扰的处理是不理性时，它便比较不可能在我周遭发生。同样地，罪恶感可用来监督我自己的承诺。你不能控制的感情，就承诺而言，是具有价值的资源。

实证观察(empirical observation)(Rapaport and Chammah 1965)及决策规则模拟(Axelrod 1981)说明了，在与同一对手重复进行囚犯困境的最

佳策略是合作(cooperate)。如果你的对手不合作,那么下一回,且仅此一回,以背叛(defecting)回报。这个方法导致稳定的合作结果,至少如果参与者相信赛局会无限地重复下去。这个策略是小团体(small groups)利益的一种解释。它们增加了可辨认的个别参与者重复互动的可能性,使得对参与者进行选择性的报复在类似,但也许不完全相同的集体财情况之重复事件中发生。

重复互动更精细的形式是有关承诺之感情特征(traits)的确立。这些特征必须针对特定个人来界定。即使当背叛不能侦测到,且报复策略不能执行时,这种承诺的解释仍是可行的。对忠贞的信心因共享的经验而增强。如果人们常从一个地方迁移到另一个地方,发展成巩固团体(cohesive groups)的机会便降低。移动性的不利因素,抵消了移动性因调适新情况所带来的利益。例如经济再结构所造成的新工作区位。一具移动性的社会,可消除调适的时间差(lags)而获益,但它将也需要分配资源以解决承诺问题,而该问题在先前的巩固团体之重复互动中已被解决过(Frank 1988)。福山(Fukuyama 1995)认为不同的社会在信任其他人的程度上不同,尤其是不相关的人,因此其"自生的社会性"(spontaneous sociability)也不同,即尤其是形成大型自愿团体的能力。解决承诺问题的感情及相关人格特征是一社会的部分资产。

承诺的逻辑也成为团体形成的基础,以成功地提供集体财。其经典的论述为**集体行动的逻辑**(The Logic of Collective Action)(Olson 1965)。团体规模及团体成员间相关利益的形态,是团体是否会形成以提供集体财的重要预测指标。

在非常小的团体中,人际间的承诺便足够了。可识别的一个或几个人之重复互动,结合了感情承诺的效果及报复使用的潜在性。每一个人将与其他人熟识,以判断每个人是否会实现一协议的承诺。在最小的团体中,即使他人不参与,一个人可因集体财充分的获益而愿提供它。即使是没有一个人愿意单独提供它,然而每一个人支付如此大的总成本比例,以至于所有其他成员会立即认出反悔的成员,并采取合理反应。

团体的形成其逻辑也等同寡占(oligopoly)。个人有可能因净利益的不同而集结起来。如果一个人获益许多,其虽不足以单独提供集体财,且这个事实被团体的其他人观察到,那么那个个人便是一可辨认的领导者。在住宅团体中,其自愿性的形成是为了反对如高速公路及垃圾掩埋场等的兴建,通常领导者是立即受到影响的当事人,因为他们最接近这种侵害。当一明显的领导者被界定且确立,其他人便会被说服而认为团体能够形成。该团体将面临组织的成本,以解决所关切的议题,而如果该团体规模很小,团体中个人领导角色明显,且个人间具有事先的社会关系,其成本也相对地少(Olson 1965)。市中心商人的团体将会追随最大型零售业者或最大地主的领导而形成,尤其是如果这些人属于同一俱乐部、教堂或其他社会团体。其他社会团体的会员制也会被利用来赋予参与者社会地位的利益,并对无意愿参与的人进行报复。

对大团体而言,其中任一个人对集体财的贡献是如此的小,使得他人无法察觉到,之前所述之机制将不足以提供集体财。选择性诱因(incentives)或强制(coercion)便有必要。选择性诱因提供某些利益,使得非参与者被排除在外,因此与集体财利益不同。普遍的保险政策、旅游措施(travel programs)及大型自愿团体的出版品,具有这样的功能。我被说服参加游说规划专业利益(一集体财)的规划组织,部分原因在于接受一本杂志作为个人利益(一私有或个人财)。

政府是强迫性团体(coercive groups),其宣示合法使用武力的独占性(monopoly)。会员制一旦形成则透过正式的罚金或拘役(imprisonment)的处罚来执行。如欧尔森指出(Olson 1965,13),"……尽管爱国主义者的武力、国家意识形态的说理、共同文化的归属及法律及秩序系统的不可或缺性,没有一个重要国家在现代历史中,仅能透过自愿性会费(dues)及贡献来维系其运作。"人们能选择成为强迫性团体的成员以获得集体财,否则便不被提供。个人选择或可能选择成为强迫性团体成员之程度,是社会正义(social justice)哲学及国家政府合法性实际课题的重要问题。在实证上,课税需要某种形式的强迫性。选择性诱因、社会关系、重复互动及感情降低了直接执行的成本,但这些是不够的。然而,唯有强迫性团体能维系下去,法规方可实施。

集体财概念与计划的逻辑,在许多方面纠结在一起。一般而言,计划不能解决集体财问题。在五种计划产生作用的方式中,只有愿景或议程面向可能会影响信任感或态度,进而产生承诺。这些计划使用的方式,通常是由某一团体利用计划来说服其他人某一观点,而不是以计划作为一种机制,以达到相互承诺而提供一集体财。因此法规及集体行动的逻辑与计划的逻辑不同。其区别是微妙但却重要的。这种分析上的区别并不意味着计划制定时所产生的重复互动,不能在增进信赖及提供集体财承诺上扮演重要的角色。然而,这种重复互动或讨论的角色,在任何决策活动是事实,也因此在对于了解计划之所以是计划的问题上帮助不大。

这种区别并不意味着说,计划不能解决其所制定之相关决策的法规问题。唯有法规,而不是计划,才能解决提供集体财的困难。法规可要求地主付费给排水特区(drainage district)以支付排水沟的维护,而排水沟是排水地区地主的集体财。费用的多寡、排水管道网路及影响进流量(run off)的铺面形态,均可考虑为计划中的相关决策。但仍旧是需付费的法规,而不是计划,解决了集体财的问题。这些分析上的区别是有用的,因为它们正是计划之所以为计划的解释。

非对称资讯及发信号(Asymmetric Information and Signaling)

如果我要尝试卖一栋房子给你,我就具有机会知道比你多有关它品质的内容。在这样的交易中,对双方而言,可用的资讯是不对称的。你可以观察到显而易见的特性,但要了解更多,你必须花费资源,以进行更详细的调查,可能包括当地法规、重大建设、课税及社区传统的调查。你会考虑其他人行动所显示的资讯,以及是否可观察到的价格能提供有用的资讯。资讯是计划如何运作的中心元素，因此这些不同来源的资讯必须加以考虑。

爱克罗夫(Akerloff 1970)在描述"柠檬市场"(market for lemons)时，使用了二手车的例子，但也可用在中古屋上。如果我是卖方，并且知道我的房子没有隐藏的缺点(是一颗"桃子"(peach))，如果我能说服你，即买方，其差异对我是有利的。如果我知道我的房子有瑕疵(是一颗"柠檬"(lemon))，如果你没有发现，对我则是有利的。因为你为了发现这些瑕疵需要付出成本，而高品质及低品质房子的价格是一样的。卖一栋房子的理由之一是摆脱一柠檬——例如位于具有基础设施问题的地区，使得后院积水，且卫生下水道回流。其他的理由也许是换一栋更大的房子或搬迁。买方无法分辨出柠檬或桃子，因此买方将支付兼具"桃子"及"柠檬"市场某种形态房子的平均价格。

买方或卖方可能选择付费买一笔"信号"(signal)，即额外的资讯，以区别好房子与坏房子。屋主若知道其房子没有缺点，会雇用可信及独立的勘查员(inspector)，以确认该房子是好的。买方没有理由直接相信卖方，因为说谎对卖方无损失。此卖方在这个市场不太会再卖其他房子。然而，如果勘查员的报告后来不能被买方的经验证实，他便不会再获得未来的勘查工作。然而，如果卖"桃子"的人雇用勘查员，这个行为本身将发出信号说，其他房子是"柠檬"。买方将会推断，任何没经过勘查认证的房子必为瑕疵品，否则屋主应予以勘查。具有些微瑕疵房子的屋主将具诱因雇用勘查员，以与"真正的"柠檬区别。这个现象在提供保证以区别产品品质的现象，颇为常见。如果产品是不好的，卖方便无法支付保证。没有保证的产品是低品质的信号。

如果这样的资讯是可获得的，那么房子的售价将因品质的不同而不同。价格本身也将至少提供部分的必要资讯。这个现象又回到集体财的问题。如果，当某些买者或卖者愿意支付费用购买资讯时，便会导致定价的改变而将此资讯的信号告知他人，资讯便具备集体财的特性。每一买者所需要的资讯相同。一买者付费以获得资讯，将因获取相对于房子品质更精确的价格而受益,但如此做,其价格将被其他人察觉。如果一地区的基础设施有瑕疵,其价格是否与该都市其他地区不同?卖方将不愿意自我区隔,乃因为他们的房子有瑕疵。然而买方将减少资讯的投资,因为他们将参考其他人所获得的资讯行事,并根据价格而搭免费便车(free-ride)。如果这些论点被应验了,价格将不会区别有基础设施问题的地区与优良基础设施的地区。

信号的发出不仅与价格互动,也与法规互动。富兰克(Frank 1988,107)引用了一法规的例子,其不准雇主在面试工作时,问到婚姻状况的问题。如果面谈者知道雇主喜欢用单身的人选,那些单身者便会自动地说明他们是单身的,因而获益。雇主便可推断,没有自动做这样说明的人便是已婚。雇主不必问任何问题而遵守了法规,但该规定变为无效。这是一个"反规定行为"(counterregulatory behavior)的例子。一法规效果的预测,必须考虑其所造成之行为反应,以及这些反应对后果的影响(Hopkins 1984a)。

如果成长的预测对许多都市、私人开发商、银行、购屋者、学区等等是有用的,谁会有诱因来提供此项预测呢?他们可以观察其他人的行动,并从这些行动来推断预测。因此知道是否有其他人作预测变为重要了,但观察他们的行动便足以推断这样的预测。基于这些理由,计划及预测在这种情况下,会成为集体财。

计划是集体财

计划,或规范式预测(normative forecasts),有时候是集体财。试考虑下面的情况。一私部门公司或一公部门机构正在考虑一土地细分(subdivision)或基础设施服务的兴建。这个方案发起的决策,取决于对住宅需求的预期,而这个需求必须被预测将在若干年后发生,以便兴建基础设施的主要部分,并发起一大型的土地细分工作。

如果一开发商决定制定一计划,那该开发商将获得不同层次需求的新几率。如果有许多开发商,此从事规划决策的结果,将使许多其他开发商获益。将这个计划的结果保密是困难的,因为为了从这个计划中获得利益,付出成本的开发商必须决定要采取何种行动,而其他开发商便会观察到。如果已知一开发商从事了规划,那么其他开发商便可模仿该开发商的行动而获益。在这个例子中,计划便是一集体财。计划的使用不具竞争性,因为其他开发商可同时使用同样的资讯,或几近如此。如果已知计划被制定了,但因为它的内容能从所观察到的行动加以推测,故排他性是不可行的。

　　这个情况如赛局 5-2 所示。如果参与者被告知计划的结果,其开发决策的报酬是 10,如果没有被告知,其报酬是 7。制定计划的成本是 4,而其结果可由付费获得,或观察他人的行动而得。如果两个参与者均付费,则他们平均分担成本。最佳的策略是不要参与付费来制定该计划。如果有许多这样的开发商,则不会有团体形成来制定计划,除非有如前所述的强迫性或外部性诱因存在。这些概念霍普金斯(Hopkins 1981)以赛局理论有进一步分析。如果只有一些开发商能从该计划获得不同的利益,例如不同规模的开发或不同区位,那寡占的领导—追从(leader-follower)行为便有可能发生,其中由最大的开发商来领导,而形成一自愿团体。大型开发商的获益几乎足以使得其本身的计划制定成为值得的,因此它具有诱因从事由其他人筹措小额资金,以完全补偿制定计划的成本。其他开发商认同该显见的开发商,而愿意跟从。

赛局 5-2　告知与未告知的决策

		参与者二	
		参与	不参与
参与者一	参与	8,8	6,10
	不参与	10,6	7,7

　　此隐喻在于,在许多情况中,由于这些集体财的特性,制定计划的投资水准将会比应有的水准为低。因此一般而言,计划若没有如前所述之集体

行动反应，其提供往往是不足的。然而，不同的计划制定及预测情况，有可能落入两个集体财向度不同的坐标点：竞争消费（rival consumption）到非竞争（或共同）消费（nonrival (or joint) consumption），以及可行的排他性（feasible exclusion）到不可行的排他性（infeasible exclusion），如图 5-1 所示。[注5]

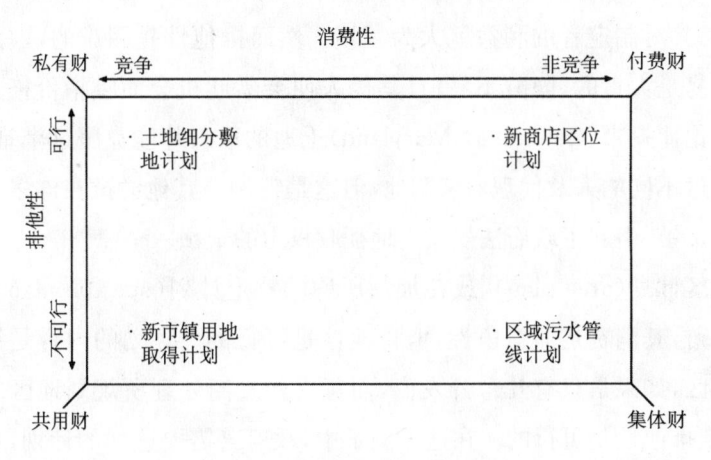

图 5-1　作为集体财的计划属性

单一土地细分的敷地计划（site plan）是一私有财，因为它的内容对其他开发者而言，所产生的资讯是没有用处的。若要对一土地细分有用处，它必须是针对该土地地区而进行，表示说消费是竞争性的，且其他人会被排除在获利之外。

选择商店区位的计划，其消费部分为非竞争性，且排除其他人获利是部分不可行的。对多数形态的商店而言，会选择距离其他商店较近的地点，便因多目的购物旅次及比较购物而产生聚集经济（agglomeration economy）。如果一商店区位选择者想出到哪儿设店，并采取行动，其他人会很快地模仿这个行动，而不会减损第一个选择区位人的利益，表示说消费是不具竞争性的。排除其他人获得这样的利益是困难的，因为第一个商店区位选择者必须采取行动，而泄露了计划。这个例子不是纯粹集体财（即在图中所示的右下角），因为第一区位选择者可能会购买多余的土地，并以较高价卖给后来者，因而补偿部分的制定计划成本。消费因而是部分竞争的,亦即排他性变为可能。

为新市镇选择区位的计划是接近共用财(common pool goods)。相对地,针对新市镇内容配置所作的计划可为私有财,等同于土地细分敷地计划。区位是一共用财,因为以合理成本取得所有无抵抗(holdouts)土地的能力,需要秘密取得。消费因而是具竞争性,因为如果任何其他人知道这个计划,其对制定者的利益就大为减损。然而排他性是困难的,因为土地取得交易是大量的,隐藏不易,且其他人便会借此机会而哄抬价格。马里兰州哥伦比亚市(Columbia, Maryland)土地的取得却能克服这个难题,主要是透过不同的人及代理商来购地,但这是特例。其他尝试在许多土地上创造新市镇,引起了政府法规及土地征收权力的干预。

地区计划(area plan),或在加州所称的特定计划(specific plan),可以是付费财,其消费是非竞争性,但排他性是可行的。计划的内容是针对一特定地区,如果是只有几个开发商,而每一开发商处理所规划地区广大的范围,则排他性是可行的。在这个例子中,政府若需要这样的计划,可对每一开发商收费以分担成本,这在加州是常见的(Olshansky 1996)。

最后,针对都会区所进行之主要基础设施计划是一集体财,因为它的内容必须长年与许多开发者、基础设施提供者及市政府分享,以使其对付费制定这个计划的人有用处。计划内容因而在消费上是非竞争性的,且排他性是不可行的。但它仍旧不是完全的集体财,因为参与并付费的人较有可能影响计划内容,以符合他们自己的优势。其他人却仍将必须依据所完成的计划进行开发,因为它将决定大部分基础设施发生的地点以及可发展的土地。土地投机者便倾向具诱因参与这样的计划。

基础设施计划所带来的利益,可进一步考虑污水管线计划而加以说明(Knaap et al. 1998)。一种可能性是,该计划的设计考虑了土地使用形态及污水管线网路配置及容量。计划中资讯的策略仅可供给污水管线提供者使用,该提供者会监控它自己的投资及土地开发,并依计划所暗示的权变路径逐步兴建网路。第一种情况是,土地开发商会仅回应污水管线的兴建,而并没有实际使用计划中的资讯,直接制定他们自己的决策。如果土地预先开发的时间相对于污水管线预先兴建的时间为短,这个情况是合理的。事先知道污水管线在何处兴建便不具优势,因为开发商可等待污水管线兴建的宣布。很清楚地,买土地的投机者(speculator)能借由土地价值的不对称资讯获利,也就是卖方没有的资讯。因此投机者会使用计划的资讯,而开发商不会。投机者及开发商有时可为同一人,但其角色是不同的。投机者不需要对开发的使用或形态作承诺,但开发商则要。开发商因而较投机者需要更具体的资讯,但会较投机者从较短的具体资讯预先时间获利。在这个例子中,我们应预期计划中的新资讯会影响投机行为,进而影响土地出售交易,而不是如土地细分或建造许可的开发决策。也就是说,如果计划改变了或被公开来,我们应预期投机者,而不是开发商,在使用它。

第二个可能性是,如果开发商使用计划的资讯,其便可由污水管线提供者所发展出来的计划获利。这些利益的发生,在于开发商能使用在污水管线尚未兴建前,有关其预期的时机及容量,从事更准确地选择或更有效的时机掌握。如果土地开发的预先时间较污水管线兴建的时间为长,则将会有一些因权变而导致的获利,因为污水管线容量的使用会较快速。而且,如果开发的预先时间很长,土地使用密度的兴建及污水管线容量之间的差异便不会发生。如果开发商在污水系统兴建前便承诺了土地的使用及密度,且不注意所预期的容量,那么不是开发商就是污水管线提供者,将必须支付因增加容量或剩余容量所造成的成本,而无预期的盈余来支持其运转。这两个形态的损失可归纳为容量的短期同时性(short-run concurrency)及长期吻合性(long-run congruence)。值得注意的是,计划及预先时间同时影响这两种情况,此乃由于污水管线及土地开发的延时性(durability)及不可逆性所致。

在这第二个例子中,我们会预期开发商会参考污水管线计划,且我们应预期污水管线计划的新资讯(如果它是有关较短的时间水平,例如五年)会影响开发商决策,犹如土地细分的核准,或集合住宅或商业开发方案同样的指标所显示。污水管线提供者具一诱因来分享它的计划,因为那样会增加同时性的可能,及更准确的容量吻合度。这里的问题是,是否污水管线规划中所考虑的预先时间及行动的相关性,与土地开发的预先时间及关系的相关性如此的不同,而使得相依的关系(dependence relation)便足够了。在相依的情况中,污水管线提供者若能预测土地使用需求便可获利,但开发商不需要预测污水管线容量。然而如果污水管线的预先时间与土地开发类似,其关系便成为相关的,而两者皆可借由预测另一方而获利。

尽管有高解析度的资料,我们在说明土地开发商对奥瑞冈州波特兰市(Portland, Oregon)西边轻轨捷运计划资讯的反应,仍旧碰到困难(Knaap et al. 1996)。检视过去二十五年计划的演变,总体的交通走廊维持相当程度的可预测性,但正确的路线及车站的位置,随着计划的修改及调整而改变。计划内容可能不够精确或可信,以供开发商使用。轻轨捷运的相关性逻辑——它联系哪些地方,以及车站周边有哪些土地使用及密度——二十五年来维持不变。进一步证据显示,开发商不仅只是反应计划的资讯,而且一旦车站位置确定,重叠分区(overlay zones)便被制定,以规定车站地区的土地使用与密度。投机者便有机会冒风险参与。开发商很明显地不能利用任何兴建车站土地使用的预先时间,因为没有足够的确定性以冒险投资。失去的便在于兴建的预先时间,且因轻轨捷运本身一旦车站位置确定,要花几乎四年的时间兴建,土地开发便很容易对此预先时间作反应。另一项可能失去的是在车站确定前所建立的土地使用形态,因为如果能够考虑车站区位,其形态将会有所不同。这些使用最终会改变为不同的使用或高密度,但将会有时间延后,直到改变的成本在现有建物折旧后被吸收后才会发生。这是另一欧尔斯及判斯(Ohls and Pines)开发时机的问题。

初步观察波特兰都会区西南方污水系统兴建后,住宅兴建的时间延后发现,其为时过长——五至十年——使得土地开发商直接使用此计划不会获利(Hanley 1999)。一旦污水系统兴建发生了,开发商便能针对该兴建反应。至于就污水系统的兴建而言,则污水计划的权变逻辑被遵守了。有些主要的改变是因为1970年代早期联邦补助方案的改变,正好是1969年该计划完成时,鼓励了数量较少之大型区域性污水处理厂的兴建。因此,在这个例子中,计划明显地对污水系统提供者是有用的,而不是开发商。该计划对投机者也有用处。

自愿团体及政府诱因来制定计划

本节描述以集体财解释计划制定的情况及个案。这些解释不一定是唯一妥当的,但它们提供有用的洞悉,并建议对类似情况的合理预期。它们因而帮助我们了解并说明,对于组织何时进行规划的决策,提出有用的建议。

土地开发的规划大部分由私有个人、公司或自愿团体来进行,自愿团体包括私有及政府成员。这种规划的形态很普遍,如 1909 年芝加哥计划及此处所介绍的另外两个例子:1970 年代伊利诺州杜培机郡(DuPage County, Illinois)的开发及东北伊利诺规划委员会(Northeastern Illinois Planning Commission)的预测工作。

欧马拉(O'Mara 1973)描述了不同地方政府及开发公司在主要新开发区所扮演的角色,包括伊利诺伊州距芝加哥西方约四十哩的奥罗拉(Aurora)及内伯维尔(Naperville, Illinois)四千英亩的土地。1966 年该地被都市投资及开发公司(Urban Investment and Development Corporation)(UIDC)秘密地买下来作为开发社区之用,称之为福克斯东谷(Fox Valley East),并预计在未来二十年完成。当市府官员在大约 1970 年知道这个案子时,它引起了由谁及为谁而规划的议题。两个都市,奥罗拉及内伯维尔,便成为主要零售方案作为潜在税基的竞争者。可用的专业幕僚、在不同政府及私人开发公司服务的规划者间之讨论、由 UIDC 所领导的奥罗拉地区技术代表团体(Aurora Area Technical Liaison Group)(作为一寡占团体,以提供共同规划服务给地方政府及开发商),以及不同政治领袖幕僚间不同的信任度,都影响了最后的结果。

在其 1990 年度报告中,东北伊利诺规划委员会(Northeastern Illinois Planning Commission 1990)提出一令人信服的报告,描述其人口预测的工作,这些预测对其辖区民众有何价值,以及这些预测如何影响它提升自愿奉献的能力。该委员会是地方政府及私人的自愿团体,且它提供各种规划服务。也许预测的准确度与预测的用处不同,但预测明显地被视为集体财,因为如果自愿奉献增加了,便将投入足够的资源以达到一定品质。将预测量身定做,以满足会员需求之服务,可视为对会员们的选择性诱因,以鼓励对此集体财的奉献。

集体财的根本问题是,个人单独行动,不会提供如同他们被强迫参与分担成本等量的集体财。这并不意味着所形成的团体,一旦决定提供多少集体财,便一定会提供该集体财。一旦提供的量决定了,团体便可和私人公司签约,以提供所同意的量。这个解释可用来说明计划作为集体财的提供,尤其是地方政府计划的提供。自愿团体或地方政府不需要产生自己的计划。

小型社区并不需要常常进行规划的活动,故不需雇用全职的专家。在这个情况下,以"聘约聘用"(on retainer)顾问是合理的,即指你只支付你所需要的服务量。你与同一人共同工作因而建立起了工作关系,但那个人同时也在其他地方工作,因此利用专业化以发展并维持一高水准技术及最新知识。一大型都市可能会针对例行及重复的活动雇用规划者,但也会因非正常的工作而雇用专业化的顾问。在中型规模的都市,市中心计划或固体废弃物计划,可能与顾问公司签约来进行,因为这些活动不频繁而不需维持府内专业。然而,土地细分检讨、分区检讨及重分区提案可能维持为府内专业,因为这些活动常在进行。在大型都市中,所有这些项目皆可能是府内的工作。

小社区聘顾问之外的另一种方式是成立一区域规划委员会,但主要不是从事该区域的规划。而是它的主要目的为针对一群社区达到产生规划服务的规模经济。该区域机构能够雇用交通规划、住宅区规划、基础设施及土地使用的专家,而个别社区无法单独雇用。区域机构受限于不同的解释。该区域机构的功能是否为单一区域而规划?或是其规划的功能系提供都市会员的集体财?或是它是否为都市产生计划,以获取规模经济及专业化？可能三者皆是。

在美国，地方政府制定大部分公部门关于是否制定计划的决策。它们制定这些决策所根据的，部分是它们自己的观点以衡量制定计划的利益与成本，但这些利益与成本严重地受到联邦及州奖励及法规的影响。

在不同的时间，美国联邦政府及英国国家政府判定地方政府本身推动的计划是否不足够。它们实施奖励或要求从事规划以接受中央政府奖励，例如补助基础设施。这些奖励也形成了规范，说明哪些因素构成好的计划以符合这些法案的要求。如同许多人认为，这个方式造成了对计划的要求以及计划对地方政府的用处之间的落差。

> 自从1947年城镇与乡村规划法案（Town and Country Planning Act）通过后的英国经验，以及自从1949年国会要求通盘实质发展计划（general physical-development plan）的内容，作为联邦政府对都市规划补助条件的美国经验，提供了具说服力的证据显示，我们再一次处于一时期，其中高阶政府为了自身的目的将尝试要求它们所认为通盘计划重要的使用及特性，以及官方通盘计划文件的内容。……因为都市通盘计划的内容及特性，现在实际上被联邦政府的法规所定义，我们应尽力——为了州及联邦措施及地方措施的成功——鼓励市政府在通盘计划问题上，去从事它们自己的思考及制定它们自己的决策，以及总以它们自己的技术及政治需求来考量。（Kent 1964，130-131）

肯特（Kent）提到了在英国的剑桥（Cambridge, England）所发行的一本特有小册子以解释他们的计划，说明其就某方面而言在地方上是有用的，但可能不符法规指引的要求"因为议会（Council）采用的官方计划文件，必须符合国家法规规定，但却在地方上毫无用处"。（131）

大约从1949年到1981年间，联邦政府要求地方政府制定计划，作为接受各种都市发展及交通措施补助的条件。从1954年起，联邦补助被用来建立这些计划。一般称之为"701计划"（701 plans），因为它们是1954年法案第701节所要求的，这些计划由市府幕僚或顾问公司产生，并具有标准化的内容及格式，以达到指引的要求。主要逻辑及地方政府动机，是为了要达到计划要求，以符合联邦补助的条件。费斯（Feiss 1985）提到，多数较大都市具有适当的规划组织及计划,而不需联邦的干预。虽然规划就业在701结束时下降,地方政府规划在当时已完整建立,且一般而言,因其他动机持续下去。

一些州也要求地方政府从事规划。加州具有这种要求最长的纪录,但佛罗里达州(Florida),奥瑞冈州及最近的华盛顿州(Washington)对地方计划内容,有更严格的要求及监督。加州详列了哪些元素必须包含在内;奥瑞冈州详列了哪些目标必须追求。奥瑞冈州及华盛顿州要求都会区或都市建立成长界限(growth boundaries)。奥瑞冈州波特兰市成长界限影响的一种解释是,它可作为都会区域政府(Metro regional government)为都市所设定的法规。都会区域政府没有划定分区的权力,而分区可能是一更适当的工具,以达到该政府的某些目标,但该政府确实也控制了成长界限。成长界限进而影响了都市及郡,而这两者具分区划定的权力。因而成长界限能被解释为区域政府对地方政府的法规,而不是对开发商的直接法规,因为该法规影响了地方政府计划的内容。佛罗里达州要求社区建立并执行同时性要求(concurrency requirements),以在核发发展许可前,提供适当基础设施。【注6】

联邦资金也已诱发出其他更特殊的计划制定。1960年代的模范城市措施(model cities program)及1990年代授权区(Empowerment Zones)划定的竞争,引发了特殊形态的住宅区规划及社区组织。交通规划已被联邦政府补助,最近则是透过运具间表面交通效率法案(Intermodal Surface Transportation Efficiency Act)及其附则(extensions)的推动。

政府诱发私部门为公部门的利益从事规划。最近在台湾的台北市轻轨捷运的规划过程说明了这个例子。私人投资者就"兴建、营运及移转"(Build, Operate, and Transfer)方案进行竞标,以兴建一轻轨捷运系统,营运十五至二十年,然后移转给政府。其基本的要求是,该系统必须连接国际机场与市中心。在这个限制内,路线及车站区位开放给竞标者所拟定的不同策略。竞标者因而具诱因来规划一有效的系统,以便有效率地管理与营运。很清楚的是,得标者必须接受较少的政府补助,而得标者将透过在车站附近不动产开发来达到财务收益。因此,这个过程创造了诱因以设计相关土地使用与交通行动,因为潜在获利归得标者所有。因此竞标者具诱因从事规划,并对基础设施及土地使用间的关系进行规划,即使基础设施大部分由政府来支应,且将需要政府的参与以取得路权。这个例子与美国十九世纪末的路上电车(street car)发展类似(Warner 1978),或与1920年代从俄亥俄州克里夫兰(Cleveland, Ohio)市中心到夏克高地(Shaker Heights)的夏克捷运系统(Shaker Rapid Transit)类似(Garvin 1996, 330—331),虽然在这些例子中没有事先预期将捷运线移转给政府。

结论:谁具诱因从事规划,且为谁而规划

个别的计划发生在当个别行动者为他们的决策进行投资而规划之时,例如当一开发商在土地细分区规划何地、何时及何种开发时。公部门的计划发生在当政府机构为它们的行动从事规划,例如当一州高速公路局规划哪一条高速公路在何地、何时兴建及具多少容量时。自愿团体的计划发生在当一些行动者共同投资计划,例如当一商业俱乐部雇用一市中心开发顾问公司,或一群开发商雇用一交通规划顾问公司以考虑发展间的交通时。计划的法规或诱因发生在当一强制性的要求被执行时,例如当社区被要求在可申请政府补助前拟定计划,或当地方计划由联邦或州政府进行融资补助作为奖赏措施时。

所有这些情况时常会发生。为都市发展制定计划不是一公部门或一团体的固有活动。它的确强调决策的相关性,但它不要求或必要地牵涉所有具这些相关决策权限的决策者。以这些不同方式提供计划,形成了不同形态的计划,以及不同规划成本的分配。这些概念解释了谁具诱因从事规划且为谁而规划,并说明计划可能发生的情况。

集体财的观念有助于解释这些状况。解决集体财需求的问题通常用来证实规划是一般性的概念,并也借以说明计划的用处(参见如Moore

1978），但计划很少直接扮演提供集体财的角色。集体财的基本概念是，**即使具有完全的资讯，但若缺少承诺的机制**，个人将不会采取行动以提供适量的集体财。计划增加资讯，但不会改变制定决策的权利。另一方面，法规借由限制选项或组织性地重构问题以改变决策情况，进而处理集体财或集体财外部性的问题。计划不是针对集体财的市场失灵或集体选择的政治问题，而是针对相关性、不可分割性、不可逆性及不完全预见之更根本问题的一种回应。

译注

计划如果被分享出来便具有集体财的特性。也因为如此,都市发展计划多由公部门制定。作者也指出不同的计划在消费性及排他性的向度中,可分属集体财、付费财、共同财及私有财。说明了计划视其资讯分享的程度,而属不同财货的特性。大多数大规模计划属于集体财,也就是说必须由政府来提供。南宁市2020年城市总体规划,系由南宁市政府制定;台北市综合发展计划,系由台北市政府制定;而上海市城市总体规划,系由上海市政府制定。主要的原因在于,集体财提供是市场失灵现象,市场无法也不会提供集体财,因此必须由政府介入方能提供足够量的集体财。重点在于,集体财提供不是计划的主要功能;计划提供资讯,透过资讯影响行动,而不是直接干预系统。著名的囚犯困境说明了集体行动的必要性,以提供集体财。如果没有强迫的力量,没有人愿意单独提供集体财。但是如果有强而有力的领导者出现,形成大家追随的团体,以集体行动方式提供集体财,便有可能。政府是一种具强迫性质的团体,其成员必须依照既有的成规行事,因此便有可能透过命令等方式,共同提供集体财。此外,自愿团体也会从事规划,以提供计划作为集体财。如果没有这些机制,计划的投资必然短缺,也就是为何需要计划制度,以增进计划投资的水准。

台湾的都市计划法明定,都市发展计划在何种情况下,必须由地方政府制定,这种计划制度的形成至少包括两个因素。一个因素是增进计划投资水准;而另一个因素是降低从事规划的交易成本。是否从事规划是一个决策问题,当许多单位有意对其所属权限所及的地区从事规划时,这些计划制定的决策便有必要加以协调,而协调的方法之一,便是以法规或制度加以规范各单位从事规划的权限。否则,中央及地方政府在决定是否要从事规划时,其决策成本会增加,进而造成交易成本的增加。大陆幅员广大,计划决策更需要有一套合理的制度加以规范,以节省决策成本。而美国地方政府的自主性甚高,计划的权限几乎都下放到地方政府。到底是大陆以中央政府作为都市发展计划的最高指导机构为佳，或美国以地方政府自主性，在其权限范围内决定计划制定为优，则见仁见智，各有优缺点。重点是有关计划的决策，必须以某种方式加以协调，以降低交易成本。除了以正式的制度管道增进计划投资外，非正式管道的参与也很重要，甚至可弥补正式制度上的不足。如何激发参与以与计划制度配合，增进计划投资，应是规划实务上，尤其是政府所扮演的角色，重要的课题之一。这牵涉到公部门与私部门如何合作，以增进计划投资，并改善人居环境。两者间的互动是合作还是竞争？也许两者皆是，视情况而定。但是政府在诱发私部门从事规划，以共同创造居民福利上，是责无旁贷的。这样的互动可作为提供集体财之策略应用。此可由赛局（博弈）理论（game theory）加以探讨。总之，本章的重点，在于厘正计划不是解决集体财提供之市场失灵问题，计划提供资讯，或以议程、政策、愿景、设计及策略的方式呈现。法规限制了权利，而集体行动逻辑说明了团体形成的原因。它们是相关，却又截然不同的概念。计划可由集体行动制定，而计划也可影响集体行动。

第 6 章

权利、法规及计划

西部画家查尔士·罗素(Charles Russell),绘制了一牛仔与印第安人,在十八世纪中叶印第安地域古道独特的互动(在原作的插画中)。牛仔带领着牛只从西部农场到铁路车站,以运送到东部的人口中心。当其他印第安人正在宰杀一头牛以带回部落里当食物时,印第安人向古道主人发送信号。但参与者心中怎么想?是偷窃吗?是战利品?或是慈善礼物或行为?这头牛代表着是对主权的税捐,而印第安人是税收者?或是这个交易的完成,在于印第安人同意允许通过并使用他的土地,而回报以协商后的租金?

单就实质的运动,无法告诉我们两者之间的隐秘关系或参与者的想法。然而这些关系及观点与可见的后果有关。它们影响牛肉的生产、放牧的操作及显然地财富的分配。

——艾伦·须密德(A. Allan Schmid, 1978)
　财产、权力及公共选择(*Property, Power and Public Choice*)

在 科罗拉多州斯诺马斯市(Snowmass, Colorado),开发者、地方居民及度假村拥有者,具不同的权利来影响发展及雇用规划服务(Hopkins and Schaeffer 1983)。一小群新的永久居民发起社区法人化(incorporate),使得地方政府能有权力来从事土地规划及法规制定。开发者本身是主要地主,而度假村拥有者无当地投票权,并均使用团体形成的其他策略来达到他们的目标。新法人化的小镇、私有开发商及滑雪公司,提供小镇主要的吸引力及经济基础,进而分担计划的成本。地方政府为一强迫团体,扮演特定的角色,作为自愿团体成员之一,以组织起来从事规划。权利的差异在这个例子中是重要的。唯有永久居民具有权力就当地市政投票。季节性居民、开发商及滑雪公司没有投票权。因此,法规仅由永久居民直接来决定。滑雪公司向联邦政府租滑雪道。开发商已购得山谷中大多数的土地,但又将宗地卖给居民及其他人。土地权利的混合及投票的权利,影响了计划的制定及当地法规的执行。私有规划、自愿团体的形成以从事规划,以及新法人化的地方政府采取土地使用行动,也说明了在佛罗里达州桑尼伯岛市(Sanibel Island, Florida)的类似情况(Babcock and Siemon 1985; Johnson 1989)。

都市发展计划妥善决定了权变及相关的行动,并将会产生发展所期望的形态。这些行动包括法规,例如分区管制、土地细分法规及计划图(official maps)。都市规划者参与土地使用的法规制定,但区别计划与法规是重要的。本章探讨与土地有关的权利系统,而这些权利影响了由谁来从事什么规划,法规如何改变这些权利,以及这些计划如何作为这些法规的基础。一般而言,法规是由一集体选择机制(collective choice mechanism)来执行,如第八章所讨论的。

法规改变或建立权利(rights)的某些面向,也通常被视为透过社会规范(social norms)、正式法制(formal constitutions)或法律(laws)等方式来定义权利,虽然区别这些方式充其量是模糊的。因此法规可以将社会规范正式化而形成明确的权利或改变权利。解释创立宪法的逻辑与解释选择规定的逻辑相类似(参见如Ostrom et al. 1994)。我们透过对法律先例、立法及行政法规的解释而厘清权利。本章的重点在于,法规系作为一既定文化及宪法架构下之权利的改变。具有意图的作为以改变文化的规范(cultural norms)将在第七章探讨。这些作为能代替权利的改变,因为规范也会改变行为及建立对法规产生回应的行为条件。

决定的权利(Rights to Decide)

从牛群中被宰杀的牛只清楚地说明,即使对一种外表上权利的承认,其可能的诠释方式便有许多种。[注1]极有可能的是,交易的双方对所交易权利的意义,其基本上的认知不同。如美洲原住民(Native American)与欧洲人之间的交易所显示(参见如 Cronon 1983;Satz 1991)。人们在社会中生活,而社会正式或非正式地赋予他们权利以作决策。决策者之间权利的分配,影响了资源分派(allocation)的效率,以及因资源所产生回报其分配的公平性。权利系统也影响了动机、权力关系(power relationships)及社会地位(social status)。因此,权利系统的选择,应根据具有效率或公平性结果的理由,以及固有而所偏好的社会结构。人际及群体间权利的分配有许多可能性,而这些差异影响了在时间上,尤其是世代间,及空间上由谁来做决定。

由法规所修订的权利,界定了每个决策者所能制定的决策、可考虑的选项范围,以及可考虑的内容。屋主可具有权利出售住宅,但没有权利考虑买方的种族作为选择出售给谁的标准。在既有社会规范及监控的可行性及成本下,法定权利(de jure rights)是否能加以执行,在预测就权利所作反应的行为上,也必须加以考虑。

法规可以视为具有强制性的如果—则的规则(if-then rules)。相对于政策(也是如果—则的规则),法规隐含着强制性(enforcement)。如果法规变成具约束性,且即使人们均承认法规的合法性,则个别决策者仍可具诱因来违反该法规。高速公路的速限便是一个明显的例子。政策仅能在个别情况下唤起我们做我们愿意做的事情。法规要求我们在情况发生时,去做我们可能不愿做的事情。

计划可将权利视为既定及强制的,并在这些限制下设计策略。然而,计划也包括行动,以改变法规。例如,计划可包括快速道路的规模及区位,以及分区管制法规的改变以产生发展的密度,以期与所规划的道路容量一致。在这个例子中,有一为法规而作的计划,但计划本身不会建立或执行法规。法规是由政府在警察权(police powers)下执行的规定(即它对武力合法使用的垄断性),以改变居民的权利。在不同的层次上,独立宣言(Declaration of Independence)可解释为一计划,而美国宪法及其下之法律为法规。前者宣布一愿景及其下的策略。后者建立具强制性的规则。

至少在西方的哲学中,权利的最基本的概念是附着于个人或团体的人们,虽然在历史上其仅附着于特定形态的人们。权利为其他人对某个人或团体制定特定决策权限的承认。权利借由下列的属性说明其特性:

- 权限(Authority):权限所赋予的是哪些决策,而其考虑的范畴为何?
- 源由(Origin):由谁来赋予或使合法化,且其所根据的逻辑为何?
- 强制(Enforcement):由谁来强制执行或维系?
- 排他性(Exclusivity):赋予的对象是谁,且谁被排除在外?
- 移转性(Tranferability):它可以移转给谁,以什么形态及透过何种方式?
- 空间范围(Spatial extent):权限在什么地区被承认?
- 时间范围(Temporal extent):权限在什么时间被承认?

权利的权限。我们一般认为,一组权利附着于一笔特殊的土地及一特定的个人或群体上,作为土地的财产权。与权利有关的行动几乎都牵动一组特定的权利,但认识到其构成因素是重要的。认为"拥有"(owning)一笔土地犹如具有一固有而绝对完整的权限,是一种充其量被扭曲的概念。"屋主"(homeowner)及租地者(renter)皆无对一笔土地有完整的权限,而是仅有一组与土地相关的不同权限。

在美国,地主对一财产具有权限而可以做许多事情。然而,研判什么事情可以做,则受限于许多联邦、州及地方对犯罪所立的法律,包括触犯有关个人、骚扰（nuisance）、矿权、水权、税、分区管制、土地细分法规、建筑法、卫生法规及签约责任等的规定。对一特定决策的权限几乎无法给予完整的研判。法规能限制哪些方案可以被考虑，例如分区管制仅允许住宅区使用的选择。法规也可限制结果，例如对特定都市或河川设定空间或水污染的标准。最后，法规可以限制决策者从事选择所使用的属性，例如限制售屋的种族考虑。后两者的法规间接限制所允许的方案，但效应是相同的。某些选择或因为后果或因为选择所隐含的标准，而事先被排除在外。

权利的源由。权利的源由与实际问题最有关，因为它界定了权利承认的范畴。三种权利的源由在此是最有关的：文化或社会合法性（culture or social legitimation）、政府及公共领域（public domain）的获取。在欧洲人定居前，北美的社会宣称对土地拥有集体自治权（communal rights）以作为使用的合法性（参见如 Cronon 1983；Demsetz 1967），或承认个人因清理及耕作的投资而对土地具拥有的权利。美洲原住民的权利系统显然有别于欧洲的移民。对欧洲人而言，土地权利是由政府首长赋予作为专有者的个人或团体。而实际上，武力的征服赋予欧洲人一种对北美权利的解释。文化及法律先例皆影响我们对权利其法律基础的隐然认知。权利由一社会透过立法及强制的机制所维系。具体的权利是由社会系统之不同部门加以合法化，有些是正式地来自不同层次的政府，而有些则是非正式或默许地来自文化的某个部分。由文化所定义的权利在某些情况下，与正式赋予的权利相违背，如美国持续的种族歧视。

随着东欧共产国家的瓦解，哪些权利维持了其合法性，或者从先前当局或文化规范重新获得的问题便产生了。人们或继承者当他们的财产在数十年前充公后（confiscated）能否重新取回？权利系统的差异，较共产国家及新资本主义者间作为的差异来得更微妙。即使英国及美国有着长期的共同传承，高尔夫球在英国是中产阶级在公共球场进行的活动，而钓鱼在英国则是高级运动，且只有付得起钓鱼私有权的人才能在特定河川钓鱼。在美国情况则刚好相反。高尔夫球场通常是具有显著社会地位之私人俱乐部所拥有，而钓鱼反倒是普遍可取得之河川公共权利。

当权利被认为具有足够的价值以弥补因界定它们所造成的成本时,权利系统可被理解为是在公共领域中,权利的获取演变而来的(Barzel 1989)。决定一特定资产的所有属性是昂贵的,其意味着附着于该资产的所有权利无法完全决定。巴哲尔(Barzel)描述"交易成本为转移、获得及保护权利所衍生的成本"(2)。除非有一交易能要求更完整的定义,并使得这种定义的成本获得补偿,否则权利无法完全界定。在买一栋房子时,契据的寻找(deed search)不但确认了被所移转财产所有权的正当性,同时也检验了其他的权利,例如财产权签约人的抵押权(liens)、地役权(easements)或采矿权(mineral rights)。衡量资产属性的困难度造成界定权利的难处。当我们透过界定及明示新的权利时,例如铁路上空权,若发现可从公共领域获得权利,获得财富的机会便发生。当公众相信海岸地(shorelands)或湿地(wetlands)的权利被新发现时,财富便会损失。

权利系统不断地演变,而变得比我们想象的要复杂。巴哲尔(Barzel 1989, 49)应用大型办公大楼的例子来解释权利系统。权利拥有者包括权状拥有者(titleholder)、抵押权拥有者(mortgage holder)、租赁者(renters)及签约的清洁服务公司。火险公司拥有火灾可能性的权利,且为负值。因此火险公司接受款项来拥有这项权利,而非付款给该权利。一旦拥有了火灾风险的权利,火险公司便具最大的诱因来防止火灾的发生。火险合约的执行条件及保险价格的差异,改变了其他人对此项权利拥有的诱因。

在巴哲尔的论点中,正式化并私有宣称的财产不见得固然较余留在公共领域的财产权为佳,因为交易成本(transaction cost)——尤其是衡量属性及监督契约——过高,而使得私有化的动机及效率不存在。公共领域的权利在定义上是不为公、私部门行动者所获取的;公共领域(pubic domain)与公部门(public sector)不同。政府也必须从公共领域中获取权利。政府(公部门)可公开地宣示及补偿权利,例如对某些区域兴建道路的权利,对私有不动产征税的权利,或对密度限制的权利。公部门是权利拥有者主体的集合,其在许多方面与私部门权利拥有者的集合类似。

权利的施行。权利必须不断地强制施行或维系。它们不是本就存在某自然系统中而被社会承认或正式化的权利,如果权利不被社会或正式地强化将会"退化"(decay)。权利由政府行动来施行是常见的,但政府行动却又需要社会规范的文化支援。美国的防范时期(Prohibition era)(在该时期中,酒的生产及贩卖是违法的)便是一个政府尝试的例子,其所根据的是既定的集体选择程序,以施行在社会上无法维系的法律。威廉斯及麦甚尼(Williams and Matheny 1995)说明在许多环境问题中,这种"社会法规"(social regulation)的重要性。同样地,无法彻底施行的法律已经发生在分区管制规则,其用来限制居民人数或住宅区住户的细分以要求高密度住宅,例如邻近大学校园的附近地区。在许多国家中违章建筑虽然在当初兴建时是非法的,但最后却又合法化了,证明了尝试限制在可居住的地区兴建住宅是失败的(Hopkins 1984a)。

权利的排他性。权利的承认可属于个人或团体,如公司,或其他特许的组织,如市政府。权利不必要具个人或主体的排他性。传统的例子是在城镇共有财产(town common goods)上进行动物放牧的分享权利。权利排他性常易误解的例子是美洲原住民将权利移交给欧洲人。美洲原住民认为他们将权利移交给他人,但又同时拥有同样的权利(Cronon 1983)。非排他性权利的其他例子包括将废弃物排放于空气或水体中,或较不明显地,在公听会发言的权利。个人或公司团体权利的排他性,其在影响一特殊权利分配所造成之结果上,是一重要的特性,因为非排他性权利与集体财有关(按:权利的排他性与否影响了行动者的行为)。

权利的移转。有些权利,例如不动产权利,可以透过贩卖,从一个人移转到另一个人身上。其他权利如美国地方政府选举的投票权,仅由国民或地理上所界定地区的居民获得。投票权利不能贩卖或移转。移转的机制包括出售(sale)、继承(inheritance)、出租(lease)(可或不可再分派给第三者)以及赠与(gift)。国民的权利可由出生来继承、由居住地获得或在某些国家中购得。土地及财产权利的移转限制能防止较成功者(以演化的角度来看)以超过比例的方式累积权利。出售移转的限制具备伦理的基础,例如出售一权利来投票,或以近似奴隶的方式出售自身的劳力契约。

历史上有许多政府单位可征召它们的国民或居民来参与劳动,法文称之为**强迫劳役**(corvée)。芝加哥在1833年的公司化"……能征召任何居民来从事每年三天的公共道路工作"(Keating 1988，36)。美国目前依赖志愿役(volunteer military)，但征召兵役(military draft)也可被恢复。在美国，这个要求最常被实施的是陪审团(juries)的服务。社会规范反对从国民征用劳力的要求，例如现行美国的规范甚至反对强迫兵役制，可说是对那些失业但又必须直接或间接赋税人们的一种歧视。另一种说法是，政府因此提供了奥援来供应对赋税人有益的集体财，而不是一种仅为付出劳力者提供这类财货的机制。以支付替代品来移转这类义务责任的机会，产生了一种既可放弃又可获得此项权利的权利，以提供这项服务，如内战的征召。

值得一提的是，许多美国乡村地区在1800年代所兴建或维护的基础设施(道路及桥梁)，是由这种社区劳力的非政府或其政府版本所为。这个概念最近以不同的形式且无所不见的"认养一高速公路"(Adopt-a-Highway)措施重新浮现出来。沿高速公路的标示说明了当地团体肩负起了道路旁的清洁工作。虽然参与是自愿的，然而克服这种集体行动的障碍，其机制则是来自政府。强化文化规范以杜绝脏乱是有益的，这也正是这些标示后面的动机，以界定因你的行动所触犯的规范其所属的特定团体。透过共同工作的方式以建立社区互动也会带来利益。

权利的空间范围。土地权利通常与特定宗地，或一组宗地界定在一起，且部分根据在空间上所认定的关系。对在法律上所描述的宗地具有主权的概念是大家所熟悉的(至少在美国如此)。一都市在它所管辖的范围内具有主权(管辖权)，且在许多州也具有超越它边界的"域外领土管辖权"(extraterritorial jurisdiction)，但仍受限于某空间范围。在一宗地上决定行动的主权是受限的，因为在该宗地之外所造成的影响是因为该决策所引起的。例如，通常有法规的建立来防止宗地水进流量(runoff)质与量的改变。决策所造成的影响其在空间范围上的歧义，使得权利来源之合法范畴复杂化，例如空气或水品质的影响跨越了国家边界或具不同规范之社会团体。

权利的时间范围。权利的时间范围，在一特定权限以使用或决定的租用期间之概念中最为明显。这些权利来自权利被合法化的逻辑中，如公社导向的社会(communally oriented society)，其中特定宗地的开垦权是终身被赋予的或直到没有直接继承人而终止(例如，Regmi 1976)。这种系统达到了分派的效率及建立了所有权的社会地位，但也忽略了长时期差异的累积，因其限制宗地移转到继承人身上。权利的时间限制通常与需求或公平有关，而不是限制个人行动的自由。

具时间性的权利与继承的规范及法规有密切的关系。有两个继承策略。长子继承(primogeniture)乃将所有的财产给一个继承人，通常是长子。这个制度使得财产的规模在世代间是维持固定的，因此能维持一能生产的耕作单元或由规模及财富所决定的社会地位。它要求其他后代寻找自己的生活方式，如在英国及西藏传统上，包括了从事牧师及和尚的职位。均分继承制(**per stirpes**)将财产均分给后代，因此在几代内将耕作单元加以细分，也因而使得家族企业在短期内消失(参见例如 Fukuyama 1995)。

权利的承认在时间上发生，且不见得是即时的(instantaneously)。例如，开发商对某块土地利用之合理的期待，称为"归属权利"(vested rights)，必须加以补偿才能取消。如何及何时这样的权利能成为附属的，在土地使用法规上是重要的问题。一般而言，政府行动如分区管制或土地细分的通过，而开发商根据这些行动来从事重大投资决策，不能因后来有所改变而造成投资合理预期报酬的剥夺(Siemon et al. 1982)。

分派效率、集体财及外部性

新古典经济学的基本前提是，如果所有的投入资源能清楚地指派给个人(或如单一决策者行动般的公司主体)，则每个人将透过分派这些资源以产生最大的回报而努力，并因而获得最佳的回报。同时，每一消费者将根据偏好选择来分派预算，使得这些资源将形成一货品的组合，并在消费者的预算限制内满足需求。尤其是，每一资源量的使用将无法因其他目的而作改变以增加生产。这个结果是资源的有效率分派(allocation)。就经济分析而言，我们便可处在生产可能性前缘(production possibility frontier)，且每一输入资源量的边际替代率(marginal rate of substitution)将在所有可能的输出量上是相等的。这个论点有两个大略可区别的面向：动机(motivation)及资讯的效率(efficiency of information)。

一个人的努力成果，若其权利能充分定义的话(有关考虑所产生的收入而决定应投入多少个人努力)便产生了动机。现行全世界的经济再结构(restructuring)说明了某些人若赋予其权利，将决定加倍地努力工作，以获取因其劳力而获得的额外回报，也因此而提升了整体生产力，进而超过了集体回报系统下的生产力。这是一个集体财的问题：个人的努力必须多少被监控及回报，否则对每一个人而言，偷懒(shirk)是有利的。仅将回报归功于整个大团体的权利系统，必须寻求另外的方法去激励个人。苏俄(Russa)及中国农民权利的改变便已增加了个人的产出。然而，透过决策的协调，这种个人的行动立即提升了额外获利的可能性。在正常工作的时间内消极地从事集体农田生产的农民，当利用自己的时间来从事小规模耕作时，其生产效果更佳。契约(contracts)应让能操弄属性水准以影响产出的人来控制——资产的特殊属性(Barzel 1989)。一分享契约(share contract)(即收益五五对分)如农业生产的分享耕作，给予了劳动者及地主诱因来影响产出水准。劳动者主要操弄劳力，而地主则操弄作物以及排水和石灰(lime)等的资本投资选择。这种契约假设对任一方而言，监控生产产出较监控及管制投入为容易。许多监控的其他情况会发生，并影响组织及契约的结构。

这种市场系统的第二项宣称是资讯成本的节省，因为每一资源拥有者仅必须知道他自己资源的回报。市场的价格传递所有必要的资讯，以利决策者各自地操作以达到资源有效的分派。然而一市场系统的有效结果，端视起初的资源分配(distribution)。如果起初的资源分配不同，则资源分派(allocation)及所服务的需求将有所不同，因为对不同财货的相对需求视个人收入及财富的分配而定，而该分配进而决定了他们的预算限制。例如，若收入相对地均匀分配，可能造成对福特(Ford)或丰田(Toyota)汽车的需求较高，但对林肯(Lincoln)或Lexus的需求较低。同样的资产及收入若其分配不均，则可能增加林肯或Lexus的需求，进而造成生产资源分派的不同。所造成的分派仍可能是处于生产可能性前缘，因而是有效的，但由于不同的需求组合而落在该前缘上不同的点。

行动的外部效果影响了其他行动与其后果之间的关系。我燃烧落叶所产生的烟如果威胁到健康状况，会影响我的邻居决定是否在户外工作的结果。如果我不燃烧树叶，我的邻居在户外工作的结果便有不同。当外部效果呈现时，一个人若就其利益的反应而采取行动，将不会因从事选择而达到资源的有效分派，因为这些外部效果的成本与利益将不会在决策制定中加以考虑。为达到有效率的分派，某些机制必须建立起来，使得个人能考虑到这些外部效果。有两种反应已被指出：部门间的谈判(bargaining)及改变部门间的权利。后者包括效果的内部化(internalization)，而将制定此两个决策的权利置于一个组织内、征税或提供诱因或是规定决策者制定决策的选择范围。

寇斯(Coase 1960)认为两个厂商，如洗衣厂及产生烟尘副产品的制造厂，会谈判并同意产生定量的烟尘，使得进一步控制烟尘的成本将大于洗衣用肥皂所增加的成本。即使如果这样的谈判会导致良好的协议，如第七章所示，基于许多理由在实务上该协议仍不会发生，因为如果有许多的洗衣厂、许多的制造厂或两者皆然，这样的谈判不太可能发生。当有许多部门在同一谈判场合出现时，达到协议的努力是一集体财。因此，一般而言，企图达到良好的谈判结果之努力较有可能是无效率的。如果谈判产生了交易成本，并影响部门间的财富分配，即使参与者的数目很少，谈判也可能破裂。

在这些谈判不是好的解决方式之情况下，解决外部性的工作便成为集体财。它需要隐含的决策，即维持现状或改变参与者的权利，以达到不同的结果。方法之一是创造新的组织，例如区域政府，其企图将中心都市与近郊的决策内部化，以将其外部效果纳入在同一组织的决策中。第二个方法是建立披古税(Pigovian tax)，针对生产者课征其所产生之额外成本的税，使其与受害者的损失相当。在多数的情况中，这是非常困难的，因为要衡量每一生产者对接受者所造成效果的相对贡献是十分困难的。特别是，在这种方式中，接受者是被要求衡量一集体财的价值，且具有虚报其价值的诱因。第三种可能性是透过法规直接改变权利，例如禁止燃烧树叶。这种税或法规改变了部门的权利及财富的初始分配。

此外包摩尔(Baumol 1972)表示在课征披古税时，至少隐含性地必须选择一目标结果，以定义一组诱因来考虑外部性。除非我们已知道如何界定均衡的资讯，否则我们不能事先知道如何设定达到均衡时设定应有税率的水准。如果我们根据现况来界定税率，该税率必须着市场交易过程以寻求均衡，而加以调整。个人会选择行动以扭曲该税率，且因交易具成本，没有合理的预期会认为一特定的均衡会发生。因此包摩尔及欧兹(Baumol and Oates 1975)认为可以用财务的诱因来达到所选择的目标。税暗示着一均衡结果，且所欲达到的均衡结果暗示了一种税。选择一税率必须考虑所造成结果的意图。披古税不能替代计划，它是一建立诱因的法规，且也是需要计划的法规以想出该法规的内容。

这种市场导向的权利系统具有潜在价值，因为它们不需要资讯的交换来协调决策以达到效率（按：此为完全竞争市场的结果），且它们提供了努力的高度动机。如果权利能很清楚的分派且无集体财、外部性、交易成本或动态调整等问题存在时，则有效率的结果将会发生。当这些条件无法完全满足时，要求结果能具有所期望的性质，在分析上，是非常困难的。在都市发展中，相关性、不可分割性、不可逆性及不完全预见扭曲了资讯优势及动机优势。此外，我们在分派权利时应同时考虑其他准则，包括公平性及动态性。

公平性(Fairness)及社会地位(Social Status)

什么因素使得财产权系统是公平或合乎正义的？埋藏在权利分派中的文化性社会地位，在选择不同的权利系统时，是否应加以考虑？是否应限制权利的移转，以防止少数人随着时间累积财富及权力？

权利的来源或合法性可被辩称为本就是公平的。或者说，权利的后果可被认为是公平的。第一种说法可以一论点为例，该论点与楼西克(Nozick 1974)的看法一致，即创造资源的个人——亦即将资源与无价值及自然的情况加以区别而从公共领域中获得，——应具有对此资源所有权的宣示。经由所需工作的投入而创造一资源(建立一工具性目的)，例如概念的来源，并将所建立的资源放置在"适当的用途"(good use)可辩解拥有宣示的正当性(参见如 Newby et al. 1978)。将素地转变为农业用地在某些社会形成了该地主主权宣示的正当性。

第二个说法问到有关后果的问题。罗斯(Rawls 1971)会问到，是否承认这种权利会导致对弱势者有利的结果。换个角度来看，一系统其欲随着时间产生资源之相对公平的分配，如尼泊尔的基派特(Kipat)系统要求个人或户长过世时将权利归还给社区以重新分派(Regmi 1976)，这在世代间公平的基础考量上是合理的。新古典经济学家会赞成将权利分派给创造它的人，如第一种说法，但此观点系立基于它会造成新资源的有效分派。公社主义者(communitarian)会认为，基派特系统与人性的来源系出自社区归属感的观点，故本就是契合的。

西恩(Sen 1992)认为最重要的分配问题在于能力的平等(equality of capabilities)，而不是直接地在于机会平等或结果平等。罗斯所定义的基本财货平等是不够的，因为如西恩所指的，个人在体能、心理能力、财富、文化规范、社会地位及其他属性在先天上便是不平等的。因此以均等的机会来使用不平等的能力是不足够的。个人差异加上补偿性的社会规范，可产生能力的平等，以达到生活品质重要面向的结果。能力平等与结果平等不同，但前者更为恰当，因为能力平等指的是，个人是其社会地位具固有价值的决定者(按：即有自主能力)，而不是达到均等结果的工具。权利的差异能弥补个别差异或使其更恶化。因此权利系统的设计是将能力加以平均的重要机会。

财富差异通常是归因于界定了新的有价值资源，或创造了改变使得资源具有新价值之能力或运气。土地随着都市成长或基础设施的提供而增加了价值。谁应从这样的改变中获益？亨利·乔治（Henry George 1880）认为这样的获益应加以课税。在英国，由政府的决策而决定释放土地作开发用之发展管制，其所根据的论点是这些价值的改变应归于社会，而不是刚好拥有土地而社会集体行动造成其增值的个人，或尤其是因基础设施提供的刻意行动所造成的增值。

权利的合法化可根据管理（stewardship）或利他拥有（altruistic ownership）的论点而成立（例如 Newby et al. 1978）。管理意味着有一雇主，其可以是人们，或就雷博德（Leopold 1949）对土地伦理（land ethic）的论点而言，是土地或生态系统本身。替未来世代进行土地管理是世代间公平性的论点。如果权利是可以移转的话，土地的管理即使只是随机性的成功或失败，那在某一段时间内遭受损失的人会出售或积欠给获利的人。由于资源的时间价值——即所投资的资源创造了更多的资源，如果这些差异被继承的话，它们在时间上是不可逆的（Alchian 1950）。这是继承税的基础，且最近成为热门的政治辩论主题。

由权利所赋予权限之判断通常是社会地位的指标。社会地位对个人而言是生活品质的利益，因此产生社会地位的权利系统会造成利益。这个现象与传统之动机论调纠缠在一起，但很清楚的是，假设其他条件相同，小企业拥有者或屋主较薪资雇员或租户，在社会互动上具有更多的信用及重要性。有些人（如 Elkin 1987）会认为这种地位及所隐含的利益，在美国对创造地方政府文化是重要的。雷格米（Regmi 1976）定义了尼泊尔（Nepal）不同形态的土地所有权，在 1950 年前，这些权利具特殊之社会目的，且具不同的社会地位水准。来卡（Raikar）土地为国有土地，且具耕作权。这些权利的赋予允许人们收受租金，因而成为一种支付公务员的工具，但不会带来社会地位，且无法移转。伯塔（Birta）土地权利的赋予具有重要社会的地位，如同欧洲的行政权封地（feudal proprietorships），但不能移转或继承。伯塔拥有者被要求必须派遣作战的军队。古提（Guthi）土地被用来作为捐赠用以维系宗教的服务，且为共同管理，并提供了团体的某些社会地位。

一直到 1980 年代为止，在伊利诺伊州的香槟及俄白那市，小型独立操作者直接与个别的家户签约以收集垃圾。业者本身通常驾驶他们自己所拥有的卡车。垃圾车的社会地位，以及因而创立小企业机会的社会地位，现在已不复存在。现在的法规规定了密闭的卡车，密闭的掩埋场意味着到遥远的掩埋场需较长的拖行距离，而只有大型卡车办得到，且流量的管制规定以保持维系新的倾倒及回收方式，使得市府与大型且区域性的企业之单独契约大行其道。原来一群小企业作业员，其具社会地位及企业利益作为社区领道的参与者，被市府专业雇员与大型之全国性公司谈判以签订垃圾收集服务合约所取代。这个在组织结构上的改变，肇因于权利的改变影响了个人因阶级及种族差异所形成的社会地位。可能拥有小企业的非裔美国人，能成为不受地点或个人限制之大型公司的雇员吗？或是，这些小企业拥有者虽然变成了政府雇员，具更安稳的职位，不受种族歧视影响，但却又使得他们较先前之小企业拥有者具更低的社会地位了吗？

权利的分配分配了回报的风险。在单一工业城的劳工要租"公司宿舍"（company houses），因为买房子将他们的资源放在一个篮子里。如果产业关闭，人们会失去工作以及他们房子的资产。矿产城，如 1970 年代西科罗拉多州（western Colorado）短暂出现的页岩石油矿产城（shale oil mining towns），为近年来的例子。类似的逻辑可用在没有生存潜力的都市区域。如果我将要住在那儿，我会要冒着小资金的风险而可投入在其他地方的避险投资（hedge investment）以置产，而不是受到住在该地区风险影响的住房价值。

土地权利、投票权及商业利益

在美国，投票权来自于政治管辖区的居住——国家、州、郡或教区（parish）、都市及任何数量的特区（special districts）。虽然投票权曾经与土地所有，或在某些例子与赋税连结在一起（参见如 Williamson 1960），拥有土地不再是直接与投票权绑在一起。除非永久居住在那块土地上，否则土地的所有者没有投票权。资金或土地都没有投票权，其所有权拥有者也无投票权，除非他们本身是居民。投票权是在投票区中居住在土地上之权利的一种属性，而不是土地所有权的一种（更正确而言即无条件拥有（fee simple ownership））。

地方政府却仍与当地的企业及其拥有者分享利益，即使这些拥有者没有权利投票。在经济分析的宣称中，认为权利的指派（assignments）会使得资源作有效率的分派，其要求为所有资源是可移动的，以作最具生产力的使用。固定资产的不可移动性——建筑物、基础设施、企业结合——是主要不可逆性的原因，而暗示着计划值得去作的情况。然而至少在合理的时间内，企业家能迁移或将他们的资产迁移。企业家的固定厂房，随着产业生产、零售及服务技术的改变而折旧。固定资产的损失不大，因此迁移是可行的。都市却无法将它们的公司主体或资产迁移，因为法律及实质特性的关系，使得两者不得不与地点绑在一起。这个前提在芝加哥 1909 年计划有暗中指出，且爱尔金（Elkin 1987）及其他人就这种论点有着详细的说明。

资金（capital）的可移动性相对于市政府是都市的一个重要特色。因此市府的民选官员不断地争取资金。资金创造工作及不动产；税收来自居民及不动产。市府的行动系于公债融资的能力，而公债价格决定了利率且依据对社区生存能力之独立及外在的评估而定。衰退的都市不能举债。都市会破产。因此都市与公司类似，且与辖区内的企业具共同利益，以创造工作及引导成长。都市与拥有固定资产的企业具更大的共同利益。

　　这些投资，其健全性与都市的经济命脉直接相连——银行、报纸、大型商店、开发商、不动产代理商、不动产法律公司、财产管理公司、公用事业等类似组织。它们的行为最好被理解为是一种努力来吸引流动资金到都市以增进它们固定资产的价值。由于许多这些固定资产本身为土地，这些企业家自然被卷入土地使用方案（schemes），因此与官员同伙的利益社团于是诞生了。他们不但鼓励官员的作为，以透过土地使用重新安排的方式来吸引投资，同时将会提出构想由市政府来实现。而且因为他们本身控制了大量的土地,许多这些构想计划将会直接带给他们利益。这些所谓的土地利益,将会适当地安排制度并加速都市成长,基于此将会与官员合作以保持来自州及联邦政府的权力。更一般性的说法是,这些企业家会逐渐地接受任何会增进与区位有关之资产价值方案——包括税的诱因、债券税收以及其他的诱因。(Elkin 1987, 41)

摩洛奇(Molotch 1976)提出一般性论点,说明商业及市府的公司其利益结合创造了"成长机器"(a growth machine),因为这种成长是互利的。市府与其他公司具有许多相同属性,且都市是固着在区位上的。因此都市作为公司与那些分享这些特性的企业能够从计划中获利,而计划透过基础设施投资及法规,以讲求有效率的形态及成长的时机。

这种关系有助于解释,为何两种常见的计划形态是市中心发展或再发展以及都市边缘的新开发。一般而言,现有住宅区不需要新设置或大规模之固定的基础设施并加以规划,但这些居民具有民选官员必须满足的选票,而后者便创造了对资金及住宅区有兴趣的结盟来满足这些居民。这些住宅区也是新的基础设施之潜在反对者,例如住宅区内高速公路或造福其他地区人们的掩埋场。十九世纪芝加哥的卡特·哈里逊(Carter Harrison)及1970年代波特兰的尼尔·勾德斯密(Neil Goldschmidt)建立了这样的结盟。

那是都市帝国主义者(urban imperialist),而不是社会改造者,卡特·哈里逊相信他能对一般芝加哥的上班族给予最大的帮助。他热心地倡导将行政辖区扩及邻近的社区,而这些合并案透过兴建及营运路上电车路线、埋设污水管线、架设电线、兴建道路及人行道及警察局与消防队设置与新平房(bungalow)的开发,创造了新的工作。如果芝加哥持续扩张,而同时保障劳工组织的权利,卡特·哈里逊相信它将成为世上劳工阶级家庭最适当的安居场所。(Miller 1996, 444)

勾德斯密建立了波特兰住宅区生活品质与市中心再生的结盟(Lewis 1996)。这个结盟系针对住宅区的选民与企业的利益团体而形成。

如果土地权利与投票权利关系不同的话,行为及结果也会不同。在瑞典(Switzerland),公社(即地方的公司化市府(local corporate municipality))

的市民身份仅在继承时方有可能,或在少数情况下由购买的方式取得。例如在公社所拥有的共同土地上兴建滑雪道,一直是由继承的居民所拥有。仅原始居民的后代能获得投票权利,以决定这些共有土地的使用。这种安排如同美国早期共有土地的经营者。共有者为拥有共有土地的人们。在瑞典的择马特(Zermatt),自从十九世纪后,便没有人被允许买进共有持分。讽刺的是,最后一个人被允许购买这样权利的,却是择马特第一个开始进行观光开发的旅馆业者(Williams 1964)。相对地,在美国大多数滑雪道是在从联邦政府租来的土地上兴建,而休闲度假城镇在过去则为农场或矿城的私有土地开发。在大多数情况中,原始欧洲移民,及极少数早期的美洲原住民,很早便已失去或出售这些私有土地的所有权利,并离开了当地(Hopkins and Schaeffer 1983)。然而在择马特,原始家庭仍旧参与着观光的交易。

滑雪胜地的比较,说明了权利系统可以不同,并可以刻意地设计而不同,以达到权利分配的社会改变。在都市发展中,两个最困难的实施策略是,创造对现有村镇居民有利的观光事业发展,并且在荒废的内缘住宅区从事对现有居民有利的开发。士绅化(gentrification)借由改变居住的人来吸引投资。例如,在尼泊尔某些观光设施的发展需要尼泊尔人(Nepali)参与者,而旅游公司必须被多数尼泊尔人公民所拥有。不清楚的是,观光胜地的经验能否转移到都市发展,但如果具有高价值的土地一旦被开发了,便有可能将它转移到社区土地信托公司(land trust),如同共有土地被一群管理者(proprietors)所拥有一般。管理者可能是都市的现有居民,但新迁入者并不能仅因为居住的事实而变为管理者。社区土地信托公司让当地居民集体拥有主要区块的土地,作为保育或再开发用,成为这些议题的回应方式之一。伊利诺伊州东圣路易(East St. Louis, Illinois)河岸的发展,其中大多数人失业且没有土地,若用这个方法是否能成功地为当地居民谋福利?

这些土地权利与投票权利不同的个案,说明了我们可以考虑不同的权利系统,并用法规来改变这些权利。这些主要设施的法规与投资通常是计划所要面对的两种形态之行动。

规定的诱因

为什么人们愿意选择限制他们自己的决定,而不排斥所有的法规呢?决策者可能专注在某一特定决策并假设游戏规则不会改变,且其工作是在这些规则下尽力而为。换个角度来看,决策者可能考虑是否一组不同的规则会产生更好的结果:在新的规则下从事选择,其预期价值是否较在旧有的规则下从事选择为佳?当考虑法规时,你必须考虑该法规会适用于你及其他决策者。即使如果你自己不希望有法规,但你可能宁愿希望有此法规,因为该法规也适用于其他人的决策。

瑞克及奥德舒克(Riker and Ordeshook 1973)将一特定的"法规问题"(question of regulation)与"行动问题"(question of action)加以区别。一个人在考量法规时应考虑下列因素:

是否

　在法规下我所能选择的替选方案(substitute)其效用
　＋在法规下其他人所能选择的替选方案其所造成之我的效用
　－法规实施的成本

大于

　法规所排除的行动其被采用所带来的效用
　＋法规所排除其他人的行动其被采用所带来之我的效用
　－既有权利实施的成本?

例如,即使我自己被禁止使用,然而如果我们都不使用化粪池作为污水排放方式,是否对我有利?即使就个人而言我宁愿使用化粪池,但我可能愿意赞同这样的法规,并相信它会实施。如果每个人都兴建化粪池,比起我因法规必须支付卫生管道及污水处理费用而言,对我是不利的。因此我愿意自我限制,并同时限制我的邻居。值得注意的是,这个逻辑适用于权利的任何面向。法规的问题是,选择权利系统使得我希望能在其中操作,同时也知道其他人也将会在此权利系统中操作。同时对于我及其他人之行为的预期,端视我对社会规范的信念以及法规实施的可能效果。

瑞克及奥德舒克所表达的法规逻辑与法学上"平均互惠优势"(average reciprocity of advantage)的概念相同,该概念是由贺姆斯法官(Justice Holmes)在**宾州煤矿公司对马汉**案例所引用的名称(Pennsylvania Coal Company v. Mahon,260 U. S. 393,1922)。该概念是说,如果在一个地区,所有土地被限制使用,则所有土地便因而受益。虽然我被禁止从事对我有利的使用而使他人受损,但我及其他人将因无人获准作这样的使用而受益。"当一法庭认为有这种情况存在时,它可宣告没有侵占(taking),因为所带来的利益与所导致的负担相抵消"(Blaesser et al. 1989,14)。因此,逻辑上的解释有关为何个人愿意将法规强加诸在自己身上,在法案先例是有对等案例可循的,以判别法规何时是合法的,且不造成无补偿的侵占。然而这只是法规的法学理由之一。

土地开发者有一段很长的记录提倡并欢迎对开发商有利的法规。魏斯(Weiss 1987)完整地记录了这些例子。不动产产业形成不动产委员会,来游说州立法机构,要求制定土地细分及分区法规。开发商首先发现了契据限制(deed restrictions)的价值,而他们可以在一土地细分区内私下实施。契据限制为契据拥有者对特定的土地区块所采行的合约,并在移转时保留在契据中。因此拥有者的团体可限制其本身的兴建格局或实作(practices),以避免降低他们财产的价值。他们可要求最小住屋规模及特性。开发商可在出售土地前建立这种契据限制,且开发商可保留某些权利。附近的财产仍无此限制,而使得开发商要求分区管制。

虽然分区管制可限制开发商本身的实作,这些限制的损失可由其对其他开发业者的限制而得到的充分补偿。具较昂贵财产的开发业者从这样的限制所获得的利益,一般而言较一些便宜的业者为高,并使得维系不动产游说的集体行动遭遇到困难(Weiss 1987,107-140)。这种法规结盟的规模在游说的过程中是具价值的,但能与州长独自沟通的关键人物却使得集体行动的效果大打折扣。里奇盟(Richmond 1997)认为奥瑞冈(Oregon)都市成长边界(urban growth boundary)的立法是"倾向发展"(pro-development)的,因为它明确点出哪些地方可以发展,并强调增加密度,而不是减少密度。可信的法规降低了不确定性,并增加开发商的预期价值。开发过程便会快速发展,增加开发商的利润。开发商是支持奥瑞冈州成长管理的参与者之一。

这个解释有关何时及何种法规可能被制定,说明了法规不应被视为固定不变的。解释为何计划发生以及它们可能推出何种法规,必须视法规为规划所可采取之一种行动。

为法规及土地开发所作的计划

本节所描述的每一种法规系根据计划的逻辑而阐述,并作为法规实施的特定支撑。每一个案的问题是,为何我们必须事先思考出何种土地使用或设施应在何处及何时发生,并且这样的逻辑如何将法规与计划取得关联?此外,计划能作为实质正当程序(substantive due process)论点的基础,使得一特定法规根据美国宪法第十四修正案,能达到合法的公共目的(Blaesser et al. 1989)。虽然这样的主张也许过于笼统,但它们的根本基础应建立在法规的逻辑及计划的逻辑。

分区管制、土地细分法规及计划图(official maps)是三种传统形态的地方土地发展法规。较新的法规包括都市服务地区(urban service areas)、适当公共设施法规(adequate public facilities ordinances)、冲击费(impact fees)及可移转发展权(transferable development rights)。许多其他形态的法规也会影响土地开发。健康及环境法规影响化粪池及污水管线的使用。有关洪水平原、海岸、天然灾害如崩地及空气品质的环境法规,均影响土地使用区位或区位间的交通。开发冲击费可解释为动态外部性税。冲击费,可移转发展权以及其他类似"诱因"(incentives)措施,系根据法规来建立,并维系它们的市场背景。它们在此处与其他形态的土地法规一起作讨论。每一形态法规的逻辑,影响了所预期观察到的为该法规而制定计划的逻辑,以及我们应该制定计划的逻辑。这些形态的法规及它们所依赖的计划,在表 6-1 整理出来。

表 6-1 土地法规及隐含的计划需求

法规形态	法规逻辑	隐含的计划逻辑
分区管制	外部性(正面及负面)	因为投资的不可逆性,及不可预见性下无法决定的调整过程,而事先处理相关性的策略
	基础设施容量	因为不可逆性及不可分割性,兴建时容量扩充及设计之策略
	财务目标	为财务目标所制定之一贯及公平重复决策之政策
	资讯成本或错误	提供集体财或买卖双方不对称资讯之工具的政策
	供给管理	在不完全预见性下,当技术改变时,降低使用之空间替换其基础设施成本的策略
	宁适环境的保护	标的,永久的分派而产生实施策略,以获得权利
	开发时机	非都市使用的分区管制策略,直到土地适合开发为止
计划图	保障路权	路权策略,因为投资的不可逆性
土地细分法规	设计决策的外部效果	开发商达到设计决策的政策,而该决策具集体财的外部效果
都市服务地区(都市成长边界)	时机,资源土地的保护,"最适都市规模"——取决于随着时间,地区变化如何管理	有效基础设施提供及时间上互动成本之策略;一贯及公平资源土地保护政策;都市的标的设计

续表

法规形态	法规逻辑	隐含的计划逻辑
适当公共设施法规	时机	有效基础设施提供及时间上互动成本之策略
发展权(例如保育征收,可移转发展权)	土地使用的永久分派	如资源土地及都市发展间,使用形态的标的设计
冲击费	时机,财务管理及现有及新住民的成本分配	一贯及公平政策,及基础设置融资的策略

在美国实施的分区管制至少有七种方式来处理土地开发问题:外部性(或干扰(nuisance))、基础设施规模及时机订定(infrastructure sizing and timing)、财政管理(fiscal management)、具成本及错知的资讯(costly or misperceived information)、土地供给、宁适环境的保护(amenity protection)及开发时机。任何一分区管制行动会有意无意地具有这些不同的意义,但为分区管制制定一计划,需要认清这些分区管制作用的区别。

为外部性制定分区管制。如前所述,当一个人的行动影响另一个人行动的结果,便发生外部性。有关这个观点最完整的讨论是费雪尔(Fischel 1985)。你的企业选择在我家附近的区位设置,影响我选择在那儿居住的价值。你的企业可能是正面外部性,以改善我到服务设施的易近性(accessibility)。它也可能是负面外部性,而造成我的噪音、堵车及停车问题。它是一外部性,因为当你在决定企业地点时,没有考虑其对我的影响。

如果分区管制欲减低负面外部性,则它应该将产生外部性的使用加以分开。因此分区管制的指定,点明了被视为会对其他土地使用形态产生负面外部性的土地使用形态或密度。阶层分区管制项目(hierarchical zoning categories)允许"较高"(higher)的使用而不是"较低"(lower)的使用,例如允许在工业区供单一家庭的使用,反过来则不行。较新的分区管制法规排除特定的使用,因其认识到单一家庭住宅若靠近工业区会造成外部性,使得其易受噪音或空气污染的影响。这种外部性的相互性质在不可分离外部性(nonseparable externalities)是固然存在的。

不可分离外部性指的是，一行动者（其所欲产品）的生产水准影响另一行动者每单位投入（所欲产品）的生产水准。为考虑外部性在内，每一决策者不仅需要知道其自身产品每一单元对另一决策者的影响，同时也必须知道另一决策者将生产的产品水准。唯有此时，每一决策者方能知道他从自身单位投入所能达到之产品水准。不可分离外部性的解决，不能仅靠对外部性生产者之产品单元增加一额外成本，以涵盖其所造成的外部成本，例如所谓的披古税。因此，在决定每单位产品之外部性税时，必须先界定所期望的均衡结果。也就是说，利用定价而导致资讯的节省是失败的，因为我们仍必须事先知道结果（Baumol 1972; Baumol and Oates 1975）。这类型的相关性本身便足以要求我们选择一标的形态，不论我们是否欲以分区管制或定价法规达到那种形态。此两种形态的法规皆需要计划（按：即事先计算出所欲的均衡）。

即使根据这些假设使得披古税能产生作用，它们也有可能因动态调整问题而失败。考虑先前建设以调整后续建设区位的动态过程，由于不可分割性、不可逆性及不完全预见，将不会导致最适形态。因此如果我们接受说，都市发展的性质会引发这些动态课题，任何相关性可透过在采取行动前，先想出区位的形态而获益。分区管制的实施，作为外部性法规或动态调整解决方式，便依赖计划来建立土地使用形态及密度的关系，或任何影响使用互动的属性。

外部性分区管制能保护现有土地使用形态免于土地开发的改变，而使得现有财产拥有者的价值降低。在这个例子中，并不需要计划，因为所观察到的发展形态仅仅被记录下来，且被转换成分区管制的项目。此乃假设一完全静态的情况。如果外部性分区管制是因需求改变而要影响新的开发，不论是都市边缘的绿地开发，或因需求改变而造成的新使用或密度再开发，则该形态必须事先决定，因为相关性、不可分割性、不可逆性及不完全预见，使得该形态无法透过无成本调整达到均衡而被发现。此时计划就有必要。

外部性分区管制的计划是区块性的（lumpy）——不可分割性——因为它必须面对相当大面积的地区，以考虑造成外部性的空间相关性。这种计划必须有足够的预先时间来完成,以在结构兴建之前安排分区管制,进而避免可逆成本的发生。规划这些新发展地区的"区块"(chunks),描述了目前亚利桑那州凤凰城(Phoenix,Arizona)的策略,其住宅区规划之作业系对准即将进行重大改变的地区(Mee 1998)。此概念是选择一适当范畴的区域以考量相关性,并在不可逆的改变尚未发生前完成。

根据外部性所作之分区管制的计划,不论是正面或负面外部性关系,应使外部性关系所造成的复杂环境合理化。将所有零售与单一家庭住宅区划分出来并以复合家庭(multifamily)将其以"环域缓冲"(buffer)分隔开来,所根据的标准观点站不住脚。许多分区管制的操作能被解释为非法或违反伦理目标的合法作为。葛登伯格(Guttenberg 1993)强调了土地使用分类的多个面向,使得根据某一面向的法规订定会同时影响其他相关面向。许多大基地及前院分区管制的诱因可解释为冀望邻居至少与你一样富裕的利益,更不用说其与社会阶级及种族的相关性。新都市主义(New Urbanism)多强调保障从近距离的购物、工作及学校所带来的正面外部性,而不是不同密度住宅之区隔以及住、商、工业使用区隔的负面外部性。

基础设施容量的分区管制。基础设施,如污水管线、街道及学校,其兴建是提供特定服务容量。超过容量的需求,较好的情况会产生拥挤,但是在最坏的情况下,甚至会造成系统的瓦解。低于容量的需求浪费了固定投资,因为一旦兴建,它们便不能移动或降低规模。对特定使用或密度所实施的分区管制,限定了旅次的需求、污水管线容量的需求以及学校的需求。因此分区管制可设计来控制土地开发以与所兴建及计划的基础设施容量配合。这种分区的实施依赖基础设施所提供的计划,而此该计划又根据对土地开发的预期而拟定。

有关基础设施容量分区管制的计划,必须考虑基础设施提供及土地开发之间的相关性。我们不应预期只有一个计划,而是由基础设施提供者及分区辖区当局制定多个计划,以分别考虑基础设施与土地使用间的连结,及认识到分区辖区与基础设施容量的连结。本书所讨论许多概念上的出入,不建议对这样的范畴提出单一计划。如果所有新兴建的开发被要求与污水管线连接,则不论是已兴建的或正规划的污水管线容量,若透过其他法规要求该项连接,其本身便具有开发的法规效果。

财政目标的分区管制。不同土地使用对地方市政府产生不同的收益及不同的成本。例如,零售业在许多州产生营业税的收益,其中一部分分配到市政府。零售产生了交通而不是学童。低密度单一家庭住宅较高密度单一家庭住宅产生较少的单元面积学童数。复合家庭住宅能产生较多的每单位面积财产税收益及较少的学童数,尤其若每住户单元仅有两个以下的卧室。因此一市政府能运用整体混合的土地使用形态之分区管制以管理其收益及成本(Windsor 1979)。既然市府的财政活力是如此的重要,其甚或会破产,财政分区管制是有用且可能的。一针对财政分区的计划会处理土地使用的混合,以随着时间考虑其与收益及成本的关系。这种计划会考虑整个都市。

具成本及错知资讯的分区管制。不论是已开发或未开发土地之不动产买方,都希望拥有许多会影响投资净利益或价值因素的资讯。它是否在洪水平原或受崩地的威胁?是否有足够的污水管线容量?每一买方会被期待来回答这些问题,以作为购买的部分交易成本。然而这些形态的资讯,就某程度而言是集体财。如果某买方在一地区欲从事购买且其他人已知其具这样的资讯,一旦该买方以一价格购买一房子,那么其他人便能模仿这笔买卖,而不必本身去检视这些资讯。因此,每个人便没有足够的诱因花钱去收集资讯,因为一旦收集后便很容易免费与别人分享,且不会减少产生资讯人使用该资讯的价值。此外,卖方根据经验可能具有这样的资讯,但并没有诱因愿意释出这样的资讯,因为这样做会降低财产的价值。最后,在许多情况中,例如洪范,即使人们有这样的资讯,他们也无法适当地诠释它以制定他们所要的决策。

由于这四种原因——资讯成本、资讯的集体财特性、非对称资讯使得卖方不愿释出知识,以及认知错误(cognitive errors)——分区管制对不动产买方是有用的。在这个背景下,分区管制包括了洪水平原法规、山坡地法规,以及其他与外部性、基础设施容量或财政管理之分区管制面向无关的特性。支持这种分区管制的计划必须足以详细地区分具相关属性之地区，以在制定决策时有用处。

管理供给的分区管制。零售服务在过去五十年已经过多次的技术转型，从市中心百货公司及住宅服务到郊区购物中心、封闭式购物中心、大卖场零售及带状中心。在每个例子中，最新的零售技术能使得旧技术亏本，但在每个例子中，新技术也同时倾向设置于完全崭新的地点，而需要新的基础设施，并使得旧址及基础设施封闭且无生产力。在某些情况下，新旧的差别并不明显，使得社区能避免新技术必须设在新址，而可在基础设施提供上获得效率。

当我们知道旧超级市场将不具竞争力时，同时它的地点及基础设施将处于低度利用，若在街道另一端新开发及新服务的土地上设置新的且较大的超级市场，这样是合理的吗？社区也许试着去管理零售土地的供给，以防止类似不必要的区位重设置。这个策略的寻求至少有两个原因是困难的。首先，市府很少能限制新零售开发，而不冒着财政后果的风险，而新的零售商一直能辩称说旧设施是不恰当的。其次，市政府不能仅为了维持现有零售产业运作而防止新的商家进场，而限制零售分区的管制。反托拉斯立法（anti-trust legislation）防止市府以这种方式图利某些产业，虽然这个效果可以透过对企业活动相关面向的诱因及法规达成。当市府尝试管理供给以减缓不动产开发复苏的循环时，多少类似的状况仍会产生。针对这种分区管制所拟定的计划应考虑是否新的零售技术在现有的零售区位下可以设置，如前所述俄白那市中心所尝试的例子。

宁适环境保护的分区管制。分区管制也可以用来保护宁适环境。一般而言，这必须同时与其他目的之利益结合，例如，限制洪水平原的发展，以保护开发不受洪水或类似的山崩或火灾之侵袭。分区管制若仅根据限制土地作宁适环境的使用而为之，例如游憩，就现在的解释而言便造成了无偿之财产侵占。如果其意图是达到宁适环境土地永久分派的目的，那么市府应为该目的取得权利。也许不需要取得该笔土地的所有权利；就通道或景观加以征收便足够了。宁适环境的保护可为与其他分区管制逻辑的共同产物,例如由于昂贵资讯理由所引起的洪水平原保护。认识并使用这种共同产物之潜在可能,扩充了法规行动的能力。

开发时机的分区管制。除非其他法规或诱因影响了开发时机,否则划分为特定使用区的土地在任何时间皆可供开发。一般的操作乃是将足够的土地划分做不同的使用使得地价不会上涨,或不受对现有使用或特殊地主独占而保护的控诉。可用发展的土地决定于有意愿的出售者及开发的适宜性(suitability)。一般而言,为发展而划定的分区管制土地,其总量远较于十或二十年的开发可能性为高,因此该分区管制对时机的影响很小。这并不意味着分区管制与动态问题无关。例如,分区能透过限制基地的有效使用,以控制一基地的开发时机。因此划分为复合家庭或较高密度使用的土地被保护,而不被用来做不成熟的单一家庭发展。

支撑为土地使用时机之分区管制所作的计划在解释上是困难的,因为分区管制并不适合用来控制时机。在奥瑞冈州波特兰都会区,轻轨捷运站附近的土地开发管制法规在场站区位宣布后便立即实施。如果住宅及商业开发的时间延迟(time lag)是短暂的,那开发商不需要知道轻轨规划二十年后演变的资讯。如果他们只回应所承诺车站区位之宣布,他们将不会过早从事不可逆地土地开发作为不当使用,而他们也不会过迟兴建适当的开发。他们所需要的仅是"不分享"(unshared)的计划,也就是说,知道规划正在进行,而他们的最佳策略是开放将会被影响的土地其使用的选项。轻轨计划能分享走廊的区位,但不包括车站特定地点的土地使用。在这个情况下,每一车站的特定分区管制或发展形态,可等到车站区位成形了以后再决定。投机便仍有可能发生,但如果没有不可逆的投资发生,分享的计划将不会带来利益。

除了这些七种分区管制的面向外,还有六种形态的法规:计划图、土地细分法规、都市服务地区或成长边界、适当公共设施法规、发展权利分离及冲击费。每一种法规以特殊的方式依赖计划。

计划图。计划图描绘街道的路权,以保障发展中的路权。这是一明显的例子,尝试从路权中不可逆的兴建,来保护建立有效率且一致性路网的机会。略普司(Reps 1969，215)报告在制版绘制费城(Philadelphia)的计划图时,路权在土地出售之前便已决定,使得"最佳的路径能自由的选择,而不会被地主因不愿道路通过他们的土地而遭阻挠"。这种街道的计划如果说是不完美的,但却也无所不在。其概念是,界定街道够宽的最终容量路权,且具有足够的预先时间,以避免之后拆除或移动已兴建的结构。曼德卡(Mandelker 1989)下结论说,如果计划图能提供补偿给绘制在道路路权图中的改善(亦即结构),如果在收购之前其保留的期间相对地短,以及如果所有禁止使用之艰困个案均有弥补的措施的话,其在美国宪法下可能是允许的。计划应在开始界定路权时,有足够的预先时间及细节以维系这样的法规。

土地细分法规。土地细分法规影响宗地被划分的方式,以便要求街道有适当的路权,每一基地都有道路连接,防止长条死巷道路,以及其他类似的困处。分区管制控制基地大小及隐含的密度。计划图控制街道连接及保护主要道路的路权。土地细分法规则强调特定尺度时空的基地配置——五比一百英亩及一比五年——该比例与都市大地区计划的重点不同。为土地细分法规所制定的计划,其重点在于良好的基地配置标准,而不是与其他发展间的互动。土地细分法规也可成为其他相关规定的法律基础,如在马里兰州孟特高莫利郡(Montgomery County, Maryland)的适当公共设施法规(Adequate Public Facilities Ordinance),该法规需要其他形态的计划。

都市服务地区或成长边界。都市服务地区企图事先界定被卫生污水管线服务的地区,具有十分长的预先时间,非常大尺度的发展决策,并对空间范围及容量有清楚的诠释。肯塔基州来克辛顿市在1959年实施的都市服务地区是一早期的例子(Roeseler 1982)。该逻辑是,一污水管线计划被设计出来,处理厂容量及收集网路被选择并部分施工,辖区便因此有一基础以否决没有规划服务的发展地段。都市服务地区概念十分强调时机,而分区管制便不同。所规划的服务设施其逻辑隐喻着说,特定服务容量在特定时间及特定地点变成可用的。如果新需求到达的速率与时机计算的假设不同时，时机会改变。都市服务地区因此应被视为不仅是空间概念，而是应用在特定时间上，具不确定性，且具特定容量。污水管线规划几乎完全吻合都市服务地区的逻辑。都市服务地区的计划因此依循第四章所讨论容量扩充问题的逻辑而制定。

最近大部分讨论的重点围绕在奥瑞冈州的都市成长边界（Urban Growth Boundaries，UGB），以及华盛顿州极为类似的都市成长地区。由于创立及维系这些措施的政治结盟因素，它们带有较都市服务地区概念更多所宣示的"责任"（responsibilities）（Knaap 1990）。UGB可被解释为基础设施时机的地区（infrastructure-timing areas）（Ding et al. 1999），如同西雅图（Seattle）1978年所建立的污水管线服务地区。大多数学术界有关它们的影响及政治界有关它们的意图及效果的讨论，所依据的却是其他课题。其中一个观点是UGB是相较而言永久的边界，其将保护农业及资源用地免于都市发展的侵占。另一观点是它设定了限制想要增加都市发展的密度，并鼓励与新都市主义捷运及人行步道一致的形态。开发商会喜欢它，因为它增加了一地区营建及土地细分许可的确定性，而该地区在法律上被要求至少提供二十年的土地作发展用。因此开发商较当地地区所有反对发展的居民占优势，且被视为对开发有兴趣（Richmond 1997）。UGB在象征结盟的政治意志上达到了最大的效果，且得到州政府及都会区域政府的支持，以追求一些其他不同的目的，而UGB便是在这些目的下一种不完善妥协的产物。在为波特兰UGB扩充所制定的计划中，其重点在于解答发展问题的整体容量，而不是在基础设置兴建时机的细节上。因此支持UGB计划的要求取决于UGB的逻辑。一计划可以需要界定农业土地，建议发展密度，强调基础设施兴建时机，或以上皆然。

适当公共设施法规。发展时机明确地并在法律上加以考虑，在美国是相对新的，而大多数它的工具自从1960年代起便已发展出来（Kelly 1993）【注2】。早期的措施如纽约的兰马坡（Ramapo，New York）、加州的皮塔鲁马（Petaluma，California）及科罗拉多的布尔德（Boulder，Colorado）不得不考虑成长速率。通往乡村地区、学校、道路及污水管线的通道是主要课题。部分的政治奥援来自于限制这些社区规模及人口所组成的利益团体,但只有布尔德发行公债以取得土地来创造绿带,并实施这些工具以永远地限制都市规模。这些早期的措施因地方政府当局限制它们的规模,因而干预人们移动及开发土地的权利,而造成法律上的挑战。马里兰州的孟特高莫利郡也许具有这种最综合性的成长管理系统(Kelly 1993;Levinson 1997;Godschalk 2000)。孟特高莫利郡依赖长期的综合计划以界定一发展走廊,其为1970年代华盛顿2000楔子及走廊计划(Washington 2000 Wedges and Corridors Plan)的走廊之一。它使用一适当公共设施法规来进行土地细分,且开发案之许可批准系依据服务设施的可用性,包括学校、污水管线及交通。它将设施改善措施与每年成长政策连结起来,而后者针对"政策地区"(policy areas)中新的发展设定容量。

　　适当公共设施法规直接施行计划的策略面向。该法规要求郡计算发展地区的可用容量,并用这些结果作重大投资的决策,尽管这工作充其量是模糊的。容量可用在不同地方及以不同方式使用,其意味着分派容量到特殊的政策地区是模糊的(Levinson 1997)。支持这种成长管理措施的计划必须不仅仅是处理基础设施与发展同时性的简单问题。一所欲求的空间发展形态必须被界定,以提供足够的资讯去推敲,何种发展的量应在何处及何时发生。[注3]

　　发展权的分离。保育征收及"可移转之发展权"将开发成都市使用的权利与土地的其他权利分离。支援这种形态法规的计划,强调土地使用的永久形态,而不是开发的时机。保育征收是将发展权透过购买或捐赠,永久地移转到私人信托公司或公共部门。这个方法被常应用来保护生物上具价值之土地,并保护农业土地,尤其由自然保育或其他类似团体来主导(Howe et al. 1997)。

　　可移转发展权的操作系先创造一目的区(destination area),以便权利从来源区(source area)转入(Costonis 1974;Pruetz 1997)。例如,为降低一历史特区的开发密度,如果允许该区地主将原可开发的权利出售给目的区的地主,该区严格的法规便可在法律上被维系下来。目的区必须有足以限制密度的分区管制及超越分区管制标准之充裕的市场需求,以为这些额外密度的权利创造一市场。透过从来源区地主购买发展权,目的区地主能以超过所允许的密度从事开发。这个例子的计划逻辑是设计,即一经过深思熟虑的形态,包括密度及土地使用适当的形态。例如,马里兰州的孟特高莫利郡使用可移转发展权来保护原欲永久保留作为农业使用的土地。这个设计计划是华盛顿 2000 计划的"楔子及走廊"形态。

冲击费。开发商欲开发时所必须付的冲击费可被解释为法规。征收这样的费用牵涉到一法规,其将地主的发展权移转到市府或服务设施提供者,并即出售这些权利给开发者。这些费用的法律合法性在于其能显示所征收的费用及区位是与使用这些经费所提供服务的成本密切相关的(参见如 Nelson 1988;Alterman 1988)。谁支付这些冲击费成本的问题,以及它们如何影响空间形态及都市成长的时机,是复杂且无法完全回答的。支援冲击费作为法规的计划其特性也不清楚。与冲击费最为有关的是谁付费,而因此影响了住宅成本而非区位。设定费用的多少需要一充分考虑的基础设施计划作为理由,以辩称说费用的多少与被征费的开发案其所使用的基础设施服务,是密切相关的。

结论:权利系统与为法规制定的计划

权利系统设定了制定决策的权限,并定义了在这些决策中选择的范畴。土地权利最好被解释为与土地相关的一组权利,而不是简单的集合名词如"拥有"(ownership)。权利系统能加以修改以达到将土地分派到不同使用的目标,或达到回报或不确定性分配的公平性(按:法规虽降低某些人却增加其他人的不确定性,使得不确定性负担分配因而改变。)这种修改是法规。土地法规应根据分派效率及时间上的公平性而加以评估。

我们所可能观察到的法规集合可部分被解释为在互相锁定的管辖区中采用这些法规的结盟(按:因为结盟通过选票的集结而立法)。我们应期待人们偏爱法规,因为法规限制他人所带给人们利益大于其自我受限的损失。

我们应预期观察到人们选择规范他们自己,且我们应预期能建立结盟以达到特殊形态的法规。

大多数的土地使用法规至少是部分依赖计划的。法规的建立应根据以适合该法规逻辑的计划为基础。适当公共设施法规应根据策略性的计划。都市与非都市间土地的永久分派应根据设计性的计划。愿景性计划可建立背景,以使得设计与策略变得有可能。议程及政策可隐藏在这些计划的实施中。

译注

传统的中华文化对权利,尤其是个人权利的诠释十分缺乏,因为中国长久以来处于君权的封建社会,且个人权利主要是西方的概念。然而权利的分派在都市发展过程中扮演重要的角色。台湾地区的都市发展,由于引进美国的一些制度,已开始对与权利有关的土地及计划制定制度逐渐重视。权利、法规与计划之间的关系极为密切。简言之,法规界定了权利,而权利影响了行动。计划可针对法规来制定,而法规也可规范计划制定的方式。然而权利的界定看似简单,其过程却不单纯。今以财产权为例,若从交易成本的角度观之,权利的界定与实施需要成本。更确切地说,财产权在交易过程中是无法完全界定清楚的。如果财产权在交易过程中能完全界定清楚,则市场失灵的现象,如资源分配不均、集体财的提供及外部性等均不会发生。都市发展过程中,财产权的分派及重分派借由制度的演变,随时间不断展开。而都市空间财产权结构超出我们想象的复杂。仅就一栋建筑物而言,其财产权便可由许多主体拥有,如火险公司、地主、清洁公司、租用者及建商等。如何分派都市空间的财产权以促进都市的发展,是一个值得探讨的问题。

首先,都市空间财产权结构是否有自组性(self-organization)?也就是说,如果我们能建立一空间"机会川流"模式,将决策者、议题、解决方式、决策情况及区位,在既定的空间结构及制度结构下运作。我们会发现制度结构在影响都市发展结果上,不逊于空间结构。如果我们在该模式中考虑交易成本,将制度结构及空间结构视为内生变数,而与系统共演化,也许我们会发现空间结构及制度结构会自组性地演化出某种形态。这种形态不见得是我们所期待的,例如权利分派也许不均,而使得某些人拥有较多的权利。此时计划的制定,透过空间设计作为一种手段,以达到权利的重分派便可是一种方法。例如美国"新都市主义者"(New Urbanist)推动"便于步行的社区"(walkable communities)以增进社会资本(social capital)。到底便于步行的社区是否确能增进社会资本,如居民间公平性及互信,是值得怀疑的。台湾或大陆的都市发展较美国的都市发展形态更接近便于步行社区的概念,但是台湾或大陆社区的社会资本就较美国社区的社会资本为高吗?另外,都市交通及土地使用等的空间议题,传统上都认为从空间设计的角度可以解决。但是,空间议题若是由制度面入手,其效果可能更佳。空间设计与制度结构两者应是相辅相成的,若处理不好,两者相互钳制。例如,台北市西门圆环的重建,因重重法规的限制,使得其重建后的设计无法发挥其应有的功能。译者以为权利重分派是都市发展的主要目标之一,而为达到这个目标,可由制度结构以及空间设计作为手段,两者不互相矛盾。传统规划过于重视空间设计,而忽略了制度面的功能。台湾的规划界已开始探索这样的议题,但是大陆方面则仍强调实质的规划建设。制度结构的设计有赖于对权利的定义、运作及伦理的认识。这些也正是建立在传统中华文化上,台湾及大陆都市发展计划制定上所最欠缺的考虑。如何拿捏都市发展计划制定中空间设计与制度结构的平衡,应是两岸规划界未来探索的重点之一。

第7章

制定计划的能力

所有代表(representation)的形态是事实的一种抽象,其将某些面向凸显出来,并将其他面向隐藏起来或完全删除。就某一极端而言,代表的叙述性意义被强调了;另一极端则为政治意义。但因其从事选择并凸显某些面向,也因其对世界作了陈述,描述就某程度而言具有政治效果,因为人们注意到它并受到它的影响。同时就另一极端而言,我们所谓"代表性"制度的建立以具有意图的不同方式,且根据不同而不完全兼容的理论,来描述它们所代表的社会。

——莉莎·毕蒂(Lisa Peattie,1987)
  规划:西屋达德瓜亚纳的再思考(*Planning:Rethinking Ciudad Guayana*)

人们在制定计划时有哪些能力？专业规划师在与或为雇主制定计划时有何种能力？我能想出如何就我的利益从事行动吗？专业规划师能帮助我考虑我的利益制定计划吗？专业如何组织起来使得个别规划师具诱因，并为我的利益进行规划？团体及组织如何针对计划制定能力作出贡献？本章探讨知识及价值、个人及团体使用知识及价值的能力、规划专业者将知识与价值运用在制定计划专长的潜在性，以及规划者如何在组织中工作。

本然及工具性价值（Intrinsic and Instrumental Values）

本然价值指的是事物本身与生俱有的一个价值。工具价值是目的的价值，其系作为一种工具以达其他目标的一种价值。此差异为两种基本主张的基础。本然价值的事物具不被他人利益所利用而成为工具的权利，且它们具有成为工具价值判断来源的权利。最简单的论述是，人类作为个体具有其本然价值，但社会对人或事物分派工具价值的判断却是更为微妙的。奴隶的本然价值被剥夺了，并被用来作为成全其他人利益的工具。孩童被赋予较少的自主性，且在许多社会中女性具有较男性为少的作为本然人类自主性，因此具较少的能力（根据西恩的概念，Sen 1992），以采用对她们有利的工具性行动。此外，有些人认为动物、植物或土地应被赋予本然性价值。其他人则认为演化所形成的自然界状态其整体具本然性价值。实际的决策通常使得本然性及工具性价值的区分更不清楚，并非如一般简单的分类学所述。但这个区分却能够帮助我们解释主要的异议，否则这些不同的意见便无法解释。

具本然性价值的事物不见得能表达它们的价值或偏好。父母为子女发言，而人类替动物发声。这些情况包括了某一主体代表另一主体。这个代表要求一主体能为另一主体发言，而不必与该主体对话，或至少不必依靠该主体的陈述而从事决定或赋予意义。如果树有权在法院控告（Stone

第 7 章　制定计划的能力

1973),那么谁会为树发言？在此情况中,一株树便需要监护人,而该监护人具有诱因为树的利益而采取行动。

代表其他人的兴趣是专业者角色的基本问题。一专业规划师应能帮助雇主追求利益,且较雇主本身去做为佳。如果雇主还没有出生,这个代表的问题会变得非常困难。计划至少隐然地能预测尚未能替自己发言之人的偏好。

被赋予本然性价值的主体,其价值并不如乍看般地单纯。人们仍被集体决策用来作为战争的工具。本然性价值就某些面向来说,类似工具性价值的无限机会成本(infinite opportunity cost),但有些例子显示人类生命被用来与其他目标之间作取舍,例如进行战争或在高速公路上高速行驶。这些取舍的判断当所考虑到的是可辨认的个人时,较使得难以辨认的部分人群冒着风险时为困难。主体(entities)甚少具有纯粹的本然性价值,其表示在任何情况下,无法与其他主体进行取舍,以达更高目标或价值标准。许多主体具某些本然性价值。例如,在许多社会中,若没有充分理由而去伤害动物或树,是不道德的。

如果一个人以工具性价值考虑一决策情况,而另一人以本然性价值面对该决策情况,冲突便难以解决。如果因为鱼种,而非个别鱼只,具本然性价值而使得兴建水库是不恰当的,那就没有获益的取舍量(trade-off)能足够使满足。然而大多数本然性价值的主张,具有一些工具性构件或潜在的工具性基础。

在问到"塑胶树有何不妥？"时,克利格(Krieger 1973)解析了价值如何加以思考。如果尼加拉瓜瀑布(Niagara Falls)被赋予价值,其乃因为它是一"自然现象"(natural phenomenon),是否它应保持这样的自然而继续演化？如果它继续演化,创造它的地质作用会使得它最后变成逐步平缓的瀑布,而形成巨大的水流而不是垂直的落差。但是否正是这样的垂直落差是如此被高度地赋予价值？是否干净的垂直落水其意象是如尼加拉瓜瀑布般如此的深刻,使得它应被保存,即使其意味着违反自然地质的演化？是否现有自然系统均衡的结果是本然地具有价值,只是因为它是自然的结果？我们是否应兴建塑胶的尼加拉瓜瀑布，以获得我们所需要的瀑布？如果你不能分别塑胶瀑布及真的瀑布（即如同原来的），塑胶瀑布是否为可接受的替代品？如果塑胶树看起来像真的树，且提供了真树与其他主体功能的关系，塑胶有什么问题？如果你认为塑胶树是不可能被制造的，那你就承认了你对树的价值是产生工具性的论点。亦即，替代品是可接受的，你只是无法相信这样的替代品是可以被制造的。如果替代品不能被接受正因为它们是替代品，那你就在为自然树的本然性价值而论辩。

主张自然的心灵价值，例如由约翰·莫尔（John Muir）所代表的，并不是对本然性价值的宣称。如同莫尔自己的话所伪称的，它代表的是更广大的效用主义。

> 如今看到在田野中漫游的趋势是令人高兴的。成千疲累、紧张、过度文明的人们开始发现到山上有宾至如归的感觉；田野是必需品；深山公园及保护区的用处不仅仅是木材及灌溉河川的来源。人们从过度工业化及死寂冷漠的奢侈恶性所造成之茫然效果中苏醒，尽量试着与大自然融为一体，并将锈尘及疾病除去。（Muir 1901, 1-3, 如在 Nash 1976）

荒野对心灵利益特殊的重要性，其部分是被参与者发觉的，而部分是被创造出来的。它与基佛·宾卓特（Gifford Pinchot）所提倡保育的多用途效用主义之冲突，在于它需要原始的荒野，且仅能借由认同来创造而无法实质地去复制（Krieger 1973）。我们必须知道学习什么是荒野并认同它；如此我们才能将它与其他地方区别出来，因而创造了荒野。然而我们不能实际地创造荒野，因为这样会与它存在于人类之前并超越人类存在的宣称，造成根本性的矛盾，也因此去除了它心灵的价值。这个心灵价值是工具性的，因为它是我们的价值，但它之所以被我们重视，是在于我们能够接受重视荒野本身存在价值的模糊说法，亦即**我们赋予了荒野存在的价值**。

雷博德（Leopold 1949）的土地伦理认为，土地本身至少具有某些本然性的价值。本然性价值隐喻土地不应无理由而被危害。湿地（wetland）作为自然演化的状态应被赋予本然性的价值。如前面所讨论的,这种主张将论点改变而转向本然性而非工具性价值的讨论。下列另外有关湿地价值的论述,可作为它们工具性价值更宽广的解释内容:
- 作为其他本然性价值主体栖息处的工具性价值,如鸟类
- 作为"真正"(real)自然环境的工具性价值
- 作为人类观赏鸟类或哺乳类动物的工具性价值
- 作为维系生态系统功能或水文功能的工具性价值
- 作为借口的工具性价值,如防止可能引进低收入人们、其他种族族群、高密度住宅或其他因号称环境风险所感受到的成本
- 作为风险回避(risk-averse)策略的工具性价值,以避免可能因干扰演化状态所造成的未知后果
- 作为被保育资源的工具性价值,以免将来新的价值发生时,无法再生产

目前有关湿地的观点因与以前的描述做比较而被重视了。1959年加州柏克莱市(Berkeley, California)所发展的计划指出要寻找旧金山湾区(San Franisco Bay)"浸水土地"(submerged lands)的再利用(Kent 1964)。透过新而更广泛分享的知识,我们已经改变了湿地的工具性价值概念。即使处在"自然"(natural)状态,所谓湿地不利生产的前提已无法被接受了。面对这种新认识的生产价值,湿地的价格因而上扬;同时由于湿地的供给减少,其价值的增加足以使得我们愿意刻意地制造人工湿地。这些都是工具性论调,但它们注意到了相互主观过程(intersubjective processes)在创造所感受到价值之重要性。

具本然性价值的事物无法以工具性的方式加以取舍,因为每一事物是唯一赋予的价值而没有替代品。唯有具本然性价值的事物能做出工具性的决策,也因此成为有关价值的信息来源;它们应被视为决策者。本然性与工具性的区别,其重要性有两个方面。首先,它是适当行动争论困扰的来源。若一个人在一个争论中认为某一事物是具本然性价值,而另一人认为是具工具性价值,这样的争论将不会有结果,除非该区分被承认并直接

地进行讨论。一种较有用的解决方式是承认我们无法完全理解该价值形态的组合。其次,此区分决定了谁有权利参与决策的制定。谁比较重要是一个社会的伦理问题,它是一个哪些个人在该社会可反对,以及哪些人可随着时间而改变的问题。

主观、客观、及相互主观(Intersubjective)知识及价值

如果一价值或陈述为一本然地被赋予价值之主体的特性,该价值或陈述是主观的。一个人对颜色之间的偏好可以问该主体(subject)而得知(按:subject, being, entity 在此处皆译为主体)。无论是谁观察到一客体,一价值或陈述是客观的如果它是该客体(object)的特性。一般而言,人们将同意所观察到一客体的颜色。如果一价值或陈述取决于所发生的主体群组,则它是相互主观的。知识是相互主观的,因为我们在任一时间的了解,取决于与其他人的互动。你我对我们的身体或太阳系所知许多事物的功能认为是真实的,是因为我们所认定合法的人使用我们认为可信的论证方法,告诉我们它们是真实的。

回顾第一章有关解释的讨论,客观——即可重复的——观察,若其被连接到对事物如何运作的既有解释是有用的,因为它们能帮助我们巧妙地应付这个世界。透过相互主观以及观察的过程,新的解释因而产生了,以对真实世界问题之解决造成更多的用处。然而,对人类行为的描述或解释却影响了我们,而对物理系统的解释并不会影响那些系统,但却因对我们的行为的影响而造成之。

行星运动的错误观点,虽然持续了几个世纪,但对行星的运动却没有影响。它们仍持续以椭圆的方式运行,不受人们对圆形运动偏好的影响;且即使当人们发现它们的错误时,也无法将自然的运作导入他们美学的嗜好。另一方面而言,过于狭隘的人性观点,即使稍具优越感,便能显著地改变其对人类及社会的期待及所产生的行为,也因此创造了它自身的假效度(bogus validation)。(Vickers 1965,17)

被相互主观性所接受有关南极上空臭氧洞（ozone hole）的解释，认为它是可被由人类选择所影响的物理过程所造成。不论该解释是否正确，这个解释可影响人类的行为。透过对人类行为的这种影响，该解释也会影响物理实质世界的情况（按：Physical 在此翻作物理，亦可作实质）。因此，解释的选择是重要的。

都市发展包括物理现象，但个人及团体的行为却更难处理。当我们建立信念、态度及可接受的事实时，我们依赖对谁信任的判断，至少如同直接依赖我们的知识及理解一般。我们依赖具专业知识的专家，来了解世界如何运作，以及探讨世界是如何运作的。我们应能依赖规划者所具有的专业，告诉我们都市发展如何展开，以及制定及使用计划来增加解决都市发展问题的能力。因此，相互主观的解释是有用的，因为社会关系、个人差异、认知限制（cognitive limitations）、团体过程及专业知识，借由所采取之行动的选择创造了所表达的价值以及服务的利益。这个解释也强调了计划与集体选择间关系的重要性，该主题将在第八章讨论【注1】。

主观价值有时本就是必要的。如果一工作（task）需要个人价值的信息，则主观价值是适当的。当工作是评量价值时，混淆便容易产生，因为受测者（人）变成了被探讨的客体。不论由谁来观察或撷取它们，我们因而期待一个人（受测者）的价值应是一致的。也就是说，这些价值的评量应独立于观察者之外，也因此评量应是客观的。客观性的典型衡量方式是重复性（replicability）。重复及独立的观察应产生一致的结果。我对候选人投票的偏好是主观的，因为它是我对该候选人评量的特性，并与其他人的评量不同。一民意测验的人却能宣称可以客观地撷取我的偏好；其他民意测验的人也会撷取到同样的偏好，因而满足重复性的标准。

价值可被认为至少以三种方式产生：作为个人的属性，作为群体的属性或作为个人间互动的属性。价值应从某种集体社会价值的概念而获取，或从个人所表达的价值开始？本然性主体应否以个体来考虑？或者说，个体组成的群体能否以群体之本然方式赋予价值？换个角度来看，个人价值是如此依赖其间的互动，使得价值是相互主观的，并存在于一群体间个体的互动中？是否有社区利益存在，或只是个体利益的社区？

"公共利益"(public interest)的概念是这种情况的回应(参见如 Klosterman 1980)，而且是规划讨论及伦理陈述的重点，因为规划专业宣称是服务公共利益的(American Institute of Certified Planners 1991)。然而，公共利益的意义却充其量也是难懂的。它代表着许多意思。它可以是专家对于群体"客观利益"(objective interests)的衡量，指的是专家较一般民众更能衡量这些利益。它可以是不具活跃性且不具代表性人们的利益，因为他们的利益如第五章所讨论为集体财。从这个角度来看，公共利益是与有组织的特殊利益相对的。它可指为针对无法支付的团体而工作(**pro bono**)，因为这些人在收入及财富分配下没有能力完全参与，如同律师免费为客户的"公共利益"工作一般。解释这些不同的情况，较依赖单一的公共利益概念更有用。

人们可能不知道或决定哪些行动以符合他们最佳的利益。与其他人的关系可形塑出不恰当的价值。如果个人能独立评量一种情况，而不受权力关系及其他价值形塑(如广告)的影响，他们会表现不同的价值或以行动来表达不同的偏好。亚忍及费须本(Ajzen and Fishbein (1980))认为主观规范(subjective norms)(有关其他人认为我应如何行事的观点)是意图及行为的重要预测指标。主观规范可以有意或无意地，透过神话(myth)、意识形态(ideology)或选择性信息，而被形塑。加文塔(Gaventa)(1980)认为路克斯(Lukes)(1974)所界定三种形态的权力关系，累积起来形塑了弱势个人及团体所表现的利益。第一种权力形态是具有绝对优势的资源在协商或其他解决冲突的工具中使用。第二种形态为参与的阻挠，例如防止决策的制定以杜绝参与。"偏见的动员"(mobilization of bias)(Bachrach and Baratz 1962)可设定正式制度程序以对某些团体有利。第三种权力形态系以神话或意识形态解释现有的秩序，尤其是，为何弱势者必须接受他们的位阶是合理的。根据这些及其他人类能力限制来达到意图或利益的方式，福洛斯特(Forester)(1989)认为规划者应将价值带进与雇主的互动中，而不是仅仅接受它们。规划者必须以批判的观点，对于与雇主互动过程中的所见所闻加以检视。

个人认知能力与过程

人类制定计划的能力受到表达价值与操作复杂概念能力的限制。我能实现自己的价值吗？我能根据与我意图一致的逻辑来从事选择吗？实验结果显示，一旦了解了选择的意涵，人们以为他们会以所同意的方式从事选择其实是错误的。这些困难使得撷取个人价值的工作更为复杂，因为人们不能一直表达他们所欲表达的价值。从这个观点来看，如果知道如何进行，规划专家应帮助人们制定所欲求的决策。记忆限制使得人们从事解决复杂问题时，若没有工具及技术的辅助，变得更为困难。

司脱洛兹(Strotz)(1956)指出当从不同的时间观看两次同一事件的发生时，人们可能会有不同的相对偏好。你可能决定明天起节食或明年从军。但当明天来临时，你可能改变了你的偏好。哪一个才是你真正的偏好？承诺前的策略，如节食或运动前的全额付款，从军六个月前的登记，以及从薪水中扣除的存款，被推展出来以应付这些不一致性。具序列决策的一致性计划，因偏好无法预测而产生了问题。

心理学区别了两种记忆，工作(working)及长期(long-term)记忆。虽然较新的研究发现更复杂的情况，但此简单的区别已足以达到我们的目的(如 Wickens 1992)。工作记忆是你所有的活动记忆(active memory)供立即使用，而不需要时间去"记"(memorize)它。工作记忆的能力是七加减二个记忆嵌块(chunks)。记忆嵌块是你能整个回忆而不需要考虑它们的构件。一单一数字、一个单字以及一连串具结构的数字(如二的次方)都是记忆嵌块。工作记忆的限制在记七位数字的电话号码及牌照号码是我们所熟悉的例子。

工作记忆容许非常快速的输入，非常快速的取得，但却具非常有限的能力。它受限的能力解释了为何长除(long division)"在你脑中"(in your head)进行是困难的——因为在工作记忆中你没有足够的记忆保持所有的余数以及部分解。当勉强为之,多数人使用连续估计(successive approximations)的方法,因为这样的迭代(iterations)方式所需要记下的数字较少。工作记忆也解释建立元素的阶层(hierarchies)以操作概念的原因。阶层从少数熟悉的记忆嵌块形态之组合而建立新的事物。人们从建筑的安置、街道及其间的关系想象新传统都市平面(neotraditional urban layout)的展开,而不是图面的一组线条的集合。透过复杂记忆嵌块的使用,其由于之前经常使用而能立即辨认出,活动记忆能处理极为复杂的问题。人类能学习以记忆嵌块辨认出复杂空间形态,因而解释了为什么示意图及结构性文字是有效的表现方式。

长期记忆具有很大的容量及复杂的连结结构,但却需要长时间来记忆。它也受到相对高的回忆错误率之限制。此意味着我们较能利用我们已知的事物,而一般而言我们所知的是根据不断重复的经验而加以记载,以及我们所知道的联结(associations)可能是错误的。工作记忆中有效率辨认及主动操作供使用的嵌块来自于长期记忆。我们从长期记忆得知房子、公寓、街道、不同形态的人们、如何从一地点到另一地点,以及(我们所认为的)世界如何运作。联结结构(associative structure)将这些元素串联起来成为地方的名称、何人告诉我们有关这个地方的种种、何人居住在这个地方,以及这个地方的视觉感受。然而,我们却不能正确地回忆这些事情,并认为告诉我们这些事的人住在那边,或认为该地方的意象是我们过去得知该地方之所在地。这些错误能够创造无预期的新的关系,并形成了新概念。

米翰(Meehan 1989)感叹到规划教育不能保证求职者在他的求职测验中回答下列的问题:"一英亩有多少平方英尺?典型美国的公有土地测量单位(U. S. Public Land Survey Section)有多少平方英里?与卫生或暴雨管线相反的为何物?"(54)一种反应是这些问题不是规划教育的内涵。另一方面,潜在的雇员若不能从长期记忆中回答这些问题,则表示他没有从事过如米翰公司的土地规划作业。其实这些问题不仅仅是知识的衡量,也是经验的指标。

记忆限制及其他因素表示个人具有一受限的注意力预算（budget of attention），使其在特定时间内仅能从事某些工作，以及一受限的能力，以维系长时间专注的注意力（见 Keele 1973；Wickens 1992）。注意力预算解释了为何塑造注意力是影响人们做什么事的有力方式。例如，福洛斯特（Forester 1989）以注意力建构他对规划过程的解释为："一规划实务的批判解释——为注意力之选择性沟通组织化与散漫化……"（11）

人们具有许多认知偏差（cognitive biases）而造成他们的选择在事后回想起来是不能认同的。卡能曼、斯洛菲克及特佛思基（Kahneman, Slovic, and Tversky 1982）是探讨人类决策偏差上最知名的心理学家团队。可观察到的现象、几率及偏好关系的判断，都受到这种偏差的影响。有六种偏差说明了人类制定计划能力及雇主与专家意见间关系的隐喻：聚焦在所表现的事物、形构（framing）、锚定与调整（anchoring and adjustment）、忽略负面证据（尤其是基础比例（base rates））而错误地解释资料来支持假说，以及可用性（availability）。

已知一问题的特殊表现或陈述，人们倾向于专注在表现而不是在问题上。针对有趣问题的任一表现，可能会限制问题的某些回应。这个偏差的一个简单例证是"九个点的问题"（nine dot problem）。已知九个点在方格内排列，并用四条直线将这九个点连起来的方法，唯有当认识到线可超越方格的范围，而对角线不必将方格作对称性的分割时方可找到。毕蒂（Peattie 1987）指出当首都或其他国家的规划顾问公司访问委内瑞拉（Venezuela）的西屋达德瓜亚纳（Ciudad Guayana）新城镇时，他们通常将时间花费在所在地的山顶上。从那儿的观点与地图表现相似，他们可以以不同于居民的看法来思考概念。这个表现与毕蒂的观点显然不同，因为后者是以居民的社会互动为基础。

即使具有单一个形态的表现方式，同样的问题可以由不同的方式形构，而导致不同的解答。今考虑下面的问题：[注2]

问题一：除非你选择一永久有害废弃物处理的场址，否则 900 位居民靠近暂时储存地将罹患癌症。你有两个选择。如果你选择第一地点，300位居民将不会罹患癌症。如果你选择第二个地点，有三分之一的机会这900个人会被获救，而有三分之二的机会没有人会获救。你会选择哪一个地点？

问题二：除非你选择一永久有害废弃物处理的场址，否则900位居民靠近暂时储存地将罹患癌症。如果你选择第一地点，600人将罹患癌症。如果你选择第二个地点，有三分之一的机会没有任何人会罹患癌症，而有三分之二的机会所有900人会得到癌症。你会选择哪一个地点？

仔细的分析会发现，这两个问题是相同的。在每一个例子中，第一个地点导致300人获救而600人得癌症。此外，在每个例子中，第二个地点导致三分之一的几率900人从得癌症的可能性中获救，而有三分之二的几率没有人获救。从实验来推演，就第一个例子而言，大多数人选择第一个地点，也许因为它强调拯救300人的确定性。但是就第二个问题而言，大多数人选择第二个地点，也许因为它强调600人死亡的确定性。虽然用字不同，而形构也不同，但这两个问题是相同的。如果在这种情况下答案是不同的，则为此种未决情况解套的专家便有所帮助。一种可能的技术是一直同时以此两种方式问问题，然后要求决策者来反思以摆脱不一致性。

锚定与调整偏差导致人们对他们初始的判断，因新的证据而做出不足够的调整。一个简单的例子是将纸张分给一群人，每一张有一至二个数字。然后要求人们估计无法得知的某个数字，例如某个都市的人口数或高速公路计划所迁移的人口数。获得较高数字纸张的人们，他们的平均估计较获得较低数字纸张的人们平均估计为高。即使告诉这些人所发给的数字纸张与估计问题无关，这个差异仍然存在着。锚定与调整偏差描述了经实验证明的现象，即使被告知无关的参考点，人们会锚定，而无法针对新的信息做充分的调整。这个偏差引来专家提供技术，以增加新证据的权重，使得估计能适当地加以调整。如果规划者提供了有关何种产业在地方经济能够产生最多的税收及工作，当地决策者可能因而被事先的信念所锚定，而不能充分地调整他们的观点以与实际资料吻合。

人们倾向忽视负面的证据，尤其是过去例子的平均数，如完成博士学位的平均花费时间，完成市中心开发计划的平均时间，或制定综合计划所花的时间。即使卡能曼（Kahneman）撰写了许多相关的文献，也指出他估计编辑一本书的时间远低于平均时间。事后回想，平均时间应是好的预测（McKean 1985）。人们倾向当下专注观看一个个案，而忽视其历史或背景几率。这个偏差的另一种形式是所谓的隔离错误（isolation error）。后果的预测或成功几率的估计通常与后果的历史记录及类似情况的几率无关。这个作用能造成过度乐观或过度悲观的行为。无法使用所有的贷款资金以免过度承诺，可能忽略了一历史记录，即并非所有受补助者会展开计划并接受资金补助。相信公私合作的投资会成功，却忽略了许多类似计划会失败及所估计的计划利益通常会高估的经验。人们倾向错误解读新资料以符合现有的假说。人类有强烈的倾向用资料诠释已知的解答，而不是反过来做。如果数字说明我们的经济发展计划将不会产生新的工作，我们会找寻方法重新诠释资料，以适合我们的特例并证实我们"所知"（know）是真的。

可用性偏差发生在回忆特殊例子的立即性（immediacy）。例如，我们倾向认为不会立即再有一次洪水，因为刚刚发生过一次，而且洪水是百年才发生一次。相对地，如果我们最近经验到一灾难或成功，我们也倾向于担心淹水、火灾，或失败的计划或相信计划的成功。这个偏差影响我们对事件发生几率的判断。与其他许多例子应影响我们的判断相对照而言，我们给立即发生的单一经验过多的权重。

人们不能根据多属性（multiple attributes）从事可靠（可重复）的选择。当受测者使用不同的技术来辅助多属性决策的制定时，他们得到不同的判断（Lai and Hopkins 1995）。取舍量的意义意味着这些技术通常不透明，而使用者也不了解（Lai and Hopkins 1989）。人们不能依赖可用的技术来表达他们所欲表达的价值，也不能制定他们所欲制定的决策。

已知这些认知的限制，如果规划者能提供技术及工具减少这些偏差，他们能证实使用其决策制定及价值专业的必要性。这些技术必须在含有相互主观知识及价值之认知偏差及社会扭曲组合的复杂情况中产生作用。群体能力提供一种方法,但也增加了其他的困难度。

团体认知能力及过程

两只手胜过一只手。太多的厨师会打翻汤水。这些熟悉的说法形构了合作(collaboration)的问题。在什么情况下团体过程是有利的?是什么使得团体过程有效(effective)?将制定计划的过程组织起来,并采取以计划为基础的行动其意涵为何?有关团体过程的研究探讨了这些问题(Steiner 1972;McGrath 1984;Davis 1992)。

麦克格拉斯(McGrath 1984,61)将团体工作区分为四种形态,每一种形态又分为两种次形态。产生工作(generation tasks)包括产生概念(创造性)及产生计划。次形态区分为产生概念或意象(与计划的愿景面向有关)及产生行动以达到目标(与计划的策略面向有关)。【注3】选择工作(choice tasks)包括解决问题使得答案一旦找到便可辨认出是明显正确的,以及由协议来界定答案的决策制定工作(decision making tasks)。协商工作(negotiation tasks)包括解决认知冲突及解决利益的差异。执行工作(execution tasks)包括进行实质工作及竞争。大多数这些工作类型与制定及使用计划有关。

首先,考虑产生及选择工作,其中团体成员具相同利益,并将辨认出同样的解答作为好的解决方式。最极端的形态为"有了的问题"(eureka problem),只要一成员找到了一个解答,其他人便认为是正确或好的。在解决这样的问题上,团体过程可以比个人更有效,因为(一)具较大的知识或技巧样本,(二)平行处理,(三)专业,或(四)互动合作。这些解释是根据团体产生的解答,以及与团体中个人自行工作而获致解答所做比较而得。

团体增加了寻找解答或技巧的样本。当团体规模增加时,某人具解答经验或解决问题技巧的机会也会增加。团体规模会产生互动及脱离主题的成本,但如果具知识的个人能以具说服力的方式解释答案,并能专心一致而不受干扰,则增加团体规模能增加成功的机会。如果团体成员的歧异性增加,包含具知识及技巧的个人其几率也随之增加。其他具同样知识及技巧的人便显得没有必要。

团体也会是有利的,因为它们允许平行处理(parallel processing)。团体成员同时针对问题相同工作之不同部分,或相同部分的不同工作同时进行作业。平行处理减少所花的时间,但不见得固然就能增加解答的品质。其成本在于将工作或问题加以分解的困难,管理任何构件所余留下来的相关性,及将构件再加以组合(recomposing)。当情况越趋近完全阶层性(competely hierarchical)时,越容易分解及重组。不论平行运算器是人类或电脑,这些议题都会产生。平行处理在超级市场的例子则为有许多的收银员。导管处理(pipeline processing)是有一个收银员记录价格,而有一个包装员将商品装起来。两种形态的多功处理方式都能增加单位时间的能力。

团体也会因为专业分工结合前二种优势而获益。每个人从事一项工作与其他人从事其他工作平行进行。每个人根据技巧或知识的比较优势被分派工作。分解、管理相关性及重组的困难度,在纯粹平行处理中仍旧存在,甚至更困难。在这个例子中,解答的品质及所花的时间能有所改善,因为每项工作是以更多的知识或技巧进行。亚米西(Amish)谷仓的储存便是这种团体过程极重要的例子。导管过程——例如,一组装线(assembly line)——是一个专业分工的例子。组装线提醒我们重复性及单调性会压制专业分工所带来的利益,而导致专业分工就品质而言是不利的。专业分工也意味着更多样的团体成员在将人员搭配工作时是有用的。

最后,团体过程能从严格的合作中产生利益。在这个例子中,参与者从事相同的工作,而互动能产生个人无法发现的结果。实验证明脑力激荡(brainstorming)以平行处理,而非以合作性方式进行会更有效。也就是说,即使团体成员被告知不需评估所产生的概念,概念的互动却妨碍而非鼓励更多差异性及更佳概念品质的产生(Mullen et al. 1991)。名义团体技术(Nominal Group Technique)其概念系由个人产生然后,再由团体来评估及发展,能较脑力激荡更有效地利用团体过程(McGrath 1984)。但就专业者间合作过程的研究却非常少。

有一个例子可以说明在实务上解释团体过程的复杂性。勒夫雷斯(Lovelace 1992, 26)回忆整建后的维吉尼亚州威廉斯堡(Williamsburg, Virginia)地下隧道的规划。没有一个有关公园道(parkway)定线方案令人满意地被设计出来,以服务此历史古都与南边的詹姆士城(Jamestown)。哈兰·巴索罗牧(Harland Bartholomew)公司的三个成员检视该地区的空照图。其中一人发现有两个小溪谷从另一端接近。他们三个人辨识到并发展出地下隧道的可能性及论点。利用这些溪谷作为通道以至此隧道,减少了该城自然及历史背景的破坏。定线意味着隧道上方没有历史建筑物。它也导引车辆进入市区而不被历史修复的街道本身所看到。这个概念既具说服力却又奇特,因为其意味在这样一个小镇必须兴建一昂贵而长达四分之一英里的隧道。虽然他们怀疑能够推销这个理念,却尝试且成功了。勒夫雷斯并不记得是谁想到这个可能性,甚或他们任何人独自想到。这个例子说明,在同时创造概念到可行提案,以及鼓励每个人进行该概念的发展,而不是立即拒绝它,真正的合作(Collaboration)是有可能的。合作所产生的利益与脑力激荡不同。

斯耐札克及亨利(Sniezek and Henry 1989)报告一实验结果以说明这些概念。他们要求受测者衡量美国人口十五个死因的发生率。并使用资料来衡量这些答案的正确性,但这些资料不提供给受测者用来进行衡量。首先,每一受测者个别衡量这十五个发生率。然后受测者每三人组成一个团队,每一团队进行衡量。团队衡量要比个人分派到团队前的衡量平均数或众数为准确。这个结果表示团队并非只是直接将个人衡量结果加以组合。百分之三十的团队较该团队最佳个人衡量更准确,且百分之十五较最佳个人衡量为准确且在个人衡量范围之外。这个差异说明团队并非只是选择它们认为最佳的个人衡量,或最具信心的团队成员。团队中个人衡量差异高以及团队衡量超过成员个人衡量范围,均分别能预测更准确的团队衡量。因此,初始状态的多样性是有益的,也许因为它抗阻并减缓之前讨论的锚定与调整的偏差。团队通常对它们的衡量较个人更具信心。

这些结果说明了合作之所以发生,是因为团体的结果既非最佳个人,亦非个人的简单权重,而是新的衡量,有时在个人衡量的可信区间之外。这个结果表示由初始衡量显出较大差异之个人所组成的异质团体,能产生更多的群体认知努力而从事衡量,也因此更成功地减少个人衡量的保守主义偏差。因此,这种异质性成员间的合作在信息不充分做判断时,有可能是有利的。【注4】

许多团体过程同时完成一种以上的前述利益,也因此产生所有必然的成本。此外,团体中的个人很少具相同利益。团体的产生乃将不同利益、技巧及知识浮现台面。将这些现象在立即的实务上分开来不太可能,但却有可能在理论上将它们区隔开来。一团体若刻意将不同的利益加以讨论,会与合作性问题解决之利益纠缠在一起,反之亦然。从另一个角度来看,两者可结合起来。不同利益的动机提供了个人诱因,以寻找不同方案来增进他们自己的利益。解决利益冲突的动机以采取行动,也可提供诱因寻找方案以解决冲突。虽然人们对利益的了解会随时间在讨论的过程中改变,利益的差异是既存在于团体党派之中的。相对地,对团体问题解决有益的认知互补,能将其设计在团体中。

规划文献中的批判理论(critical theory)及沟通理性(communicative rationality)主要系建立由代表利益的伦理层面所支持的相同认知论点。大多数个案的诠释着重在官僚体系(burcaucracy)中的临时委员会、自愿团体及决策过程。福洛斯特(Forester 1989)强调规划者与开发许可申请者及可能反对开发居民间共事的故事。伊恩斯(Innes 1996)强调解决特殊决策情况的临时团体,通常与其他决策分离。在任一架构中,其意涵是规划者能将专业带到团体互动中以制定计划。

专业知识与规划专业

欲制定计划的个人及团体能从规划者的专业知识中获益,以处理相互主观价值及知识,克服认知限制及偏差,管理团体过程,以及提供人居地如何运作的专业知识。都市发展计划制定的逻辑,在本书中所探讨的是规划专业的特殊知识领域。此并不意味着它是专业规划者所能做的事情中唯一的领域,而是说它足以宣称其所包含的知识,结合了人居地如何运作之知识及埋藏在实务操作中的技巧,构成了重要而值得付费的专业知识。

规划专业使得规划者为雇主的利益进行工作,是值得信赖的。一个有组织的专业巩固了具道德的社群(moral community),因而增进采取行动的可能性。专业者的能力将一方面源自社群的理想及规范,一方面将依赖所陈述职责的规范以正确地采取行动,且另一方面又根据所认定之优良结果的标准。一专业将具行为的规范以及对特殊结果的道德承诺。

一专业包括与雇主有着特殊关系的个别从业者。专业的整体具一企图性的功能,而该功能为由成员行为的共同结果所达成。专业从业者宣称具经验及专业知识,并较雇主本身更了解其利益。这产生了在雇主之外专业自主的宣称并能够应用专业知识,同时维持对雇主的责任。除了个别专业从事者主要雇主之利益外,专业的集体目标必须在某种情况下,能代表其他社团的利益。马寇斯(Marcuse 1976)从规划与法律及会计专业的比较解释了这些概念,而以下的讨论系直接根据他的立论而来。他思考"系统挑战"(sysytem-challenging)以别于"系统维护"(system-maintaining)行动的背景,来说明这些议题。以道德的方式达到不道德的目标是不足够的。

法律专业的结构是,任何一个人应有法律的顾问(咨询)以倡议雇主的利益。在没有伪证的情况下,个别律师的行为目标是倡议雇主的利益,而不是寻求真理。然而法律系统的功能是透过系统中个别律师的行为以寻找真理。该系统以保护被告权利,而同时达到正义,以提供更广大利益团体的服务。依照相同的程序规则及代表雇主利益的动机，被告及原告每个人都有倡议者，且具有相同的技巧及资源。这个律师作为忠实倡议者的特性是误导的，因为它忽略了律师常扮演的其他角色，例如合约起草者、法官、立法者或协商者。然而在法律专业中，其在某个情况所扮演的角色，及该角色所适用的行为规则是清楚的。在规划中，角色是同时性的，而行为是纠结的。

在会计专业中，检定合格会计师(Certified Public Accountants)审计组织的记录，以替投资者及银行验证它们的财务状况。如果会计师如律师般替雇主利益着想，审计便没有意义，因为没有人会相信它的公正性。因此，对雇主而言，如果会计师不扮演倡议的角色，反而有利。雇主于是雇用会计师，不在于确认对雇主有利的面向，好像在卖公司的股票，而是依照可信的规范程序进行，并有可能对公司不利。会计师的伦理系统要求审计以特定形式进行，不论其对雇主的影响为何。这种可能性正是使得审计对被审组织的价值所在，该组织也就是立即付款的业主。这个正当程序的要求与律师倡议的开放策略成鲜明的对比。

同样地，会计师扮演多种角色，但该角色的扮演必须十分清楚。会计师在委员会前代表公用事业是倡议的情况，如同一律师或规划者提送一环境冲击报告。在委员会面前扮演代表的角色时，会计师不是在维系一系统而借由进行报告以服务一大群地理上及时间上分散的个别投资者，而这些投资者必须相信会计师的报告，且无法与其直接互动，也无法事先选定会计师。而是说，该会计师正在类似专家或政治家前倡议，以取得送案的通过，而该案又由审查委员会来决定是否通过。在这个情况中，该会计师靠着其机智去遵循法律及法规的指引，以成功地赢得增加费率的案子。该会计师能协助设计好的费率系统，使得增加收费能够通过，如同规划者能协助设计好的案子使得环境冲击报告(environmental impact report, EIR)将会通过一般。

苏兹(Schultz 1989)认为工程专业伦理角色的选择，所使用的策略使得工程专业在十九世纪末期，其地位与机会有长足的进步。

市政工程师巩固了他们不断成长的口碑，作为三种问题解决者。第一，他们使得官员相信在促进都市扩张中，他们是不可或缺的。第二，他们宣告（同时也说服大众）他们是中性的专家，而独立于偏执的政治之外。第三，在他们内部的阶级中，他们创造了专业官僚，使得外行人美慕其为具有效率的典范。(183)

工程专业以一贯的方式推销自己，同时在它组织的努力下建立了所宣称的模范。

这些系统的共同特点是依靠个人遵循专业的规范。如果只有某些律师遵守法律系统的规范，该系统便无法运作。这个承诺包括不做伪证，利益回避以及收红包（贿赂），这些行为可能因错误代表系统中个人间的关系而改变了系统绩效。律师不必透露对雇主不利的信息，但他不能说谎或怂恿其雇主说谎。公司能付费来雇用对其不利的审计，因为这样做在维系投资者所信任的系统上是有利的。如果一公司行贿——也就是说对第二家公司的审计顾问付额外的费用——那诱因系统便失灵了。这些系统能被推翻，故需要支撑及监控以维持其可信度及合法性。

补偿一专业者费用之结构也必须与系统的逻辑吻合。最显见的例子是房地产推销员，其费用是财产售价的百分比。这个方法保证推销员的利益与雇主的利益是一致的，以获得高价出售。以固定费用计酬的推销员将不计较价格而珍视每个销售案件。讽刺的是，推销员通常与买方密切合作，而买方的利益直接与这个费用结构冲突。律师根据权宜的费用基础（contingent fee basis）（民事诉讼和解费用的百分比），而具有强烈的诱因追求高和解费用，但没有动机追求与金钱无关的诉讼。联邦立法允许特别高百分比的权宜费用给民权个案的律师们，因而增加了律师接受胜诉可能性低的案子，因为他们必须赢得少数的案子以足以赚取所需的收入。

专业将个别从业者的行动与专业的集体目标整合起来。在规划，这样的关系其逻辑是普及而无法清楚的建立。因而规划者便陈述其对定义不明的公共利益之直接忠贞，而不是陈述一个过程以达到此公共利益。相对地，会计师与律师，在他们狭隘定义的角色中，具有对达到集体结果系统的一份忠贞，并透过具有集体财特性的行为而达成。

如同前述其他专业一般，规划具有一个以上伦理角色的逻辑，且规划者具有许多种角色。规划者可以是计划制定者、倡议者、协商者、法规草拟者或是法规执行者。巴姆（Baum 1983）、福洛斯特（Forester 1989）、侯区（Hoch 1994）以及侯伊（Howe 1980）已经深入地描述了这些角色。这些角色没有一个像是律师或检定合格会计师般之醒目的对抗或独立的角色。规划专业在历史上已经依赖两个独特的伦理诉求：进步改革（progressive reform）及有效决策（effective decision making）的专业知识（例如，请参考 Klosterman 1985；Howe and Kaufman 1979）。进步改革论点承认一规范议程及有关工具的相关准则。有效决策论点倾向忽视规范议程，或假设它是超过规划者的职责范围，而强调当面对相关决策时产生有效结果的过程。

个别进步改革者在系统中寻找能改变系统的方式，并增加达成某些结果以及使弱势者获得更多利益的可能性。如同其他规划者，这种规划者能使用许多相同的方法，包括计划的制定，但他们的成功与否视结果而定。计划也许不能与他们的利益吻合，因为建成区（built environment）投资以及空间相关性法规也许不是达到进步议程的最有效策略。的确，进步改革者会发现他们抗拒这些开发案以及计划。另一方面，伟大计划的起草者，包括芝加哥1909年计划，很清楚地视自己为进步改革者，而将他们的计划隐藏在改革的语言之下。从历史上来看，进步改革也包括都市中决策及行政专业知识的介绍。

连接这些集体专业目标与个别专业行为的诉求，因而将焦点放在考虑评量结果的适当标准，并使用适当的分析方法。专业所关心的是计划中其所隐喻的目标为何，且专业关心计划如何制定。公平结果的目标有被追求吗？例如，专业可能"要求"（require）计划的公平报告（类似环境冲击报告）。根据会计师审计的观点，这个公平报告能向一未被代表的公众透露适当的讯息以便据以从事选择。因此，规划者与其直接雇主可具有如律师及会计师般的关系，以面对不被立即代表的其他受计划影响者。后者可能必须由专业订定标准以强制规范。受计划影响者参与的技术在过程中有使用吗？在特殊规划者组织的角色中，这些议题有被适当的倡议吗？伦理行为其应用在专业情况的传统测试是，"事先排演"（rehearse）加以解释（按：如计划实施前的公开说明会），以向相关的受计划影响者说明该行为的正当性。

组织与计划

规划者在组织中工作，而组织也制定计划，并与其他组织形成关系，以采取行动。组织的部门制定计划也使用这些及其他的计划。都市发展计划是由组织制定的，且包括该组织及其他组织的行动。因此简短的考虑组织如何运作，而不是计划如何运作，以及组织如何制定及使用计划，是恰当的。【注5】

如果组织能相较于市场而减低交易成本，则它们是有用的。这是经济学传统的论点，由寇斯所发展出来（Coase 1937）。与其针对每一工作或每一天的服务签约作为不同的市场交易，企业家与雇员签约以遵循雇用者的指导，并受限于签约的限制。其所造成的内部交易其成本较市场交易所需为低。威廉森（Williamson 1975）区分自主个人的市场交易，及阶级（或组织）中个人具不同权限间的交易。监控绩效品质的交易成本在组织中不会消失，但监控的性质会改变。不论都会区由一个或多个政府所组织起来，计划是有可能存在的。都会区政府仍然面临一问题以将它的范围就功能及地理上加以分解，以解决计划的复杂性。不论是否有一个区域政府存在，市政府必须考虑其他都市的行动及计划。

马区（March 1988，7）认为有限的注意力、部门阶级及多余的资源，使得冲突性目标及利益，在组织间持续存在。组织不会，在大多数情况下也不能，解决所有它们拥有的不一致性，但它们能存活下来是靠着将决策在时序上或部门上分开来，使得冲突能有所避免。有限注意力的能力容许决策者在今天做一件事，而明天做相矛盾的事，但这可以是有利的，而不需加以排除。

尽管传统现代意识形态倡导面对及解决冲突,组织的冲突经验指出,制度反而能使其本身长期维续下来,靠着的是将每人需求的冲突加以缓和,否则其将严重地被内在不一致所威胁。而这样做是有可能的,主要是因为组织一基本特性是,并不是每一件事能同时加以注意。(March 1988,8)

组织中的计划虽能考虑相关行动,但不能期望其能解决组织中所有的内在不一致性。相对于一常见的假设认为组织具有一致及清楚的目标,组织通常在制定决策时没有共享的目标或明显的谈判。它们往往在行动中发觉偏好,并同时根据偏好采取行动。

如果组织或组织间的关系是完全无结构性的,那么如普利斯曼及威尔达夫斯基所述(Pressman and Wildavsky 1973),计划或方案将无法执行。然而如亚历山大(Alexander 1995)所指出,"具有共同工作的组织因命令或协议上的共同价值、相互利益、时间上互利责任(reciprocal obligations)或协调结构而捆绑在一起"。(xiv)因此组织将互动及活动的历史,带到它们的活动及组织间的活动中,而这个历史提供重要的结构,以增加完成措施或使用计划的可能性。

组织间的协调扩充了这些概念。契斯霍姆(Chisholm 1989),在探讨旧金山湾区捷运不同接驳的提供者时,强调非正式双向协议及沟通的重要性,以协调六个提供厂商间的连接协商。旅客使用这些捷运设施的组合,而每一项服务具有某个动机以确保有效率的旅次转运。其中一个论点是将这些关系内部化以创造一较大型的组织。契斯霍姆认为这个假设的高阶多方相关性以支持一整合组织之说法,能够且也是在实务上可缩小为在特定转运点双向关系之小型组合。自愿协议——包括非正式分享有关路径及时刻表的信息、不同组织间服务的签约以及在共用的车站分担单一派车者的成本,以达到规模经济——已有效地解决了这些相关性问题。这些非正式共识的双向协议,其交易成本较单一大型组织尝试综合性地管理为低。亚历山大（Alexander 1995）详述这些情况而使得这类型的跨组织协调及其他形态较有可能发生且有效。

在组织中的人们通常扮演两种角色之一。主管职位（line positions）为部门行政者，其具对所属属下的权限、对他们所属单位的成就负责以及对他们所属单位的事务具权限及决策权。另一方面，幕僚职位（staff positions）支持主管职位的活动，并且负责就专业及忠诚度给予建言。幕僚角色可被分析为本人—代理人（principal-agent）关系。经济学者分析这个关系为代理人行为的诱因与所服务之本人的利益是相容的。不动产经纪人为一卖方销售，应根据销售价格的百分比抽成，因为如此则本人与代理人具相容的诱因以获得最高价格。这种诱因相容性在其他情况下是很难达成的。心理学者以认知的方式定义本人—代理人的关系。本人必须能够指定决策规则或取得足够信息"……代理人必须**想象**与他们所服务的本人拥有相同的事实、专业及情绪安定一般做决定"（Goldstein and Beattie 1991，111）。代理人可以直接采取行动或提供本人建言据以行动，即使本人的立即倾向为采取不同的行动。

这些概念在解释组织设计上是有用的。组织设计将考虑部门或单位、主管角色及幕僚角色，以及规划功能与组织中其他功能间的关系。这种结构在任何情况下将是一种对组织中互动的不完善分解。规划将尤其具与其他功能间的复杂关系，而规划尤其使得主管与幕僚角色复杂化。

从事组织去为都市作规划

地方都市规划功能的组织可以朝两个面向架构：谁是主要的雇主（本人）？规划是一个"幕僚"或"主管"的组织功能？这两个面向解释规划者与市民规划委员会（planning commission of citizens）、市议会、市长及单位主管间的关系。

沃克（Walker 1950）看到了三种可能性。规划者可以是个人对未来发展观点的倡议者,接受与土地使用法规议题有关的受限角色,或是成为一个市长的机要顾问。如果权力的衡量是其对日常决策所造成的影响,最后一种功能最具权力,即使其对土地开发决策的影响较小。沃克偏爱与市长间的密切配合以作为幕僚角色。

问题是,对都市规划的一种传统及一组态度,妨碍了规划单位的角色被清楚地认识或尊重。在这些阻碍当中……包括:(一)将规划限制在狭隘的分区管制、公共工程及社区发展纯粹的实质层面上;(二)使用半自主的市民委员会,其中许多成员在政府及规划是业余的;(三)不恰当地强调为特定的开发案汇整民众意见,而不是与民选及指派的官员合作;(四)太过于依赖顾问公司,而无法建立永久而具经验的幕僚;以及(五)在行政阶层中缺少对执行主管明确的责任而造成充满不确定的关系,且规划单位在整体政策规划中无法发挥功能。(Walker 1950, 363)

沃克视规划的功能极类似如 1980 年代公司形诸于文字般组织的策略规划(如 Bryson 1995)。从公共行政的角度来看,这些计划(主要是议程、政策及愿景)涵盖了组织由上而下的所有面向及可能行动。"为未来制定的计划只有在日常决策受到它们的影响,且当每一作业机构是由通盘规划中的考量所引导时才能实现"(Walker 1950, 176-177)。

肯特(Kent 1964)认为计划必须是市议会的计划,因为市议会制定重大的投资决策。

每年的审查及修正程序,应在市议会设施改善措施重新检讨前进行……每年审查的这个时机,将综合计划置于一具挑战性且实际的背景中。它迫使规划局长、都市计划委员会及主要行政官员重新整理、陈述及厘清计划的主要概念。每年的审查迫使市议会重新声明其在某个领域的权限,该领域清楚地讨论到基本的政策问题,以及包含市议会迟早必须解决的重要争议及冲突性概念。(70)

规划委员会、幕僚及都市行政当局均参与"提供概念、提出构想、指出问题、尝试影响市议会"(84)，但市议会的决策在计划运作的过程中受益最多。

相对于沃克,霍华德(Howard 1951)为指定市民所组成的规划委员会(planning commission)角色而辩护。规划委员会建立了一缓和机制，以别于日常短视的政治，并容许从长程的观点做说明及提建议。【注6】固定任期的指派给予规划委员于某些市长之外的独立性，而他们是由市长所任命的。委员会的建议通常需要超多数(例如三分之二)时市议会才能否决，造成对该建议的偏袒。作为一咨询小组，其成员来自房地产业、建筑师或"生长"(growing up)自社区的市民社运者，委员会的正当性来自于认知解释，而不是偏好整合。这种会员制度并不令人讶异，因为这些人有足够的诱因投入时间以"过度参与"(over-participate)。然而即使从认知的角度来看，这种狭隘的会员制是不利的。

在实务上有许多计划及许多诱因使许多参与者制定计划。交通机构、卫生特区及学区，几乎都有独立于都市综合计划之外的计划。有关规划者与本人(principals)（按：所服务的对象）关系的论点能用来解释这些被分离的规划主题(domains)，每一主题可有一市民委员会、立法机构及行政机构。交通机构及下水道机构通常与综合计划过程分开来制定计划。这些主管机关通常雇用工程师为幕僚，且雇用顾问公司来制定计划。组织逻辑及计划逻辑仍然有效，但实质专业不同，同时规划行动的范畴也不同。因此看到许多不同的计划并不令人意外。

这些概念在第九章有详述，以描述所观察到的规划如何组织的例子。本节所依赖的较早的文献仍可用来架构主要的困境。

结论：使用专业制定计划

计划若没有意图便是无意义的，而意图来自知识及价值。本然性价值建立获致工具性价值的基础，以决定何种价值可与其他价值做取舍。工具性价值组织起方法；其透过确立某些事物值得多少，以作为输入而达到这些意图。这些价值至少部分是来自个人，且是本然性主观的。价值可以客观地衡量，亦即如果由其他主体来衡量，它可以是重复的。然而价值较佳的解释应为相互主观的，意味着一个人的利益是可以被扭曲的，且社会所塑造的价值可导致所期望的行为。形塑有关土地消费的态度，在都市使用方面，其应用在人类及其他物种的存活上，较法规及诱因直接对行为的影响更为有效。

个人在表达意图的价值及使用信息及价值从事选择时，面临了一些不同形态的限制。认知偏差及错觉（illusions）扭曲了决策。社会关系的结构性偏差扭曲了知识、价值及它们的表达。人们也许不知道他们要什么，他们的利益是什么，或如何尽量达到任一前述的需求。团体过程能增进个人能力，并克服某些个人偏差，尤其当团体包含不同的参与者与专家。制定计划的专长——知道在何种情况什么形态的计划容易有用，以及知道如何制定这些计划——是规划专业的基础。一有组织的专业且具伦理规范，能有助于使得这个专业知识变得有效及值得信赖。

这个专业知识在公共及私人组织被使用。强调都市发展的计划——在投资与法规上——在许多组织中有可能被制定，且由公、私部门中组织的不同单位所制定。虽然这些计划有可能强调行动的狭隘主题，它们也可能考虑宽广议题的意涵。想要扩充计划的范畴以包含一组织所有形态的行动是不太会成功的。例如，这种计划虽聚焦在执行者的需求，却忽略了主管机关或功能的特定行动。即使计划无法直接改变权限或控制行动，计划对组织是有用的。

译注

计划制定主要在于问题解决，而问题解决是心理认知过程。认知心理学早已发现人类在信息处理能力的限制，例如短暂记忆的有限性，而行为决策理论的研究也发现许多人们在做判断时的偏差。因此，可以理解的是，规划者在制定计划时，其认知能力是有限的。在进行三百万人口台北市综合发展计划时，规划者如何着手解决都市发展的问题，甚为棘手，仅仅是问题的定义便是一个难题，更何况要解决这些问题。都市发展计划制定之所以困难，便在于规划者所面对的是一味充分定义(ill-defined)问题。不同于工程设计的充分定义(well-defined)问题，规划问题的偏好不清、问题范畴不明且可行方案必须探索。可想见，要解决此类未充分定义问题的算法(algorithms)自然不同于工程设计，后者甚至可由电脑来解决其充分定义问题。可以想象的是电脑科技，如人工智能的发展，在可预见的未来仍无法取代人类来解决未充分定义的问题。

然而电脑可以辅助人类从事计划的制定。例如，在寻找基础设施中污水管线路线铺设的问题时，我们可借由电脑快速运算的功能，利用线性规划的演算法，发展出差异极大，但效用相当的路线设计方案，以激发规划者设计的创意。这种人机互动(man-machine interaction)的工作处理方式，是未来规划支援系统(Planning Support System, PSS)设计的重点之一。然而在设计理想的PSS之前，我们必须了解规划者在实际从事都市发展计划制定时，遭遇到哪些认知能力上的限制，以便设计有用的系统而加以改进。都市发展规划支援系统(planning support systems for urban development)在英、美两国早在十年前便已开始进行，其构想之发轫更可追溯至三十年前，至于其理论基础，则建立在五十年深厚的都市发展模型及规划理论上。在台湾尝试建构都市发展规划支援系统的例子，近年来仅有应用UrbanSim系统于台北市都市发展的情况。但由于民情不同，造成应用上的许多困难，包括资料的整备、模式参数的校估及程序的改写等。为求建立一适合台北市都市发展的规划支援系统,应根据以下的原则:(一)该系统的开发必须建构在严谨的都市模型理论及规划理论基础上;(二)该系统的开发必须以长期的角度,逐步发展建构;(三)该系统的开发必须适合台北市的特殊情况,不宜直接引进国外的系统。长期目标是建立一可操作的台北市都市发展规划支持系统控制室,并与市长室及府内相关部门连线。当然这样的系统目前在全世界并不存在,但学界早在三十年前便已开始讨论。重点在于,我们必须先对人类在从事都市发展计划制定的工作时,遭遇到哪些认知上的弱点,就能针对这些弱点设计系统以辅助之。这项努力所牵涉到的专业知识极为广泛,涵盖认知心理学、计算机科学、作业研究(operations research)、规划理论、都市空间发展理论及人机互动等相关学门。此外,这些改进的都市发展计划制定的专业知识,可以作为规划组织设计的依据,借以规范规划者的专业操作,进而达到集体的专业目标。海峡两岸立基于未来电脑科技产业的优势,应可在此基础上,从事都市发展规划支持系统的研发。

209

第 8 章

集体选择、参与及计划

维拉(Veiller)对专业知识的信心,间以对获得公共合法性,但不诉诸民主形态控制的关切,原将成为都市规划的特性。在这个考量中,对专业知识的依靠覆以合法的外衣,被视为是市场不可见的手及民主多元危险的替代方案,确立了后续对资本主义—民主矛盾的反应形态。公园委员会的任用来监控都市公园的规划与兴建,使得这个想法最先建立起制度……

——理查·佛格森(Richard E. Foglesong)(1986)
　资本主义都市的规划:殖民时代到 1920 年代(*Planning the Capitalist City: The Colonial Era to the 1920s*)

在美国,规划有一个很长的历史与"自然"(natural)自由市场及"自然"政治过程相冲突。改革主义者(reformist)的传统视两系统中参与者的结果与行为是不幸的。规划者期望制定计划,并不是为了私有的决策者,也不是为政治家,而是为了他们所创的"公共利益"(public interest)。本章考虑集体选择(collective choice)的可能性、参与(participation)的逻辑及计划的隐喻。这些概念有助于解释计划制定及使用所置身的制度及其间的关系。它们也澄清集体选择问题与动态调整间的区别,因此也区分集体选择所能解决问题与计划所能解决问题的差别。

团体被以不同但相关的方式加以诠释。从认知观点探讨合作在第七章有讨论。本章将认知的论述加以扩充,并与偏好整合(aggregation of preference)加以比较,以考虑团体如何制定决策。如第五章就集体行动提供集体财所作说明,团体成员不能视为本就存在的。参与的诱因,参与的效果及诱导参与的伦理必须考虑。

集体选择的可能性

个人组织成团体来制定集体决策。不论兴趣或偏好的不同,一团体当它以团体方式选择行动时,制定了集体决策。[注1]常发生的理由是有关集体财提供的决策制定,乃因为团体内所有人接受同一水准的集体财。团体必须决定提供多少集体财以及如何支付。团体形成也可能为了处理其他情况,而使得集体行动合法化。[注2]无论如何,核心问题是,这类团体决策能够以及应如何制定。这个问题牵涉到深入的哲学及政治科学,无法在此全然地探讨。[注3]

集体行动的逻辑是根据集体财的逻辑而展开,而其与计划的逻辑不同。是否从事规划的决策可由集体行动来制定,而计划可包括团体集体选择的行动,但任一方均不是计划逻辑的必要条件。尊重个人信念与偏好以及集体行动的需求,是都市发展计划制定常碰到的问题。即使在理论上,民主程序不是一个简单的解决方式，更遑论实务操作。公共参与不能排除民主程序的理论限制，因为它本身面临同样的限制。在这些不完全性下，这些过程构成计划制定的情况。它们能解释制定计划时所观察到的行为，并提出机会使得制定计划更为有效。

民主有两个长久以来的主张。"社会认知"（social cognition）解释民主为与第七章讨论的团体过程类似的认知策略。相对地，"偏好整合"（aggregation of preferences）解释民主为将个人偏好转为集体偏好的机制。[注4]有些人认为个人参与民主过程作为宪政自主个体的表现本就是适当的（Hurley 1989，335）。虽然这些论点在理论上是不同的，但它们在作为设计集体选择民主制度的基础上，并非互斥的。

在认知的解释中，个人是应如何做以彰显团体利益的证据来源。这不仅意味着同意（agreement）；信念的分歧（disagreement）在认知上也是有用的。认知的解释重视个人间的审慎议论（deliberation）以决定如何做，并不只是投票而已。根据认知的解释，贺雷（Hurley 1989）认为我们应根据两项原则设计制度：

首先，他们应将制度及程序其各种不同议题的权限区隔出来，这样做不是根据实证专业知识（positive expertise）认为哪些该做，因为缺乏真正的有关知识使得这样做是困难的，而是在于如何避免依赖不可靠的……信念。**其次**，他们应主动培养审慎议论及形成真实信念的能力。（326）

信念因各种理由是不可靠的，包括对信念形成方式的挑战，例如"自欺、空想、偏见、欺瞒、宣传、广告或某些审慎议论的操弄……虚构、一般推论错误等等"（326）。[注5]重点在于，避免使用具有争议的信念，而期待事先能在特定主题上界定专业知识。这个方式意指设计制度以保障辩论与审慎议论，并将政府层次（地方、州、联邦）及分支（立法、行政、司法）的权限区分，以获致最佳的认知过程。选民负责根据审慎议论以提供"哪些该做"及"深虑信念"的证据（Hurley 1989，330）。

这个论点与专家意见的整合不同,例如德尔菲(Delphi)过程,因为那些例子系根据狭隘定义的主题,其中专业知识是完全定义的。社会认知的论点不仅是有关专家平均估计的统计论点。[注6]只要是维持开放的讨论与机会以表达信念,民主是好的认知策略。对认知解释而言,立法者的讨论较仅仅是选民利益或偏好的代表为重要。认知解释中,选择代表是审慎议论工作的推派,而不仅是偏好整合解释中换票工作的推派。

在偏好整合中,个人是各自偏好加以整合的来源。意见分歧在某些制度结构中,是由投票民主过程必须解决的冲突。从偏好整合观点来看,其民主制度之设计必须面对爱罗的不可能定理(Impossibility Theorem)(Arrow 1951)。该定理说明没有社会选择机制(social choice mechanism)能同时满足四个合理的条件(说明如下),且从两个以上方案的个人序数偏好(ordinal preferences)获致递移性的社会偏好(transitive social preferences)。一社会选择机制是产生集体选择的规则,作为个人偏好的函数。最常用的规则是简单多数决——超过百分之五十的投票——来决定选择。[注7]递移性排列是如果A较B好,且B较C好,则A较C好。序数偏好表达方案间的偏好顺序,而不是方案间的偏好强度或差异程度。[注8]

爱罗的四个条件为:[注9]

集体理性(collective rationality):已知任一组个人偏好,社会偏好均可由这组偏好获致。

柏立图原则(Pareto principle):如果每个人都认为A方案较B方案为佳,那社会排序将A排在B之前。

无关方案的独立性(independence of irrelevant alternatives):从任何环境中所制定的社会选择,将仅依据个人与该环境的方案偏好而定。

非独裁性(non-dictatorship):没有一个人其偏好自动成为社会偏好,并与其他人的偏好独立。

该理论的证明远超过此处讨论的范畴,但表8-1的一个简易的例子说明这个问题,并建构可能性以探讨这个情况。兹考虑一掩埋场区位的问题。有三个个别选民(或相等规模选区的选民),分别标示为俄白那市、郡及香槟市,而三个可能的地点分别为东南郡、西香槟及北俄白那。最佳的地点标示为 1,而最差的标示为 3。在这个例子中,俄白那市及香槟市认为东南郡较西香槟为佳。俄白那市及郡认为西香槟较北俄白那为佳。但郡及香槟市认为北俄白那较东南郡为佳。一连串两两的投票造成一循环。社会选择不具递移性且不稳定。投票结果无法预测。

表 8-1 集体选择说明

地点	选民偏好		
	俄白那市	郡	香槟市
东南郡	1	3	2
西香槟	2	1	3
北俄白那	3	2	1

有几种方法可摆脱不可能定理(见如 Stevens 1993;Mueller 1989)。议程控制设定了投票的次序以及投票的选项以避免循环的发生。立法领导者及委员会在决定何种议题应考虑的角色上,是防止两种以上可能性发生的方式。

循环及不可预测性的发生,是因为至少一位选民的偏好不是呈现单峰(single-peaked)的状态,亦即它们有一个以上的局部最适点(local maximum)。换言之,方案在一个 y 轴表偏好的 x 轴上排列,有两个局部最适点的线必须用来描述至少一个选民。如果所有选民的偏好可以在一共同维度排列,例如从政治的左派到右派,且所有的选民具单峰的偏好,则循环便不会出现。意识形态便可如此用来克服爱罗的定理。

"同意投票"(approval voting)用来由选民圈选举两个候选人以上所有可接受的候选人,具有许多所期望的特性(Brams and Fishburn 1983)。同意投票显示其在实务上操作良好,且循环不易发生(Regenwetter and Grofman 1998)。

放宽无关方案独立性的要求,在预测性解释所观察到同时进行的立法决策上是有用的。它在规范上也是有用的,因为它指出解决困局的制度设计及策略。换票(vote trading)在为民主程序设计制度上是有好处的。它提供一妥协的基础,而导致可预测的行动,而非爱罗定理所陈述的循环现象。它也维护了少数团体的最重要议题。乡村立法人员能将他们有关都市捷运及郊区污水处理厂较不重要的票,与乡村农场至市场道路及农地财产税松绑的票交换。如果没有换票,乡村立法者在联邦及多数州立法机构为少数,将无法通过他们认为最重要的立法提案。只要都市或郊区立法者在最重要议题上不具多数的支持,乡村立法者便能将他们小团体额外的票交换,使得接近多数票的郊区(或都市)成为多数。透过与郊区立法者的结合以通过他们感兴趣的议题,或都市立法者以通过对都市感兴趣的议题,乡村立法者能针对乡村议题换票。

集体选择制度的原则

在伊利诺伊州香槟市、俄白那市及思佛伊市(Savoy),跨政府固体废弃物清运机构(Intergovernmental Solid Waste Disposal Agency, ISWDA)解散了,而不能选择掩埋场或转运站的地点。该项失败的部分原因是,其作为一单一目的之立法单位,没有其他议题可借由换票来解决对所有地点的强力反对。如果 ISWDA 也能够决定其他议题的话,对其他宁适环境或重要议题的换票便能导致对某地点投下同意票。

虽然掩埋场地点从未决定,且废弃物目前仍运送到郡外倾倒,而这个解散使得政府单位间一组议题的解决,却将另一个议题浮现在台面上:即 ISWDA 所造成的负债。香槟市、俄白那市及思佛伊市都希望控制污水联结及纳入行政区协议,以控制发展。俄白那—香槟卫生区(Urbana-Champaign Sanitary Distrit, UCSD)为三个都市提供污水的收集及处理,并免除维护邦亚德(Boneyard)(流通香槟及俄白那之排水沟)的责任。郡关心因商用资产纳入都市而造成的营业税收损失。这些政府达成了解决方式,部分原因是台面上有足够议题,以创造可接受的决策组合。协议包括了都市及郡纳入行政界线的协议,都市及伊利诺大学支付邦亚德的维修费,每个都市污水管线联结的控制，以及 ISWDA 债务分配的决议。然而每一议题都有可能被封杀，部分原因在于这些议题与其他议题是分开处理，且以 ISWDA 与 UCSD 为例，被单一目的立法单位所决议。

个别选民不能换票，因为交易成本过高。个人人数过多而无法一一沟通，并作承诺而不违反协议。立法单位代表却能换票。他们能下承诺，因为他们有重复面对面的协议。黑斐尔（Haefele 1973）说明若在两党系统中具非空论性政党（nondoctrinaire parties），每一候选人会选择一竞选宣言（platform）（课题的选择）透过个人对政党投票，并允许立法者换票，则会产生与个人直接投票并换票相同的结果。换言之，他表示如果候选人选择竞选宣言以获多数决，他们应将选择竞选宣言寻找议题的通过与胜利视为选民透过换票而决定一般。值得注意的是，在这个例子中，爱罗的不可能定理透过立法场合的换票，以及两党系统在选举场合的限制下而避开。立法者考虑"不相关的方案"而选民被限制在两个方案中作选择。

这些选举机制以及立法机制面对许多限制。人们不能仅依赖他们自己表达偏好或兴趣。投票及立法过程很清楚地受到财富及权力的影响。然而计划能且也应该由投票及立法机制告知消息。如果计划不能辨识何时换票可能发生，或换票如何能刻意地被使用，计划便不能正确地预测它们自己的效果或利用可用的行动。

黑斐尔（1973）针对制度设计提出两项原则。首先，立法当局应是一般目的，而非特殊目的，因为它们针对某一范围的议题采取行动以决定换票的议题。其次，立法者应根据地域选民（territorial constituencies）（地理范围）选出，而不是功能或单一利益的选民。如果立法单位所能作的唯一决策是垃圾掩埋场的选址，它便不能将此决策与学校或消防队的选址或创立一回收计划作交换。如果一立法者被选来代表对野生动物保护有兴趣的团体以设定保护区，他便无法将特定区位的掩埋场与其他地区的几个野生动物保护区交换。

根据黑斐尔的例子，功能性的结盟需要对多数特区的公园或道路作承诺以便连任。[注10]地域代表能协商出同意其他特区道路的改善，以交换获得一处公园的开发。地域特区较利益团体代表为佳,因为它们较能导致具不同议题的不同结盟。不同结盟对换票的运作是必须的,以同时化解僵局及保护弱势。"党员合作"(log rolling)将所有个别"政策性拨付经费"(pork barrel)专案计划绑在一个提案,而每个立法者因不同理由支持该案,此却可以透过设计一立法当局及代表地区的行动范围(domain)所阻止,使得每一立法者对每个专案计划皆有某些兴趣。换言之,如果政策性拨付经费专案计划仅对某一地方有利,它不应该由较高层次立法机构的直接行动来金援。在多数州所执行的分项否决权便在防止这样的党员合作。

　　都市发展的计划通常面对基础设施机构,这些机构的创立系根据单一目的的特区,例如污水管线特区、公园特区及学区,且有不同的征税及支费的权力。伊恩斯(Innes,1996)描述一些市民小组例子,该小组由特定利益代表所组成以讨论一特殊的议题。这些团体就认知能力的角度而言是合理的,但在偏好整合上产生了问题。一临时(ad hoc)的组织具备单一议题以及个别利益的成员,其换票或结合议题以解决冲突的机会则是渺茫的。

　　政府议会,其中都会区每一市具有一个代表,可以从认知讨论获得某些利益,但代表们不能就议题换票,因为每一代表所表现的是整个市的总体利益,而不是市民的混合利益。大多数政府议会不具有行动的权力。有两个都会区议会具有此种权力:明尼苏达州的明尼亚波利斯—圣保罗(Minneapolis-St. Paul,Minnesota)都会区及奥瑞冈州的波特兰都会区。明尼亚波利斯—圣保罗都会区的议会包括十四个从跨越都市边界相等人口的区域产生。这些代表由州长任命。都会议会具课税的权力以便运作,并且是一般目的的立法机构,具有许多不同区域范畴的营运委员会的监督责任(Orfield 1997)。波特兰都会区具有一类似的区域政府,称为都会区(Metro)。它的代表是直接民选产生,且透过都市成长界线(Urban Growth Boundary)控制,它具有重要的土地使用规定权力(Lewis 1996)。这些政府单位的设计应从一偏好整合的观点,甚或从一社会认知的观点出发,而较政府议会的设计为佳。

　　虽然此民主的两个论调在分析上不同,它们却不是互斥的解释,也不是在为发展而制定计划的隐喻中互相矛盾。

如果议程的内容主要受限于都市中某些政客的提案,那社会知识(social intelligence)也将受到限制。由此而观之,政治平等及社会知识的根源是相同的……

……尤有甚者,受欢迎的管制总是对土地使用有关之企业偏好特别宽容(或公务员认为是他们的偏好)。结果是系统性的偏差及社会问题解决的短缺。此外,正因为政治平等与社会知识是相同的,考虑平等与效率间取舍的普遍努力是用错了方向。有足够的理由令人相信系统性的偏差导致恶质的社会知识:没有取舍,只有累积的损失(Elkin 1987,5)。【注11】

福洛斯特(Forester 1989)在面对权力从事规划的策略,是同时解决个人认知限制、群体合作的认知争论,及有关代表性不平等政治争论的方式。大多数他的例子着重在规划师及服务对象间的互动,以回应特定的提案及法规的背景。类似的策略需要用来解释计划是如何及应该如何制定及使用。

参与的逻辑

"公共参与"(public participation)被广泛地认为是优良规划之主要元素。它被 AICP 伦理法规(美国检定合格规划师学会,American Institute of Certified Planners 1991)及大多数联邦及州命令及补助的规划中所要求。在规划文献中"公共参与"或"市民参与"通常表示规划者及决策者与服务对象间的互动,且发生在投票或政党政治正式民主程序之外。一公开的会议以讨论发展计划是公共参与,但选举的投票、为某候选人竞选或作为代表的投票则不是。这样的区别是不恰当的。投票及代议政府需要投票及审慎议论行动的参与,而任何形式的公共参与不能全然回避代议政府所面对的社会认知及偏好整合的障碍。任何形式的参与不是认知的审慎议论便是偏好的整合。

我们何时应期待哪些人会参与计划的制定？参与总是具有集体财的特性。投票的诱因、为某些政治候选人或政党工作、参加公共论坛、在都市议会演讲、组织社区行动或参加公共咨询组织等，都引发集体行动的行为意涵。

直接民主，如在新英格兰（New England）市镇会议中每一居民都有投票权，皆依赖参与。有意义的参与不是依赖审慎的考量以决定何者应完成，便是充分了解选项以对一提案表达偏好。任一结果都是一集体财。亦即不论该个人是否有参与，社会认知或偏好整合的利益同样转嫁到每一个人。因此个人便有诱因搭其他参与者的便车。参与利益的衡量系考虑投票是否能改变结果、结果差异的效用、任何投票行动本身的私有利益及投票成本（Stevens 1993）。[注12]这个计算包含对投票选项的充分了解而增加了所期望结果之投票成本。私有利益包括被同僚看到的满足感、与投票有关的社会活动、所期待的赞助工作或可能的非法诱因，例如贿赂。任何一投票者影响投票结果的几率是非常小的，因此基于这个解释，投票的诱因是非常小的。富兰克（Frank 1988）的"承诺模式"（commitment model），在第五章的讨论中，认为我们不能成为我们所相信的自己，除非我们自愿不断地以与那些信念一致的方式来行动。因此投票是必要的以维系一信念：我们是被赋予权力的市民。被赋予权力的市民将会投票，即使从个人的角度来看是不值得的。然而，这样的解释仍不充足，此可从候选人明显地努力"将选票催出"（get out the vote）、从立法院党鞭在投票时确保立法委员在场，及社区营造者驱使民众参加会议，可以得到证明。

充分告知消息以确立直接民主的困难在代议民主有作部分讨论。[注13]代表们在充分了解每一议题后，就其选民的偏好或利益投票，或对认知观点作出贡献时，变成了专家。立法者进而将某些决策及议决分派给政府行政部门及官派人员，包括规划者。公共参与在当个人的利益大于直接参与的成本时会发生。当提案是在住宅区选择垃圾掩埋场的场所时，比起一般掩埋场选址的问题，我们便有更大的诱因参与。居民倾向将此种决策交给代表，直到他们将要作出"错误"（wrong）的决定，而将掩埋场设在自家门口。

"不在我家后院"(Not in My Backyard)或"邻避"(NIMBY)症候群的一种解释是,直接的利害关系对某些人具足够的价值,使得它们能补偿团体形成以采取行动的成本,包括领导成本。我们每天生活上发生的立即事件,足以造成替选决策间的差异,使得参与成本得以补偿。通常有一寡占领导者(oligopolistic leader)满足欧尔森(Olson 1965)所界定的条件,使得团体形成:一寡占领导者较其他人具有更多诱因来领导团体,且具有更多技巧以及团体成员的社会关系。居住在掩埋场最近的居民具有最大的诱因,但其也能说服较远的居民加入。居民如果来自同一族群团体则更容易组织起来——之前组织过或互相认识。这也和第五章所讨论的富兰克的承诺模式及爱克索罗得(Axelrod)的重复互动一致。如果团体中某人具有领导及组织能力,它们较可能组织起来。许多研究显示出此种住宅区居民自我组织的现象,尤其在意识到立即的环境危害时。【注14】西威尔(Silver 1985)发现许多例子显示住宅区明显或暗中地组织起来,因低收入、不同种族或不同族群或信仰传统,以排除可能而不受欢迎的新居民。当考虑效度的外在标准时,具有组织的能力不见得会导致好的结果。因此公共参与不见得是好事。

住宅区规划策略的一项主要工作是发展组织,以发起居民活动,并在公共机构前倡议住宅区的利益。这些是提供领导及代表集体财的自愿团体。规划师提供技巧以促成这个过程,透过提供住宅区内所缺乏的外在诱因及助力,以克服自愿团体形成的阻力。当规划师提到社区规划,他们通常假设该计划是强调低收入、低社会地位的住户。规划师的专业技术及经验,对缺乏专业技术的居民及因失败而造成的信心不足,在团体形成上的集体行动利益是加分的。

一旦有直接利害关系的事物被解决了,住宅区组织便有可能消失,但创立的经验使得新的议题发生时,更容易重新创立它。参与者有新的技巧,并与他们的邻居熟识。社区营造者提供外在的资源,包括专业及金钱,以成立本无法自生的团体,但这些团体通常在外在资源解除后便解散了。[注15]这表示他们的技巧及时间投入,在维系组织上是重要的,而并不仅在于最初创立它之时。自我组织团体在灾害过后也就消失了。如果社区营造者所发起的团体完成了立即的目标,便没有继续参与的诱因。衡量赋予权力成功与否的较佳方式,是看下次灾害发生时的自我组织,或在正式政府中所增加的参与,而不在于所发起团体的存活。

桑得斯(Saunders 1983)解释行动的可能形态,而不仅是行动的诱因。当正式政治系统无法代表隐性社区利益运作时,居民便有两种意见形态。他们能在该系统中行动,因此冒着合作(incorporation)、合并(absorption)及委员投票(cooptation)的风险。或者是,他们能在系统外行动,冒着孤立(isolation)及排斥(exclusion)的风险。在英国伦敦近郊的克罗依敦(Croydon),人们排长龙等候"政府住宅"(council housing),即一种由政府资助的低收入户住宅。长期的等待表示兴建的住宅不足。保守党(Conservative Party)在地方议会拥有多数,而社会服务水准远低于大伦敦议会(Greater London Council)的标准。政府住宅住户及等待者有三个策略。

- 利用工党(Labor Party)作为正式政治过程中,劳工阶级代表的角色。
- 利用既有制度体制内合法的居民组织。
- 形成非正式社区组织,立足于既有制度之外以"对抗"(against)既有制度。

所选出的工党议员及可能的议员属于中产阶级,并住在社区之外(在英国是有可能的)。他们的观点系根据意识形态原则,而不是与劳工阶级共同分享的经验。他们的原则是恰当的,但他们的诱因以采取足够的行动却不是。那些代表并不如居民想象地代表他们的利益。制度化的居民组织是与现有系统结合在一起的"责任"(responsible)组织,其促使现有系统合法化,却不是鼓吹它的改变。这些人的意见是合理且应被听到的。这些组织没有足够的动机来行动。相对地,静坐者(sit-ins)、在推土机或卡车前躺着的、或冲撞既有体制者,却冒着被视为激进者而遭孤立与排斥。如果没有社会地位,跳出系统外的风险颇大,而无法再度获取系统内原本有的社会地位。桑得斯认为某些人的脱轨行为能不遭受惩罚,例如一群中产阶级的母亲及子女利用"街道剧场"(street theatre)来争取育幼中心。这些中产阶级母亲除此之外均属体制内的环节。短暂的出轨能被同一族群民选议员们所能忍受。作为族群的一分子,母亲们具有适当的技巧。然而育幼示威的形式就参与者而言是不寻常的,充分显示了议题的重要性。

这些"过度参与"(overparticipate)的行动——超越规范的参与——在某些情况下对个人而言是值得的。当团体规模较小而潜在利益颇大时,它们超越制度化代表而如同民权示威,应用集中的资源而如同邻避主义,同时提供偏好强度的信息而如同育幼中心示威。我们应预期在某些情况下见到这样的参与。

参与如何产生作用

没有代议政府系统其在本质上自然就足够的。制度化的组织不会满足所有参与的诱因。在何种情况较多或较少的参与是有用的呢?我们如何应用代议政府的制度化系统、制度化组织、在某些情况下对"过度参与"的预期,以及激发的参与来制定更好的计划?

对参与典型的主张可归纳为五个主题。[注16]

- 更多及不同人的参与能增加制定计划的能力。
- 决策者的参与能增加他们使用计划的可能性。
- 所有服务对象的参与可防止后来对所选择行动的排斥。
- 正式民主程序外的参与能透过给予不同人们的管道及代表,而弥补这些正式程序的不足。
- 参与的经验能有助于造就所需的个人以从事民主的运作。

更多及不同人们的参与已在第七章讨论过。至于决策者必须是参与者的论点,与公共参与的一般焦点不同。私有公司中策略规划的传统智慧主张,执行长应参与,使得计划能表达主要行动者的意图(参见如 Bryson 1995;Mintzberg 1994)。就都市发展的规划而言,谁的角色类似执行长,也不清楚。计划是如沃克所说(Walker 1950)为市长及行政部门制定的,还是如肯特所提倡(Kent 1964)为市议会及立法部门制定的?它是为不存在的区域政府或不同领导者的不同组织而制定?就后者而言,必然会有就不同组织而制定的计划。计划是关于行动。行动由人们采行。这些人应以某种方式参与计划的建构及发展,使得它重视这些人所期待的决策制定,也使得决策者了解计划的内容。

作为支援服务对象工具的参与可以一些形式表现。服务对象可被视为是决策者,如公司的主管委员会或都市当局的部门主管。参与造就了主要的角色。参与可视为一种**事前**或**事后**行动的合法化。我们希望能说:你已有你发言的机会。罗伊乐福斯(Roelofs 1992)认为,不论结果如何,人们希望有这个机会在"公众"(in public)前发言。早期参与的目的是知道如何击倒可能的反对者,而不是了解他们的观点,以改变所提出计划的内容。在选择有害废弃物的安置地点,邻避现象将会发生,这些策略是合乎伦理并有效的。设计一双赢的策略,决定于能否了解不同参与者的兴趣。了解了可能反对的基础,可借以寻找合法的方式来补偿输家。

布来森及克洛司毕(Bryson and Crosby 1992)说明了参与能发生之状况形态间有用的差异,并描述明尼亚波利斯—圣保罗都会委员会的形成。在"分享的权力,没有人当家,且相关的世界中"(shared-power, no one in charge, interdependent worlds)有着不断改变的结盟、合法的冲突及对世界如何运作的分歧看法——即有关行动—结果的关系。论坛(forums)创造及沟通意义。场合(arenas)为决策制定的情况。法院仲裁冲突并处罚违规者。在都会委员会(Metro Council)的例子中,论坛包括许多在团体前的公开讨论以创造支持区域委员会(regional council)理念的群众。州立法局是决策实际订定的场所。法院解决了立法意涵的分歧。论坛、场合及法院的参与是适当的。论坛提供了认知讨论的特殊机会,与决策场合不同。社区愿景会议的运作可视为论坛以创造概念,及同时创造可能的参与者团体，以准备行动。重点在于，论坛的参与即使没有决策场合的参与，也会影响一决策。在某些情况下，论坛的参与具更多的影响力，因为它能建构议题，并因此限制了决策场合。

辅助制度化民主过程的参与应加以设计，以代表无法在制度化民主或自生的团体中充分表达的利益观点。例如，奖励措施的设计应能反制地方政府的企业偏见，或反制对区位决定所预期的邻避反应。针对那些没有资源或地位去形成自己的自愿团体，以及那些因合理及可预测的理由而没有参与地方政府制度的人们(Judd and Mendelson 1973)，1960年代联邦金援的模范都市措施(Model Cities program)，创造了迷你住宅区政府。伊利诺伊州大学香槟校区的东圣路易斯行动研究措施(East St. Louis Action Research Program)，便在于增加该市住宅区的组织能力，以参与公共决策及私有行动(Reardon 1994)。伊利诺伊州二十年来已尝试设计参与机制、奖励措施及方式，以包含足够专业知识来寻找成功的有害废弃物选址。目前正从事至少第三次尝试，不是因为一般参与的问题或民主治理或管道的课题，而是因为邻避反应中对任何选址"过度参与"的效益。伊利诺伊州香槟郡在设计一掩埋场选址的过程，也遭遇同样的失败。尽管当地政府与美国比较更专制，并且没有直接市民参与的经验，尼泊尔加德满都市面临了类似的掩埋场附近居民的当地选址阻力及新址的选择。

理论上厘清公共参与的不同主张是值得的，虽然一般而言，它们将提供所观察到的行为及良好规划之共同解释。参与是自治(autonomy)与机构(agency)观念的基础，也因此对身为个人而言是有建设性的(Hurley 1989)。某些决策及行动的参与对身为个人而言是必须的。因此有参与的广泛伦理主张。爱尔金(Elkin 1987)认为"我们如何持续我们的政治生活进而定义了我们"(10)，并界定住宅区议题，尤其是那些与当地土地使用决策有关的议题，作为一理想的方法来创造具讨论性的市民(153)。在这些例子中，居民有立即与强烈的诱因参与，因为他们对社区相关事实的知识具有信心。

因此，参与是创造市民的方式，激发他们参与，学习讨论，取得对社区的兴趣与支持，并卷入民主的制度化结构中。在这个例子中，参与的设计并不仅仅是改善与计划有关的立即决策，或增加成功行动的可能性，并不仅是制度程序的替代或辅助，而是成就能维系制度化系统的个人。授权规划（empowerment planning, Reardon 1994）寻求巩固"未被授权"（underpowered）人们的能力，以采取行动作为自我肯定的平等市民。参与是自我扩充的——参与增加了参与。作为创造市民工具的参与是重要的，而计划的主题对这个目的表达了完美的机会。

参与不是解决民主过程中参与诱因不足的灵丹。在西雅图（Seattle），居民团体能从市政府取得金援雇用顾问公司，并发展他们自己的住宅区计划。他们使用这些计划作为与市府及其计划协商的基础，以要求在该市特定地区设置都市村（urban villages）。参与在任何例子是有成本的，如住宅团体的执行主任所说："我们的会员没有时间参加所有的规划。他们都在为生活忙碌。"（Goldsmith 1998）

结论：制定计划与集体决策

团体的功能在于集体选择的认知、审慎议论及偏好整合。正式民主过程及另外形式的参与能相互弥补，以达到这些功能。计划能完成某些事情，但它们不能克服社会所面对社会认知与偏好整合的困难。规划过程不应佯称能针对这些困难创造解决方法，而是应充分利用已创造的不同集体选择机制。规划过程中的专业知识则应包括知道当集体选择正成为争议时如何制定计划。

译注

计划的逻辑与集体行动及集体财的逻辑不同，但常被混为一谈。计划可针对集体行动而制定，而集体行动可从事计划制定，但集体行动与计划制定是两回事。计划制定不能提供集体财，但计划可就集体财提供而制定，计划仅在提供信息，进而影响行动。集体行动及集体选择是都市治理的重要活动，规划者必须了解，因为它们构成了都市发展计划制定的背景。以台湾环境治理为例，目前多为行政部门如环保署所负责。但是有关环境的议题，因影响到民众生计，必须有集体行动来制定集体选择，以符合民主社会的要求。而集体选择必须有一套合理机制，方能杜绝因贿赂等因素造成的取巧行为。而根据爱罗的不可能定理，此合理机制在四个基本的民主假设下是不存在的，因此我们目前所采用的集体选择机制都是不合理的。尽管如此，集体选择仍旧需要进行，而不同的机制设计层出不穷。这些是属于体制内的集体选择机制，如台湾"立法院"的设计便是代议政治的集体选择机制设计之一。重要的是，集体选择必须充分代表民意，否则体制外的参与便有必要。

都市发展计划制定过程必须有参与，主要的目的有两个：增加社会的认知品质以及代表不同理念与信仰。而从沟通理性的角度来看，参与可增加集体选择的决策品质。都市计划制定的参与在台湾及大陆都是不足的，但是参与的重要性在确保计划的可行性上，是不容忽视的。参与的作用在另一方面可弥补正式集体选择机制代表性的不足。如何平衡体制内的集体选择机制以及体制外的参与，应是都市发展计划制定过程的重要课题之一。就集体选择方面，我们应就合理的集体选择机制设计做深入的探讨。例如，如何克服爱罗不可能定理所设下的民主程序障碍。可能的解决方式之一是考虑偏好强度。亦即，投票者在选择方案时，不仅就方案进行排序，也要对方案偏好的强度进行判断并加以整合。参与的理论基础在于集体行动，因此我们要对集体行动的逻辑作深入地了解，以预测在何种状况下，团体会产生,以从事集体行动并制定集体选择。这些集体过程构成了都市发展计划制定的政治过程背景,并构成了规划者从事计划制定,除了制度结构外的限制。如果规划者熟知这种治理过程的原由,便可利用这些过程来推动计划的实施。而包括交易成本的社会成本也必须考虑在这种治理过程的设计中。诱发的参与虽可增进社会认知,但过度参与如不理性抗争,会带来额外成本。此外,集体选择制度与一般制度不同;前者是集体选择机制设计,而后者是权利再分派。影响都市发展过程因素除了在既有制度下个别开发行为及其间活动的集体结果外,集体选择也扮演关键角色。不论公、私部门,开发决策多为集体决策的结果,因为开发行为是在组织中发生。都市发展计划的制定也发生在组织环境当中,其中许多的决策是由集体过程形成。因此,了解集体选择的逻辑及其发生的时机,是描述计划制定现象重要的理论基础之一。如果我们能了解因"邻避"(Not In My Backyard,NIMBY)设施设置而造成居民形成团体进行抗争的逻辑,我们也就能设计合理的谈判机制,使得政府与居民间进行协调以寻找解决方式,进而降低交易成本。

第 9 章

计划如何被制定

……设计者的图形表现、经济学家的统计预测以及政治制度,皆强调未来抽象的都市是一般福利的完整呈现,而鄙视既有都市为一组特殊的问题及利益。所有这些令规划者以及所代表之公司团体——公共或私人的——作为创始及转变原因而感到有特权。我的愿景因为专业背景及工作情况而不同,视未来的都市为从现在逐渐演化,并视当地机构的利益为需受肯定与表达的;然而,我却不能以一种使其在规划架构中有用的方式,来代表这个愿景。

————莉莎·毕蒂(Lisa Peattie,1987)
　　规划:西屋达德瓜亚纳的再思考(*Planning:Rethinking Ciudad Guayana*)

规划者的行为可就产生计划的工作（tasks）来解释。这些工作的结合——即规划过程—其效果（effectiveness），可就其是否能产生与高度结构化及"理性"（rational）类似的过程，而加以评估。解释所观察到的计划制定方法之一，是视其为尝试以复杂的方式达到理性的标准，而远超过仅仅尝试直接符合指引的（prescribed）理性过程。

描述计划的制定与使用的语言需要四个不同的向度（dimensions）：行为（behaviors）、工作（tasks）、过程（processes）及标准（standards）。**规划行为**（planning behaviors）是人们行事来制定及使用计划的"基本（atomic）事物"。与支持者谈话，地图上色及为跑电脑程式准备资料都是行为。行为比较容易观察得到，但不见得显露目的。**工作**是规划行为的组合，以达成特定的功能及目的。预测人口、比较评估两个选项、就都市发展而评估土地适宜性，以及教导一群住户如何开会议是工作。工作无法直接观察，但工作可由观察行为、观察结果或由规划者自我报告行为的目的来推断。例如，预测人口要收集资料、考量技术及假设、敏感性分析以及结果的解释。**规划过程**（planning processes）为工作的形态；规划过程产生计划。同样的工作及行为能同时达到其他目的或具其他效果。规划过程不易观察得到，因为它在不同的地点及以不同的形态，发生在长久的时间中。然而过程可由工作的关系或工作意图的自我报告来推测。于是工作及过程有助于行为及计划之间关系的解释，后两者比较容易观察得到。

理性的标准（standards of rationality）提供评断规划过程的准则。使用理性论调为标准与使用理性作为一过程的模式不同。虽然这些标准通常被描述为高度结构化的过程，它们仍能作为比较行为或工作混乱形态的准则。所观察到的行为可以工作或过程以产生计划来解释，即如同以理想过程直接执行而完成的计划类似。行为解释（behavioral explanations）说明规划者如何尝试达到好的结果。指引性解释（prescriptive explanations）尝试改善这样的行为，所根据的基础在于修正后的行为较能达到理性的标准。

行为、工作及过程

行为构成工作,但通常是同时针对一个以上的工作或不同时间不同的工作。联结行为与所导致的计划方式之一是将行为组织成工作。[注1]例如,与服务对象、主管、规划委员会及证照申请人谈话,可构成都市发展中预测成长率的工作。计算—预测、设计—调查以及进行—调查,都可视为构成预测人口工作的一部分。这些同样的行为事件也同时完成其他工作。为了解释预测的工作,这些不同的行为必须被考虑。信息的使用说明了行为与工作关系的必要联结性。

这些例子值得注意的是,政策结果在建构与赞同信息的过程中,变成了预先的结论,而不是信息成形后之后来的选择……作为参与者的经理们不但坚持与支流(estuary)有关的情况资料须经由每人充分地讨论及接受,同时确保解决问题情况的选项与资料一起呈现。对经理们而言,这些选项正赋予了资料的意义。除非政策隐喻被清楚地表达,否则他们视状况及趋势报告为无意义的。(Innes 1998, 58)

资料不能独立于选项的产生或测试之外,而加以收集或分析,因为与区别可采纳行动无关的其他资料是没有意义的。这种结合并不意味着资料收集、验证(verification)、选项产生、选项测试及选项评估不能解释为关于理性标准的工作。它的意思在于,不可能直接观察工作,或由不同时间分别进行的行为来推测这些工作。当观察到资料被用来考量可用的行动时,暗示着资料已被收集并验证了。这些工作因而已被执行了,且其也是符合理性标准的证据。至少在某些情况下,行为能被观察到而足以解释这些工作是如何进行的。例如,谁在何时与谁谈话?有多少草案或分析的备份在何时发放给谁,而反应又如何?

工作可被界定为是一般形态或渐次而更为具体。哈里斯（Harris, 1965）界定三种一般工作：预测、发明（invention）及选择。其他人建构三个问题成为三个一般性工作：我们在哪里？我们想往哪里去？我们如何到那里？行为与计划关系的解释需要更具体的工作。针对计划时间水平预测人口成长，通常认为是制定计划必须的工作。工作可由次工作（subtasks）构成，但不是阶层性的，因为次工作同时隶属一个以上的超工作（super-task）。观察到的行为能共同隶属于多个工作，而更多特定工作能同时隶属于更一般性的工作。

自我报告所欲从事工作的行动者仅可界定与行为有关的一项工作，虽然该行为可同时隶属于不同的工作。例如，一预测工作以不同的方式对一规划过程作出贡献。一规范性预测创造了一个可能未来的意念（idea）。它同时测试这个意念的可行性及期望性。所预测的人口构成了与其他意念的比较，影响了人们对世界运作的信念，与其他人沟通这个意念，以及促进协商。当社区营造者将这一意念呈现在社区面前时，契克维（Checkoway）对规划过程所描述的十二个元素可同时发生（如 9-1 表所示）。意念可能即时产生；它可能成为焦点以形成结盟等等。工作不能以一对一的方式与指引的过程或标准联结。

尽管有这样的复杂性，计划制定过程常以工作列表的方式加以指引。一些常见的方法如表 9-1 所示。[注2]所引用的大多数作者认为工作的顺序是重要的，但受限于迭代过程（iterations）。工作在完成整个表列之前及之后会重复。在表 9-1 中，除了契克维的第一及两个工作外（因而加以编号），所有的工作呈现同一顺序。派顿（Patton）及梭维奇（Sawicki）以及布来克（Black）所描述的过程是所谓理性或综合理性的方法。布来森（Bryson）所描述的过程是现在私人或非营利组织上传统策略规划方法。契克维描述社区组织观点。这些描述可以参考第一行所界定的三个一般问题而加以排列。

表 9-1　规划过程*

魏特模尔	派顿及梭维奇	布来森	布来克	契克维
我们在哪儿？	验证、定义及详述问题	发起及赞同过程 评估内在环境 评估外在环境 界定策略课题	资料收集 资料分析 预测未来 背景	2. 界定课题
我们要去哪儿？	建立评估准则	界定组织命令 厘清组织任务及价值 建立组织愿景	建立目标	1. 建立目标
我们如何到那里？	界定替选政策 评估替选政策 展现并区别替选政策	建构策略	设计方案 测试方案 评估方案 选择方案	争取支持者 选择战术 建立组织结构 动员人们 开发领导者 教育大众 与影响者建立关系 形成结盟 倡议政治改革

*工作的次序从上而下，最后一行则如数字显示其1，2的逆转顺序。

该表显示这些描述在许多方面类似，仅有少数的直接矛盾。详尽的程度也不同，从三个工作到十二个不等。它们借由界定不同数目的细项工作以强调不同的一般工作。"我们在哪儿？"由派顿及梭维奇的一项工作所涵盖："验证、定义及详述问题"。布来森提出四个细项工作。契克维针对"我们如何到那里？"界定九个细项工作。几乎所有这九个工作包括创立组织或制度以采取行动。其他行的过程则视制度为已知而不考虑过程外的制度改变。这些描述在不同的场合是有用的，这些场合因起始状态不同而有必要强调不同的工作。工作能进一步细分以更详尽的方式描述过程，并有助于工作实际及可能如何完成的研究。

理性作为标准及过程

表9-1中布来克所举例及表9-2第一行所描述的理性方法,不是所观察到规划行为的描述。然而它不只是工作的描述。就最局限的角度来看,它设定了计划制定品质的标准,其甚至可用在不必依靠直接执行一序列步骤的过程。尽管不断有对理性过程简化意念的攻击,很少有规划者能完全忽视这个标准,作为判断好的规划过程的一组特性。

理性标准的主要内容为,主张将所有相关的元素完全考虑在内:(一)所有工作的目的已完成,以及(二)针对每一工作而言,所有相关的变数已考虑在内。根据这个标准所衡量出好的绩效,可间接达成而不需直接执行这些工作。考虑所有的目标,评估现在及未来情况的所有面向,界定或开发所有的方案,测试方案的所有效果,根据所有兴趣评估方案,以及适当组合准则以选择方案,不论使用的方法或过程,皆构成理性的标准。回顾第二章有关演化及最适性的论述。如果存活所突现的标准被认为是合适的,而经过了无限长时期的演化,则演化过程将可能产生最适结果,而其所依据的逻辑与程序性理性无异。简言之,这样作为一种标准(而不是过程)的架构,其实际的问题是,目标的外在效度及无限时间的要求。

理性作为绩效而不是过程的标准与沟通理性(communicative rationality)、批判理论(critical theory)及所观察到的规划行为同理。沟通理性着重规划行为的单一面向。批判理论强调外在效度。所观察到的计划制定行为可部分解释为,在既有认知与集体选择的限制、对外在效度的关切及有限的资源下,规划者尝试达到理性的标准。

沟通理性认为在已知的沟通个人与沟通性质条件下,行动的理性选择将可达成。表9-2显示程序理性(procedural rationality)与沟通理性情况的粗略比较。[注3]该表分为三层,因为中层的四个组合面向是一致的。这种有关沟通理性的论述多出自伊恩斯(Innes 1989)根据哈伯马斯(Habermas

1990)及福洛斯特(Forester 1989)之作所建构而成。如果所有的利益团体在一对话被代表了,每一利益团体被告知并能表达它的论述,每一利益团体被赋予同等对话的权利,论述根据理智所为,而所有的主张与假设都被质疑,那么情况将被完全评估,所有选项将被考虑,而所有方案将被测试与评估。如果对话形成了行动的承诺,且较共识的诉求更为宽松,则一方案将被选择并采纳。如此则沟通理性将理性的标准转变为沟通过程的标准以达到理性。这种转换是有帮助的,因为对话以较具体的方式考虑了这些标准,但这些标准仍无法直接达成。

表 9-2 程序及沟通理性

理性综合	沟通理性
所有目标均被考虑	所有利益均被代表
现在及未来状况所有面向经评估	所有利益被告知并表达
所有选项被考虑过后	所有利益赋予同样权利
方案的所有效果经测试	好的理由及好的论述
所有方案被所有准则评估	允许所有的主张及假设被质疑
最佳方案被选择	共识达成

福洛斯特及伊恩斯各自从哈伯马斯出发,但发展出不同的规划反应。以最简单的话来说,福洛斯特(1989,1999)的批判操作(critical practice)或审议规划(deliberative planning)方法也将理性的有限性(boundedness)应用在沟通理性上。特殊制度的谨慎设计及依赖人们的善良均不会产生道德上充分的沟通。因此,规划者(及其他人)必须以个人或集体的方式,来负责将道德沟通带到桌面上,并刻意采取行动以反制认知、制度及权力结构的偏差。认知到并非所有的利益会被表达,表达的能力不会均等,沟通不会严肃并以好的理由为基础,规划者必须采取行动反制这些偏差。好的行动其可能性决于批判反思及事先及外在的道德承诺。

伊恩斯(Innes 1996,1998)强调沟通理性的直接执行作为过程。她聚焦在共识寻求团体的个案。这些团体通常被创立作为临时的公共团体以解决特别的问题或课题。这个方法导致一个焦点,在于如何设计对话以趋近沟通理性的情况。所有的利益团体代表必须被邀请到桌面上来讨论。论坛必须创立以便这些利益团体代表有充分的时间及"理由说明"（reason giving）以达到行动的承诺。团体内对话的理性是宣告团体结论效度的主要基础。这些团体的活动是一较广泛背景中的事件，包含了其他的课题及其他的利益团体，而这些团体其行动如何与此其他利益团体代表建立关系，亦应予以考虑。

这两个例子反应两种不同的乐观主义（optimism）。福洛斯特的乐观认为批判式的行动以克服基本上有问题的世界是值得努力的。【注4】伊恩斯的乐观认为设计接近理性的公共团体是有可能的，只要该公共团体能聚焦在某一特定情况上作为某种特殊之审议团体。这两个例子以熟悉的方法，直接地被程序理性的人来使用，以解决理性标准的难处。福洛斯特认为目标必须是外部的，但将在行动中被形成或重新塑造。他同时也强调问题建构、反偏差工具（debiasing tools）及决策过程。伊恩斯将情况解析为可管理的课题子集合，然后尝试勾勒出一公共团体的设计，其中目标及行动能同时浮现。

与大多数理性标准的调适性做法相同，这些方法与计划最具价值情况下的属性严重冲突：相关性、不可分割性、不可逆性及不完全预见。福洛斯特的案例着重在特定方案核准的互动上，而不是计划的制定。伊恩斯的案例倾向着重在政策或具体的法规，而不在都市发展的计划。有两种理由可解释这些案例的选择，一个是方法论（methodological），而另一是实质内容（substantive）。

在一相对完全定义的场合中观察对话，较从长期观察到的行为来推敲不同的工作要来得容易。观察一个人从事分析工作是困难的，因为人们并不会即时报告他们的所为，除非该工作包含沟通。因此，并不令人意外的是，规划实务的观察强调了谈判及调解，因为在这些工作中行为比较容易观察到，不如计划创造或分析工作般的困难。一规划者在负责某一申请案的审查时，该案所隐含的利益会被显露出来，而可以观察到并加以解释。一经定义并以工作为导向的团体，按预定行程开会是可以观察到的，且它与其背景的关系可以从该团体可见的讨论中向外追踪。甚少有单一论坛或场合是如此的明显又可见,且如此着重在可观察到的对话以解释都市发展计划的制定。强森(Johnson 1996)对纽约及其环境的区域计划制定是如此详尽的描述,也涵盖十至十五年以及许多论坛及场合,才得以建构这样的解释。

从实质内容而言,都市发展的计划必须面对四个 I:相关性、不可分割性、不可逆性及不完全预见。都市发展的计划必须解决至少两个,而且通常是许多个多年期的相关行动。在沟通理性文献中所陈述的个案,通常将这些计划视为已知的,而着重利用计划信息的某个行动或决策。考虑许多行动的复杂性,是制定计划的主要目的。回避计划制定基本逻辑的个案,无法提出制定计划一般化的基础。本章其余部分探讨如何解释面对四个 I 的个案。

林布隆(Linblom 1959)对计划的批评以及哈里斯(Harris 1967;Harris and Batty 1993)对计划的提倡,代表两个针对在复杂系统中直接执行理性困难度的乐观回应。林布隆乐观地认为,我们可以忽略这些复杂性,而仍能有效地解决问题。直言之,虽然没有用这些字眼,林布隆认为相关性、不可分割性、不可逆性及不完全预见所产生的问题可以被忽略,同时渐进的(incremental)(边际的(marginal))反应将足以并谨慎的成为解决即使是四个 I 问题存在的有用方式。他认为在连续性及可逆性假设下的均衡寻求行为,较尝试去规划有用。相对地,哈里斯乐观地认为,以制定计划的方式尝试处理复杂性,虽必然受限,却能导致好的行动。这些乐观观点的差异在于具影响力的计划其能被制定的程度,且能以低于潜在利益的成本制定。这种取舍的逻辑是清楚的,但其对计划范畴的隐喻却是一实证问题且缺少证据。

于是便有下列的困境浮现。规划者是否应该以短视的方式,将注意力放在这些碰巧在事件自然川流中漂浮在一起的课题、解答及选择情况?或者规划者是否应将注意力放在努力扩充在决策场合中所考虑的行动范畴之方式,以便从事规划?第二种方式需要事先的努力,以取得行动发生的时机,并需要在事件川流中向左右及前方扫描,于是需要针对系统的行为及意图作预测。

布蓝区(Branch 1981)强调"持续性都市规划"(continuous city planning),其系根据状况室(situation rooms)的设计用来规划及监督军事行动。他建议成立"都市规划中心"(city planning center),以便组织及使用与决策有关的信息,并强调计划使用者而非制定者的观点。他对持续性都市规划的描述,较综合性计划更贴近日常规划实务。布蓝区只发现一个类似持续性方法的使用案例(Kleymeyer and Hartsock 1973)。然而,即使它是许多所观察到实务操作的良好描述,好的实务操作规范使得该例无法宣告其有意地实现了一连续的过程。

许多计划在它们可能会是有用的情况下被制定。哪些行为以工作及过程的诠释产生了这样的计划呢?所观察到的计划制定可解释为,其系针对因认知限制及集体选择困难所造成一种无法达到理性标准的反应。这些反应包括分解(decomposition)、表达(representation)、使用与利益团体及参与有关的专业知识,以及使用组织中模糊的主管及幕僚角色。

分解

所观察到的计划制定过程是可行的,因为他们将计划以功能性(functionally)、组织性(organizationally)、空间性(spatially)及时间性(temporally)加以分解。然而,所观察到的范畴选择,似乎多根据历史传统,而非谨慎考虑计划逻辑的解释。根据相关性的分解在选择计划的范畴上扮演核心的角色。分解必须同时考虑功能性、组织性、空间性及时间性的向度,这些向度通常具冲突性,且必须加以取舍。

赛门(Simon 1969)手表制造者的类比,说明了分解的原则。想象两个手表制造者(在电子表发明之前,手表具机械零件)。第一个师傅使用的设计是,当所有的零件被装置时,这些零件维持安装的状态。如果这个师傅在完成手表前被打断,则必须重新再来。第二个师傅使用的设计是根据稳定的次组合(subassemblies)。手表分解为相关的次组合并不会散落。而这些次组合之后再依其单位相关性组装成手表,因为次组合中的相关性不会呈现在组合间。在充满干扰的世界中,第二个师傅较第一个师傅完成更多只手表。

同样的原则可应用在电脑的物件导向程式设计(object-oriented programming)的理想。每一个物件是电脑程式的单元,将其内在功能包封(encapsulated),并与其他单元透过输入及输出互动,而至于整个物件。不同物件内的元素间无直接关系。福兰德及西克林(Friend and Hickling, 1987)发展了一图形语法及合作式团体协定(collaborative group protocols),在计划制定情况中界定相关的决策领域(decision areas)。这些技术将在第十章中讨论。

所观察到的计划制定以功能性来分解。达到处理污水功能的特殊过程,可以独立于透过网络收集污水的功能设计之外而改变。处理厂设计与污水管线设计在不同的功能中,各自包含高层次的相关性——"系统内相关性"(intradependence)。然而处理厂设计与收集网络设计除了在整体输入与输出外,是相互独立的;意即有多少及何种污染物从网络流出并流入污水处理厂。这种分解产生了次组合,并允许相互间独立地规划,而仅需追踪输入及输出。这些输入及输出可在另一层次来制定计划,而不必重新考虑每一部分的内在运作。

学校、交通、污水及用水计划通常各自分开,以及从所谓一般或综合性计划中分开进行。综合性计划通常处理土地使用问题,其目的在于建立分区管制规则,以及这些法规与交通、公园及污水的投资关系。然而交通及污水决策很少是包含在一综合性计划中的选择。它们通常是给定的,因为它们一方面是不同组织的决策,另一方面则由于功能上的分解。地方及区域公园有时包含在综合计划中,且有时候是分开的,但有关公园的决策通常是由不同的部门或不同的政治行政管辖区来制定。

这种分解建构了可行的问题范畴,并容许以特殊的专业知识为基础,进行团体过程。污水及交通计划由工程师制定,学校计划由学校行政人员进行,而综合计划由都市规划者进行。都市发展的综合计划有时在两个层次上操作。第一个层次着重在土地使用,而第二个层次考虑其他人制定的功能性计划之整合。联邦或州法规规定的计划通常要求某些元素,如住宅、土地使用及交通,也隐喻综合计划中某种程度的分解。要将所要求的元素整合成一计划,在实务上很少会摒弃因认知能力及组织结构限制使然之计划制定的分解。

所观察到的计划制定在组织上及行政辖区上被分解。一都市的计划强调如分区管制的行动,以供该行政辖区使用。因此,计划被定义为将一都市分解为相关的行动,以及其他都市间行动的整体输入及输出。都会区计划着重都市计划间的输入及输出互动,以及提供其他在都会范畴上功能元素的机构,如污水及交通,而这些功能通常由地理特殊辖区来提供。不论是否有都会层次中央化的权限如奥瑞冈的波特兰市,分解均为合理的。如果有这样的权限存在,任何都市其策略会将此因素考虑在内。一都市将仍需要该都市辖区上的策略,不论其为面对其他友市、一组混合辖区的形式或区域权限。都会范畴决策将不是由几个机构及都市的计划组合而成,便是由一区域权限(如果存在的话)来考虑。波特兰 2040 计划(The Portland 2040 Plan)(Metro 2000)较容易发生,因为都会区域政府能针对它所管辖的决策进行规划,但郡、市及基础设施提供者仍制定它们本身的计划。

所观察到的计划制定在空间上被分解。土地使用区位因可及性、宁适性及非宁适性的关系是相关的。这些关系在不同的距离上操作。工业的可见度在八分之一里内是不被允许的,而高速公路的噪音则在四分之一里。就业可及性的期望可以达到二十里。土地使用计划可在空间上分解成不同层次:土地细分设计、地区计划、市中心计划、都市计划、都市扩充计划及都会地区计划。每一层次着重不同的互动,但每一层次均是有用的分解,使得其面对四个 I 是可行的,而又视不同范畴的其他计划为仅产生整体的输入及输出。

地区计划界定了土地细分计划的架构,其考虑土地细分区间交通流量与土地使用间的关系。地区计划不需要考虑每一住宅道路或基地的配置，但它必须考虑每一土地细分区的交通如何由收集道路处理，并导向主要道路及高速公路交流道。地区计划可为土地细分计划界定政策，以鼓励引入捷运而非自用车的形态，因而解决了土地细分区的捷运可及性问题。

1960 年代芝加哥计划，说明了这些功能及地理分解的概念。交通规划是由芝加哥地区交通研究分开来执行(Chicago Area Transportation Study 1959，1960，1962)，它是一与制定综合计划不同的机构。该市所发展出来的综合计划有两个层次：（一）一组原则（政策）应用在所有的地理特区以及特区间的关系，以及（二）针对各特区制作一特别的手册，以显示这些原则如何形成该区特定的选择(City of Chicago Department of City Planning 1964；City of Chicago Department of Development and Planning 1966)。图 9-1 显示全市及住宅区层次的游憩建议案。每一住宅区的架构类似，但它的细节系根据当地特性而定，与其他住宅区的当地特性无关。所观察到的计划制定在时间上被分解。标的年通常被指定——例如华盛顿 2000 或波特兰 2040——但这个方法通常隐瞒了其他分解向度。回忆一下，空间分解强调住宅区单元，即在空间区位及基地适宜性上相关的土地使用混合体，且与其他住宅区单元是相对独立的。这种空间分解建议一地区足以支持一当地公园与一学校及住宅区购物中心。计划的另一层次考虑收集道路的连接，污水截流管线的容量，以及住宅区或特区与都市其他部分的关系。然而，该注意的是，这个分解与该区的成长率无关，也与时间或标的年无关。将都市分解成这些计划制定的单元与时间无关。计划必须考虑适当的空间单元，且不论完全兴建的时间是五或二十年，必须以某程度的细节加以考虑。

同样地，一污水计划至少要考虑整个可能被不同处理厂服务的地理区域，不论其兴建要花十年或一百年。一旦厂址决定了，则不太可能迁移，并会影响到其他厂在该都会区域中兴建的区位。因此污水计划与其他计划具有不同的范畴，同时聚焦在不同的功能及细节，但这些范畴的差异是基于功能及地理的分解，而不是时间的分解。较大的地理区域能导致兴建的

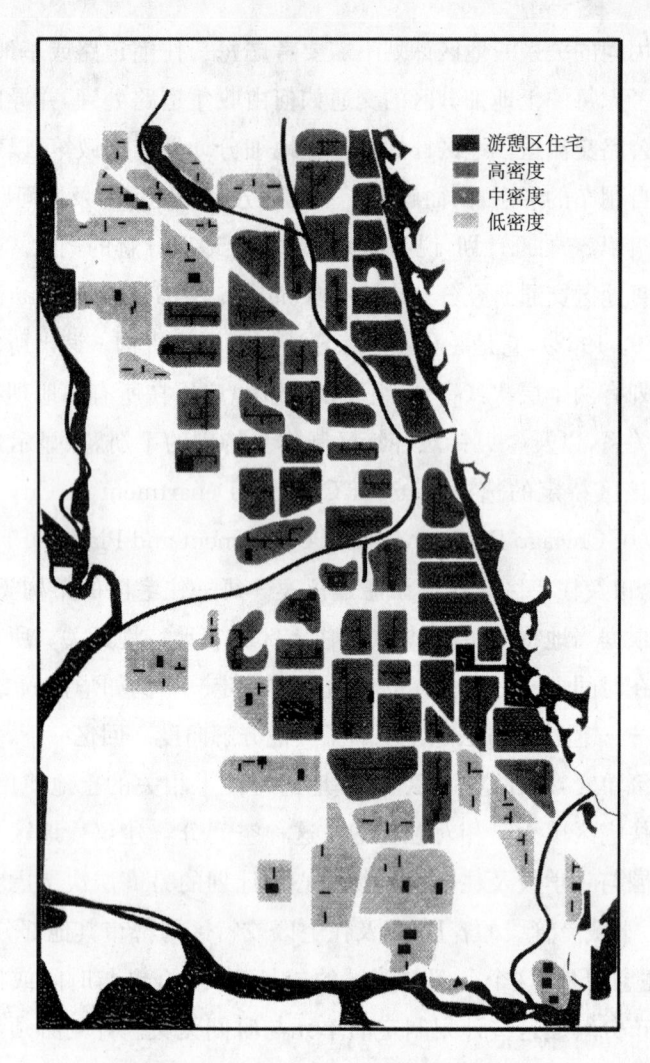

图 9-1 以住宅区别所提出游憩地区的示意图
(摘自芝加哥市发展及规划局(City of Chicago Department of
Development and Planning)1966，41)

时间较长,但分解的逻辑在于功能及空间,而不是时间。时间及标的日期通常是其他面向分解的表现。

亚利桑那州凤凰城(Phoenix, Arizona)计划的制定说明了这个逻辑。计划的制定系针对地理划分所定义的住宅区,其所依据的是社区参与的预期诱因,及这些地区行动的预期"内在相关性"(intradeperdence)。规划机构选择这些计划制定的顺序,主要是希望在不可逆的发展或再发展发生前完成这些计划(Mee 1998)。功能及地理向度决定了每一住宅区或地区计划的范畴。何时制定一个计划取决于,在第一个显著的不可逆行动在所规划地段之功能或地理范畴内发生前的预先时间。

表现

如同在本章之初所引用毕蒂的概念一般,规划者使用的表现着重在空间形态、实质系统、经济及互动的网络,而不是在个人或社区。将住宅区表现为人们的组合,而不是街道及建筑物,是否比较合理?

所观察到的计划制定使用资料地图及表格、课题及影响力图(forces maps)、草图(sketch maps)、比较评估表以及解释与说服性的文字。这些形态的表现用来构想出计划以及表达通常视为最后的成果——计划文件。某种土地适宜性分析(suitability analysis)及地图,通常用来界定适合做各种土地使用的地区。这些适宜性通常由专家来判断或从标准参考资料来诠释。现有土地使用及人口分布图,也可用来界定可发展的土地。课题及作用力图以松散的图文组合来描述现有情况,并较正式地图更足以包含更广泛的情况观点。草图根据课题及作用力图记录发展如何产生,以及其如何回应课题及作用力影响的概念。当可能性被界定时,比较表用来以共同属性描述每一概念。这种比较最常用来勾勒出所建议的计划,而不是讨论初期所有的计划可能性。文字解释这些表现,并针对不同阶段计划选择的协议建立一论述。这些表现与凯撒等(Kaiser et al. 1995)所陈述的过程及许多计划文件内容一致。污水计划或交通计划具不同但类似的表现,着重在网络而不是土地地区,并非常强调成本,因为它们的主要重点在投资,而不同于许多土地使用计划的重点是在法规。

这些传统表现倾向将计划建构成实质空间的结果及其属性。相对地,表现很少将计划制定架构为可采用的行动、行动与后果的联系、行动的相关性或不同决策者间的关系。如果模式（models）被使用，则它们用来预测一定基础设施网络或土地使用形态下的活动形态，而不在于投资或法规以及它们后果之间的联结。关于世界如何运作的信念很少以明确的方式来表现或测试。

当地方制度兴起时，发展的计划便对这些元素有清楚的表现。国际发展规划者推行了整体行动规划（Integrated Action Planning）并加以文字化而应用在尼泊尔（Irwin and Joshi 1996；Joshi 1997）。整体行动规划的重点在于地方政府议会实际制定的决策，其透过显示建设资金预算方案之决策每年之间的关系来表现。有两种表现方式是重要的：（一）现有基础设施及环境地图，及（二）每年及政治辖区别之基础设施如给水、道路及其他公共服务设施之图表。这些表现直接用来与由选区选出之地方议会议员合作。这些表现说明了多年期多个投资项目之选区与投资策略所进行投资决策的政治基础。

这些表现与美国的设施改善预算没有多大差异，但它们将计划与预算更紧密地联系，同时明确地追踪谁制定何种投资决策，使用何种经费，具何种政治意图。相对于经常强调结果的其他方法，这个方法从雇主可用的一组行动向外展开，以为这些行动制定一计划。它也较少着重预测需求，而是透过相关决策的考量，多强调可用行动与可能结果（possible outcomes）之间的关系。其动机在于鼓励分期重大建设多年期的承诺，使得大型基础设施建设能在一年以上执行。明确地认定选区政治（ward-based politics），以及选区间建设利益分配的结盟价值，是这个工作的重点。整体行动规划方法将行动与结果联结，其系透过表现了导致基础设施的地方议会决策，但它却又无法明白地表现这些联结，以思考新方法的困难与机会。行动与后果（consequences）的联结被视为是已知的。

行动与后果的联结，有时可透过情境（scenarios）的使用加以考虑。常用的方法是提出一组法规，一基础设施投资的形态，或两者同时考虑，并预测在这些情况下会发生的土地使用形态。在许多历史上的计划，这样的情境根据一般化的解释被以人工方式建构。在1966年奥瑞冈波特兰市的规划研究中，这些情境被标示为"趋势都市（Trend City）、线性都市（Linear City）、区域都市（Regional Cities）及放射状走廊（Radial Corridors）"（Metropolitan Planning Commission 1966）。然而，其重点是在于比较这些结果，而不在于辩解可用行动与这些后果之间的关系。最近波特兰2040计划依赖明确的模式建立及分析，但仍假设行动可找到，以达到期望的结果形态，而不是测试这些行动可能导致的特殊后果。已有许多努力投注在开发模式进行这些预测，但这些模式很少用在实际的计划制定中。【注5】寻找有用的表现及工具，以联结可用行动与后果，仍具改善的空间。

寻找或建构行动组，以与可用决策情况契合，是一迭代过程，并很少能明确地表现几个方案。一直接贴近理性标准的方法为，在考虑财务或认知资源许可下，发明并考虑所有可能方案。然而，所观察到的计划制定却倾向着重表现及开发一个方案以叙明细节、绩效评量水准及评估水准。这种"逐步深入"（progressive deepening）（Mintzberg et al. 1976）的过程会发觉，这主要方案其内在是矛盾及不可行性的，或者是其预期绩效较其他已知方案为差。于是该过程又回过头来修改这主要方案，或发展新方案。哈里斯（Harris 1967）以各种系统搜寻策略的类比，如发展及限制（branch and bound），来描述这个过程。

在记忆及注意力限制及保守主义偏误（conservatism biases）情况下，逐步深入搜寻是经常被观察到的策略，此并不令人意外。如之前引用的长除法所示，当能力受到限制时，逐步贴近假说测试，其过程较同时考虑许多信息来的容易。将焦点放在表现、修改及详细说明（elaborating）一基本概念，以考虑一些行动及它们的后果间之关系，较同时追踪一些方案为容易。观察及访谈成功的建筑师，会发现他们采纳一逐步深入的方法。这个过程的解释之一为，设计师在设计过程初期先界定一"主要产生器"（prime generator），即一基础概念，以将思考聚焦，该概念并在整个设计过程中维持不变（Darke 1979）。在某些状况下，设计师或规划者界定包含主要方案的一些基本方案，而其中不同方案多少都包括了某些重要属性。例如，根据轻轨捷运所设计的都会区土地使用形态，可能被包含在一以高速铁路为基础的方案，以及另一完全以巴士为基础的设计中。这些方案作为了解主要方案的工具，并作为评估的参考点，而不是本身作为慎重考虑或陈述的方案。这类行为是可理解的。即使在许多方案可容易产生的情况下，也很难去说明它们、评比它们的绩效以及评估它们——慎重地考虑它们。这类行为也是可理解的，因为与其他人沟通这许多方案是困难的，同时在表现这些方案后，达到一个方案的协议也是困难的。一主要方案以及包含它的其他方案，不但使得制定计划的工作容易进行，也使得说服他人的工作容易进行。

将行动及后果进行联结不但需要预测效果，同时评价这些效果以便决定选项的偏好。撷取价值及偏好的技术但若其与选项无关——不论是替选行动或结果——在执行上是十分困难的。人们不是以他们所不能表达偏好的方式回答，就是完全不回答（Lai and Hopkins 1989，1995；Lindsey and Knaap 1999）。在实务上，撷取偏好的问题通常不能产生有效的信息，即使人们知道他们的偏好。有效的方法不是在实际应用的执行上太昂贵，便是人们因为问题太难回答而拒绝使用。计算工具也许在减少取舍问题以从事选择上有用处（Lee and Hopkins 1995）。

最常观察到的评估（evaluation）或评量（assessment）的表现是一表格，而以一组属性来比较方案。一熟悉的格式是一表格，方案成列而属性成行。即使方案用来包含一主要方案，这个格式也被使用。在选择汽车，选择教师人选，或选择入学学生，这些比较表常被使用。**消费者报告**的产品回顾、电脑杂志的产品回顾、报纸上政治候选人的简介以及几乎所有系统评估方法的某些步骤，皆使用这些表格。许多计划如果不是在最后的建议，便是在他们的工作文件中包含这些表格。这些表格的产生主要有两个原因。首先，评估包括多个属性，且通常超过我们的工作记忆所能追踪的能力。其次，许多属性间偏好整合的方法并没有被广泛接受或在实务上应用。这些表格是外在记忆体，是以各种即兴方式考虑比较的表现。重要的隐喻是，如果这些表格要具某种意义，它们必须包括一个以上的方案，因为将属性衡量转变为偏好，即使只是暗喻的，也只能以相对的方式完成。

这些比较表格不如许多制定计划过程指引所暗示的在最终才呈现。例如,在1966年的波特兰研究(1966 Portland study)(Metropolitan Planning Commission 1966),通常一些方案及一个比较表在计划制定过程初期便被建立以形构状况,建议另外与目标相关的属性,定义预测工作并凸显能有助于选择的信息。在逐步深入过程中,即使在最初有一主要方案,评估工作便已开始。

当与规划逻辑的解释及理性标准比较,所观察到的计划制定与传统指引使用极少的表现,以深入地联结可用行动与后果。这会影响行动的考虑,是否行动与决策者间的相关性被考虑,以及是否后果的评估以结果诊断的方式来比较。这种诊断评估(diagnostic evalutions)是需要的,以发现如何考虑所偏爱的后果以修正行动。

利益团体的参与及专业(Participation and Expertise about Interests)

有些规划行为可被解释为补救可用集体选择及组织制度不足的行为。西德卫及库克(Sedway and Cooke 1983)针对成功的市中心计划所提之标准,着重在增加该计划执行可能性的条件。他们解释计划制定为,辨认出哪些人及组织因其所控制的行动及资源而具有诱因从事规划,也因此哪些人可能由制定及使用计划获利。另一方面,基丁及克蓝姆侯兹(Keating and Krumholz 1991)强调为改变现状应从事哪些事情,使得其他人具诱因为其他目标从事规划。其他例子,如奥斯汀(Austin)及亚特兰大(Atlanta),强调大量的公众参与。这些计划制定的例子可用集体选择、集体行动及组织解释加以阐述。

不论从认知或偏好整合的方面来考虑,选举政治(electoral politics)在实务上是有瑕疵的。直接民众参与也同样是有瑕疵的。针对此问题的一个反应是克蓝姆侯兹的公平规划方法(equity planning approach)(Krumholz and Forester 1990)。克里夫兰政策报告(Cleveland Policy Report)制定一政策"针对具有极少选择的克里夫兰居民提供更多的选择",并提出四个理由:"(一)克里夫兰状况急迫的现实,(二)都市发展过程固有不公平及剥削的性质,(三)地方政府对这些问题处理上的无能,(四)对专业实务伦理的概念"(Krumholz 1982, 163-164)。规划者选择一些主要标准借以选取情况,以投注并提出建议以采取行动。规划者的责任在于针对并超越规划委员会、市长及议会来提倡这些标准及行动。

这个专业所引用的政策点出了革新政策(progressive policy)的吊诡性。该政策出自原则,而不是来自现有权力结构或无权者的政策命令。它的言辞源自基本文化价值,通常属于中、上阶层的人们。其基本的前提与宗教传统及其所主张的道德理想一致。然而没有支持者赋予克里夫兰规划委员会这个政策。规划委员会的市民代表也没有建构这个政策,虽然他们批准它。专业规划幕僚建构它,明确形构它,并应用它在每一种所面对的或自己创造的情况。种族通常是暗中的议题如优克利德海滩案例(Euclid Beach Case)所述。委员会提倡公共海滩的兴设,但居民反对因为惧怕犯罪。一提案建议将克里夫兰西方所有白人地区兴建为国民住宅,而引发了环境问题及基础设施短缺。一高速公路提案漠视它对非裔美国人住宅区的破坏。在每个案例中,专业规划者提出的建议与他们强调弱势民众利益的政策一致,不论他们是否成功或甚至市议会及居民反对他们的观点。当特定情况发生时,该政策成为基本社会承诺的持续提醒工具。

根据所隐含的外在标准来看,规划者利用专业承诺作为后盾,即"寻求为所有人扩充选择及机会,确认计划的责任在于为受害的团体及个人谋福利"(American Institute of Certified Planners 1991)。在克里夫兰市,规划者针对这个政策说明并作出承诺,但无选举政治及民众参与的直接支持。不论他们的外在标准是理性标准或更基本的标准,他们的反应是反制集体选择机制限制的直接尝试。克里夫兰政策报告与传统计划不同,因为这样的计划无法完成规划者的目标。规划者对集体选择限制的其他反应便不这么直接。其大多数乃将重点放在诱发出未充分被代表团体的公共参与,以对抗选举政治以及"自然"(natural)市民参与,如"邻避"(NIMBY)反应。专业承诺以达到分析的标准程序,以考虑分配效果及其他广泛效果,也会反制集体选择及组织结构的限制。

　　克蓝姆侯兹所倡导的公平性直接改变了行动,却无法寻求改变情况来辩证这个方法的正当性。另一方面,理尔登说明的授权规划(empowerment planning)(Reardon 1994,1998),其主要的目标在于赋予缺乏权力的人能力,使得制衡选举政治及民众参与具正当性。授权承认了认知及宪法上(谁被尊重为应听从的人)的限制以及集体选择的限制。它利用现有的情况增加弱势个人及团体的权力,以扩充事件发起的认知基础,而超越规划者的能力,并使民众加入,以作为有用的市民。这个方法所造成的计划适合它的目的。不具能力的人们很少是投资或法规的发起者。他们的行动不会面对相关性、不可逆性、不可分割性及不完全预见的课题,这些课题可借由计划的设计或策略面向获利。愿景改变期待与信念,而议程组织行动及创造信任。这些有关计划如何产生作用的面向,是当将授权作为一主要目标所制定计划时之较佳解释。

　　柏克莱(Berkeley)、伯灵顿(Burlington)、哈特佛得(Hartford)及圣塔蒙尼卡(Santa Monica)就某种程度而言,选举出它们革新议程(progressive agenda)的创立者。克雷佛(Clavel 1986,16-17)界定了三个因素以建立具实质议程革新当局的可能性。当中产阶级白人迁往郊区时,中心都市逐渐凋零,使得成长及经济发展议程能帮助中心都市市民的论调,失去了可信度。许多不同的反对运动,如民权、反战及环保,提供地方政治反对力量兴起的背景。主要以议程设立为主的规划,同时由反对团体以及由政府与民间直接参与之协商而发起。规划者的角色仅仅约略地被规范,使得他们能在既有政府与社区组织直接参与的潜在冲突中运作。这种在组织中处理冲突的能力与先前讨论马区(March)的论点是一致的。在柏克莱、伯灵顿、哈特佛得及圣塔蒙尼卡革新政治结盟形成了反对势力,并在取得权力以形成议程前花了许多时间。在柏克莱,他们建构"一可能性的议程,以作为都市在采取行动前思考的依据"(Clavel 1986,187)。这些议程由受高等教育个人所完成的专业分析所支援,这些人受这些革新概念所吸引。

这些议程看起来与1909年芝加哥计划不同,因为它们不是针对商业精英的利益或基础设施的投资而制定。不同于芝加哥计划的理想主张,说是直接对广泛社区精神及物质利益团体带来直接效益,革新结盟及专业人士进行具体分析以探讨对支持者可见利益的分配,即未被充分代表的贫穷居民。与其计算债券发放的总利益,它们计算流入都市居民的货币值。

革新改革可在系统内或系统外进行。克里夫兰市的克蓝姆侯兹从都市内任特殊职位的雇员进行。其他人透过独立资金来源之支援,为住宅区及市民团体服务,最有名的是绍尔·亚林斯基(Saul Alinsky)(Horwitt 1989)。大多数都市发展的计划正由都市内或其他政府机构,或这些机构所雇用的顾问公司来进行,但市民团体组成的例子在体制外制定计划仍显得重要。

作为所观察到行为的解释,这些方法针对特殊的情况提供有用的概念。规划者如绍尔·亚林斯基、诺曼·克蓝姆侯兹或坎·理尔登,他们带着先前对特定目标的承诺,而该目标显然具认知、制度与结构的偏见,并倾向从事反对这些制度及结构的行为。这些承诺通常已发现计划的议程、愿景及政策面向,较设计或策略面向更为有用。实质开发的投资与法规比较不会成为这些承诺的重点,因为弱势者比较不会从事这样的投资。[注6]

规划者也用参与及利益团体的专业知识来设计计划制定的临时参与系统。比特利等(Beatley et al. 1994)所阐述的"奥斯汀计划过程"(Austin-plan process)贴切地说明这个课题。九十四个人的操作委员会代表了特定利益团体:"企业、文化、环境、族群、人类服务、住宅区、公部门、不动产及整个社区"(187)。十四个任务团体探讨功能区块,而二十二个地理区块中每一区块具有自己的议会。这些参与团体总共超过一千人,因此功能上以及地理上的分解成为部分的参与结构。这个过程制定了一计划,但却没有被市议会采纳,因为选举过程显著改变了议会结构且经济情况也改变了。

比特利等(Beatley et al. 1994)强调一千人的参与者是否能代表居民的问题。参与者本身的人口特性与一般人口不同,具相同的态度,但较一一般大众相信政府行动以解决问题的可能性。从讨论认知的观点来看，这是具效力的过程，只要其目的是为政府行动规划。这些参与者比较可能愿意帮助及参与。作为一般大众的代表，他们曾是被充分信任的代表，被信任从事学习及讨论应如何做，而不是仅仅是记录一组人群已知偏好的机制。也许更困难的是，这个过程并不与类似的选举过程以决定立法代表来从事规划的行动相契合。基丁及克蓝姆侯兹(1991)报告其他计划制定中，选举政治与诱发参与相冲突的地方。这些例子说明了整合诱发参与与政府制度的必要性。

组织角色

针对组织有限性的两种反应常被观察到。第一，规划者并不假设可能存在的组织，其确实存在。表 9-1 中，契克维的规划过程与其他过程不同的地方在于，他考虑了建立组织以达到目标的技巧，而其他人则视既有组织为给定的。在他的方法中，"我们"(we)不是已知或已先存在的。对集体行动甚或组织的不合所导致行动能力不公平的分配，需要不同的干预，以引发集体行动及建立组织。

其次，都市发展计划制定发生在令人不安的模糊状态中。一方面它是一决策部门着重在对所负责的行动加以规划，另一方面，它又是决策者的一幕僚单位，且具有多数行动的决策权限。[注7] 作为幕僚单位，其对士气的提升以实现都市组织全部功能上，很少是成功的，以延续都市发展计划制定的责任。计划委员会作为政治的缓冲设计，即使对克蓝姆侯兹，其用以防范他的任用免于立即的政治行动，也是有用的。他对市长是有用的，部分原因在于他就某种程度而言具有独立的舞台以提倡某些利益。

规划功能常在幕僚(staff)单位与决策(line)单位间的平衡，摇摆不定。如果规划局长与市长或执行长有密切联系，也因此与政治行动者以及他们的议程保持密切的联系，规划功能可以行政官的幕僚单位而实现。西雅图于1970年代在其行政单位创立了政策规划办公室(Office of Policy Planning, OPP)。达尔顿(Dalton 1985)对这个案例的分析提供证据,以厘清两个角色:(一)对整个都市当局,其核心幕僚的重点是放在市长,(二)针对土地使用决策单位所进行的土地使用规划。作为幕僚机构,OPP的局长具有地方经验以及与市长的政治联系,如可信任的及一般的幕僚位置所预期的。OPP分析方案,管理方案,并成为关切市长办公室权限集中化决策机构的避雷针(lighting rod)。另一方面,OPP的土地使用规划工作被忽视,而所雇用的专业规划者非常之少。当这个机构转变回为管理土地发展过程及法规与设施改善方案的决策单位时,它改变了特性。它雇用了新的专业规划者作为局长,他并非来自西雅图,也不关心市长的政治。他的重点在土地使用职责,并将它的规划与其他决策单位协调,但并不为这些单位制定计划。适合不同角色的计划及分析形态是不同的。市长议程及政策的分析考虑它们短期的可行性及后果以及政治效应。针对土地使用法规及设施投资的计划,其考虑策略及对许多议题的冲击,但并不解决市长所立即关心的事物。

1950及1960年代的费城,艾得蒙·贝肯(Edmund Bacon 1974)成功地将重点明确地放在长时期,并避免与日常课题产生冲突。他对未来发展的愿景着重于其他人所忽视的决策。作为旧金山(San Francisco)规划局长,艾伦·杰考伯斯(Allan Jacobs 1980)与市长办公室有更复杂的关系,而兼具幕僚与决策单位的功能。波士顿再发展局(The Boston Redevelopment Authority)整合再发展与规划于一机构,由爱德·洛格(Ed Logue)领导,以便将设施投资行动置于规划单位的控制下(King 1990)。计划以及规划者必须能影响某些可实际采取的行动。市长的任期是短的。最易从计划中受益的情况是基础设施的投资与土地使用的法规。因此,影响市长所面对的日常决策并不是计划最有用的地方,因为计划在解决这些问题上也许不是有效的。它在影响设施改善上应是更重要的,这些措施有可能是其他单位或市议会所提出。这个论点建议计划应针对部门的决策功能及市议会来制定。

规划者可以是市民组织的代理人,如 1909 年芝加哥计划或 1929 年纽约及其环境的区域计划。强森(Johnson 1996)描述主要雇主,即资金"赞助者"(principal)如何成为主要私有民众的委员会。所制定的计划直接或间接反映委员会成员的利益及信念。同时,委员会及作业人员相信计划对许多都市及机构是有利的,它们对主要基础设施进行投资并对这个区域设立法规。他们为其他人的行动制定计划。他们假设计划是一个从市政府角度(及从他们自己角度)来看的集体财。因此市政府及机构能共同"消费"(consume)这个计划,但无法组织起来以集体行动方式创造它。

都市发展计划很少在政府活动中有足够的卖点以支撑一机构或局处,当该机构不具有土地使用法规及拟定设施改善措施的执行能力。尽管有令人不安的平衡,多数规划部门的组织确认了针对土地使用具有主要的责任,以及无法满足的抱负以造成更大的影响,是相当成功的组合,即使它不完全与组织逻辑及角色吻合。

计划制定的诊断评估

在第三章中,讨论了根据效果、净利益、内在效度及外在效度来评估计划。然而知道计划产生了好的结果并不足以改善计划,除非有方法将成功与导致改善计划的行为间作一个相关联系。回忆第二章划独木舟的比喻。我可以选择如何尽力的划桨以及将独木舟对准方向;我却仍会在河川中碰到石头。我们能选择如何在制定计划中行事;我们无法仅仅决定这是一个好的计划。

有两个一般方法来评估计划制定的工作:(一)以理性作为标准来比较,并宣称工作之进行为理性过程直接执行的替代品,以及(二)与所导致计划品质相关工作之实验评量(experimental assessment)(Hopkins 1984b)。从所观察到的行为其企图达到一理性标准所做推论的工作解释,可以扩充来考虑是否进一步的改善有可能。所观察到的过程与所指引的过程间吻合度的追求，可以透过调整无法自圆其说的指引（prescriptions），或透过调整无法成就事情的过程来达到。之前所讨论之所观察到的计划制定建议了如此的机会。

第二个方法是直接测试工作与所导致计划品质的关系，但评量计划品质以及将计划品质与从所观察到的行为来推论计划制定工作加以联结，是困难的。一般而言，计划品质唯有在它完成后方能判断，因为计划拟定时的状况是不能完全定义的。因此成功与否的具体衡量，是在计划制定中所发现，而非事先知晓。计划制定乃在事后由专家委员会或计划制定成员了解计划后来判断。任一方法在执行上是困难的（Hopkins 1984b）。有关计划制定工作效度衡量的研究十分少见，而根据所观察到的行为、所推论的工作及计划品质之间关系所做的研究则更少。

布瑞尔等（Brill et al. 1990）应用问题解决的参与者作为一审判团（panel of judges），来测试所考虑方案差异对解答品质的影响。他们指出当受测者被给予四个完全不同的方案，较给予四个相似的方案其所找到的解答较佳。这表示在某些情况下，产生一些少数，但非常不同的方案，能产生好的解答。它同时显现电脑支援系统之使用，以探究许多方案的进行，变得容易，而能弥补仅从一个方案开始。这个结果也表示产生方案的重要性。这些结果与传统智慧所期望过程的一致，但他们与所观察到的都市发展计划制定行为相矛盾，因为在这些行为中，除了将一方案推荐作为基础并辩论它的好处外，方案很少产生。同样相关的是，这些结果认为使用少数不同的方案是有效的，而不必尝试产生许多方案，以直接执行过程理性。

布来森等（Bryson et al. 1990）使用个案规划（project planning）中带头的参与者作为个案目标是否达成的审判。他们考虑个案发展的背景——计划制定的情况——以及工作：与被影响团体的沟通、界定问题的努力、使用冲突解决的技巧，以及寻找解答的努力。资料的建立是基于案例的二手报告。他们发现计划制定情况的属性影响了目标达成的程度。因而计划制定的研究结果其一般化必须谨慎为之。问题界定的努力增加目标达成的程度，但解答的寻找却不会。他们知道这个结果之所以产生，在于参与者将他们的工作视为重新界定问题直到解答出现为止，而不是寻找一个解答。寻找问题定义也许正与寻找解答的观点不同，如俗谚所说，问题是由解答而定义。这个研究的重点在于单一方案而不是在于组成计划的相关决策，以至于研究成果无法将其一般化，以解释都市发展的计划。

海尔林(Helling 1998)探讨亚特兰大愿景努力的计划制定与结果。虽然其过程依循传统对愿景应如何进行的主张，并没有证据显示它达到了原来的目的，或满足了该过程的宣称。参与本身并不能弥补某个情况，其过程看似没法采纳可用行动以及没有透过愿景来影响态度而寻求共识。一包括十个团队及一千人高度参与的方法，仅造成一些互动的参与而已。

计划制定的评估需要考虑计划如何制定与计划如何使用之互动。使用的效度端视制定的过程而定。例如，如果公共参与会导致更好的计划乃因为计划更容易使用，为何会发生呢？计划使用的增加系因为它变好了，或因为参与计划制定的使用者变得更投入该计划的使用而无视它的好坏？如果计划的使用是随着制定计划的参与而增加，不论计划本身品质是否增加，那么参与的效果必须由计划的使用度来衡量，而不是品质。或反言之，如果计划未被使用而产生了问题，那么到底改善计划品质会增加使用，或增加参与甚至牺牲品质会增加使用，便是重要的问题。

结论：改善制定计划规范的机会

有关计划如何产生作用、如何制定及如何使用的解释说明传统指引(prescriptions)与所观察到实际的计划制定间的矛盾。不是这个指引必须改变，要不就是其逻辑必须强化，使其更具说服力，以改变实务的操作。这个矛盾以及计划制定行为的系统评估提出了五个机会来调整传统指引，以产生较佳的计划制定。

所观察到的计划很少依照传统指引的隐喻去执行。将重点放在决策制定时，计划的使用较执行计划更合理。所观察到的计划很少是最新的。

从决策情况推断机会以制定所使用的计划,比时间导向的修订更为合理。综合性计划指引考虑二十年的预测成长,既不符合所观察到的计划(除了法定的限制外),又不符合计划制定的逻辑。根据适当的准则选择计划具有效率的范畴,较规定统一标准的范畴为合理。不论规定一序列步骤或推翻任何系统性的过程,在改善计划制定过程上均不成功。计划的内在逻辑系根据行动与后果的联系,也因此应该是计划制定程序的重点。高度公共参与指引也与所观察到的计划制定不符合(除了法规规定外),也与计划制定的逻辑不符。正式民主制度与直接参与的整合,才是更有效及公平的,以将集体选择与制定计划,以及与使用计划制定决策间的关系建立起来。

译注

计划制定过程较决策制定过程复杂许多，其原因不仅因为规划包含许多错综复杂的次工作，且都市发展计划制定系在既定制度结构下进行。作者在本章将前八章所整理出来的理论概念，用来解释真实世界中计划的制定过程。亦即，作者尝试以叙述性(descriptive)，而非规范性(normative)的角度说明计划实际上是如何制定的。传统综合理性，甚至最近发展出来的沟通理性，都不足以说明计划制定是如何发生的。长久以来，综合理性一直是计划制定的理性标准。该论点认为规划者应收集所有信息、设定所有目标、考虑所有方案并选择最佳方案。实际的计划运作并没有依照这个理想在进行。另一方面，有些公共行政学者认为规划没有必要，决策者只要"水来土掩、兵来将挡"，解决当下的问题，而不必忧虑明天会如何。这种渐进主义也与事实不符。或多或少，个人或组织在采取行动前，都有规划的概念。因此对计划制定过程较贴切的描述，应仍是作者所提的"机会川流模式"，这个模式介于综合理性与渐进主义之间。它认为决策者在制定决策的同时，也进行规划。更确切地说，"机会川流模式"既是叙述性模式也是规范性模式。它是叙述性，因为它描述了规划者计划制定的实际情况及过程。它是规范性，因为我们可从这样的叙述性过程发觉计划制定者能力的不足，进而改善之。计划制定的改善可将注意力放在相关决策情况的安排与创造，以在湍急的川流中抓住机会以解决问题。

计划制定问题是复杂而未充分定义的，因此造成规划者许多困扰。由于认知能力的限制，面对这样复杂的决策情况，在台湾规划者的反应往往是"依法行政"，都市规划变成了都市行政。然而法律条文所规范的权限是有限的，而规划者其专业知识可以充分发挥，更何况法律是可以修改的。在台湾，传统的规划作业仍旧逃脱不出综合理性的窠臼。计划往往先从课题研拟及计划目标的拟定作为开始，进而收集有关人口及社会经济资料加以分析，更而提出可行方案并加以评估，最后建议出最佳方案。这种"线性"依序解决问题的方式,应用在工程领域等充分定义问题上是十分有效的。但是如果所遇到的问题是未充分定义时,这样的逻辑便失灵了。另外,台湾的都市计划法所规范的计划制定时机、过程及内容也存在综合理性规划的影子。它要求地方政府计划包括交通、土地使用、基础设施及公共设施等部门的全面性规划。这种以法规来限定规划过程,固有其保障计划品质的好处,却也使得计划流于刻板的僵硬形式。不同都市的情况不尽相同,自然其计划范围、议题、方案、参与者及内容皆不同;都市发展计划的制定应针对当地情况而进行,才能产生较合理结果。实际计划制定过程之描述应以严谨而结构化方式进行深入的了解,包括规划者从事计划制定的工作项目,及如何解决这些问题其认知过程,唯有透过对实际规划情况的深入了解,我们才有机会提出可能的改善方式。作者对美国的规划实务的操作进行了深入的分析,有些地方值得我们借镜,但仍有许多地方因文化的不同,必须就台湾、香港及大陆当地的状况进行了解,方能寻求改善之道。

第 10 章

如何使用及制定计划

因此很有可能当计划的某些部分将要执行时,较广泛的知识,较长的经验或当地情况的改变,会促成更好的解决方式;但从另一个角度而言,在偏离计划而决定之前,必须说清楚这样的改变是合理的。

如果所提计划中有许多似曾相识之处,要记住其目的不在发明新的问题来解决,而是肩负起今日的迫切需求,并寻找最适的方法来满足那些需求,以将每一特殊问题带到最终的结论,作为宏伟实体的构成零件——一个有秩序、方便及统一的都市。

——丹尼尔·伯恩汉姆及爱德华·班尼特(Daniel H. Burnham and Edward H. Bennet)(1901)

芝加哥计划(*Plan of Chicago*)

第二章所描述规划如划舟的譬喻，点出在事件川流中，辨识采用浮现的可用行动机会，以及这些相关行动如何组合成一个计划之重要性。为了创造一个策略，先想象如何使用它。当我在河川中划入一个漩涡时，我如何期望在进入该漩涡前是如何考虑的？策略从它的应用中浮现出来。相反地，传统对计划的描述仅止于讨论如何执行该计划（例如，Kaiser et al. 1995；Kelly and Becker 2000）。执行表示重点是在计划，并进行研拟行动，重点是在一个计划，并有计划执行的工具。然而，人类注意力的有限性告诉我们，决策者将专注在决策情况，浮现的课题或解决方案，而不在计划。

普利斯曼及威尔达夫斯基（Pressman and Wildavsky，1973）认为在措施设计（program design）与执行之间的许多步骤，每一步骤都有可能失败，使得措施执行不可能。相反地，亚历山大（Alexander，1995）认为正因为组织环境包括许多互动的结构与历史，使得执行在实际上较独立统计几率的假设更为可能。计划的执行也雷同。如果我们假设计划的创立与执行独立于它们的背景之外，执行的可能性便很小。如果一个计划由它的背景浮现出来，并且每天在该背景中使用，那这计划便相当完整。使用这样的计划便有可能产生改善的结果。

本书所呈现的计划逻辑指出，计划能够且应该从它们的背景衍生出来，且须从决策的角度去使用，而非从计划的观点去执行。学习在平日活动川流中辨识使用计划的机会。从决策情况的观点去审视并制定计划。使用计划的机会同时也引发其他计划的制定。这些计划应具有效的范畴，建立后果与行动的关系，且使用正式及非正式制度商讨及从事选择。这些指引性隐喻在逻辑上是反其道而行，先考虑如何使用计划，然后再制定计划。

第九章对所观察到计划制定的解释，根据前面数章所发展出来计划制定的逻辑，指出传统的指引与所观察到的实务不一致。理论与实证的证据认为传统指引有修改的必要。这个论点在此分为六项说明。没有任何一项完全是新的见解，但每一项皆直接与传统常宣导的指引相矛盾。然而这六项主张维系在一规范中，即都市发展的计划，在某些情况值得以某些方法去制定。

1. 从可用行动的决策观点检视计划以**辨认使用计划的机会**。不要从计划的观点去执行计划。
2. **为决策情况创造计划的视点**(views)。不要仅从计划制定的观点表现计划。
3. 考虑决策情况以**辨认制定(修订)计划的机会**。不要在固定的期间为固定的时程制定计划。
4. 选择一计划其在功能上、空间上或组织上的范畴对形塑及制定决策是有用的,以便**制定具有效率范畴的计划**。不要基于理想的信念,认为努力制定综合性计划便是好的。
5. **建立后果与可用相关行动间的关系**,并辨认这些连结与行动的不确定性。不要分派一经过选择与预测的需求到各区位,并认为该分派可以达成。
6. **利用正式及非正式的制度**去商讨与采取行动。不要高估直接参与而认为它更有效或公平,且不要认定计划必然是集体选择。

所观察到的规划实务依循部分前述的指引进行,即使它们与传统制定计划的指引相矛盾。因此,这六项说明对使用及制定计划的人可能更具说服力。

辨认使用计划的机会

曼德庞(Mandelbaum 1990)认为计划应被解释为公开讨论与商讨的机会,但是他所建议的解释方式与决策情况无关。计划不易使用的立论并非新的论调。

除非有一全职规划官员替执行官员们留意,根据访谈及观看顾问公司所作的计划发现,都市计划几乎毫无用途,而这个结论是必然的。因为官员会常咨询政府组织内的规划者,而该规划者却很少参考已完成的计划(Walker 1950,210)。

如果有指标（pointers）从决策情况指向计划，而不是从计划指向决策，则计划可能比较会被使用，甚至包括规划者。当制定决策时，使用计划表示重点是在决策，一个决策可指向多个计划，以及必须有工具从决策来索阅（indexing）计划。这种观点上的差异对计划的形式有重要且实用的隐喻，也是下一节的重点。

制定计划的过程，而不是使用计划的过程，通常是计划形式的决定因素。计划从愿景、标的、策略、议程及政策的观点来制定。从这些观点来看，计划是合理的，并决定了决策、议题及解决方案考量的范畴。当专注在决策时——包括对议题的形成与解决方案的创造进行商讨与协商——很难同时将注意力以计划的观点放在计划上。计划的信息需求以不同的方式展现。与其问如何执行一个计划，不如问"在这样对决策情况的了解下，何种信息在哪些计划与研商及选择行动有关？"有两个例子可说明此点。

1958年肯塔基州来克辛顿主要计划附件（The 1958 Master Plan Supplement for Lexington, Kentucky）展开了都市服务区（urban service area）的逻辑。

都市服务地区地图划定了在附近部分排水区域（drainage areas）中所增加的都市土地区位。它们的面积从1.4到5.9平方英里不等。每一排水区域的污水系统能合理及经济地由一汇流主干污水系统连到每一排水区域。根据这个概念，如果住宅区土地细分开发的进行逐步被引导及鼓励至每一排水区域，土地开发的操作将更经济。

图10-1显示一简化的示意图。中央6.6平方英里的灰色地带是当时污水管线所服务的地区，如图中黑色箭头所示，而黑色方块表污水处理厂的位置。中央地区灰色框框其余的部分，被规划为由新截流管线连至该厂来服务。其他附近的灰色框框为集水区较高的部位，每一集水区将污水由都市向不同的方向排出。

如果我们解释该计划为执行一项设计，则我们应该问是否在每一集水区兴建了一污水处理厂，且各集水区是否也相继开发了。如果我们诠释该

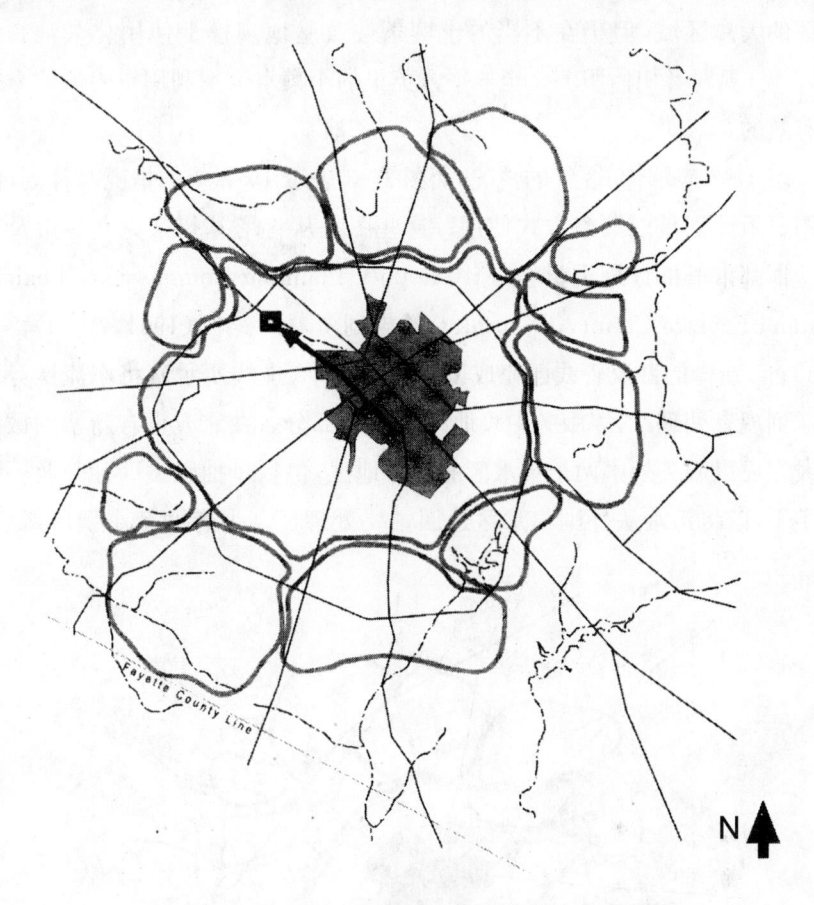

图 10-1　1958 年肯塔基州来克辛顿市卫生下水道策略

计划为执行一项政策，也许我们可将服务区域视为与此处所显示不同之其他形式，但我们仍要问是否在每一集水区兴建了一污水处理厂，且各集水区是否也相继开发了。到底该计划是以设计或政策来执行了呢？不尽然皆如此，但它被使用了。

被解释为策略的计划是利用重力兴建收集网络，兴建有效率规模的污水处理厂，以及利用可用的容量安排开发。污水管线服务的区域被界定为是一都市服务区域，唯有在区外允许在十英亩的基地上兴建化粪池。这种策略支持投资与法规决策。当时来克辛顿市的另一问题是连接现有发展地区的大片区域,但仍在不当的土壤条件及基地规模上使用化粪池。在1958年,规划者相信服务1至6平方英里的小集水区及利用重力流的方式是有效的。

　　图10-2表示1963年的情况,而图10-3表示1972年的情况与计划,两张图显示计划是以策略方式使用。这些图是从肯塔基州来克辛顿市及飞亚特郡都市—郡计划委员会(City-County Planning Commission, Lexington and Fayette County, Kentuky)的规划资料所绘制(1964,1973)。至1963年,新增的截流管线已完成以一强力主干(虚线所示),将水流逆势而上送到现有处理厂,以服务中央地区的西南部分。在北方也有新增的截流管线完成以服务外围两个集水区的部分地区,包括一抽水站(圆圈)及一强力主干,以将污水从外围集水区送回主要处理厂。另有两个小型厂,每一

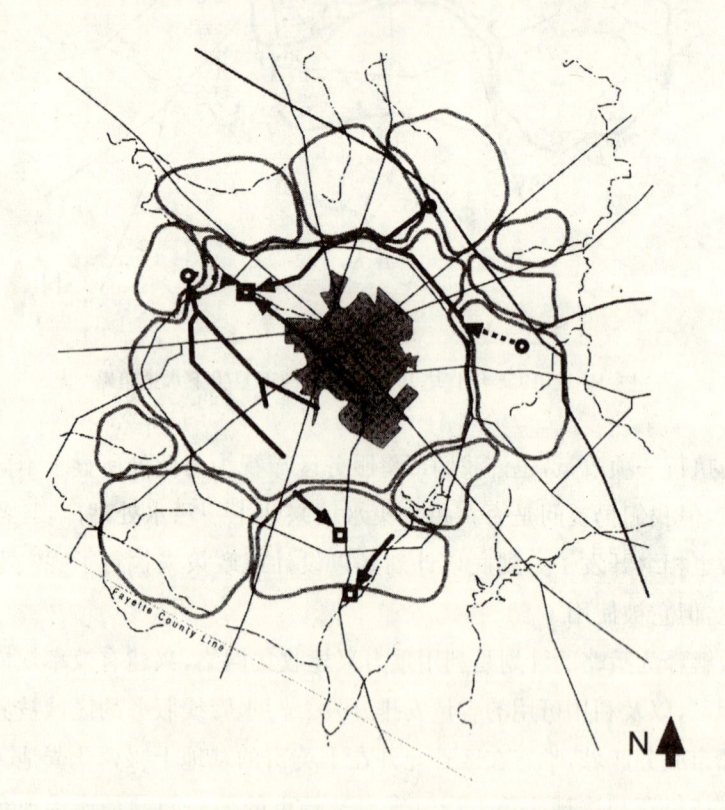

图10-2　1963年肯塔基州来克辛顿市卫生下水道策略

厂服务南方同一外围集水区的土地细分计划。此外尚有三个小型私人厂，并未图示。已有进展了，但与其将计划视为设计，它被用来作为策略，以探讨是否应该兴建抽水站而不是另一处理厂，或是否分离的小型处理厂在开发尚未充分发生以前并在之后兴建大厂，作为中继方案是有效率的。

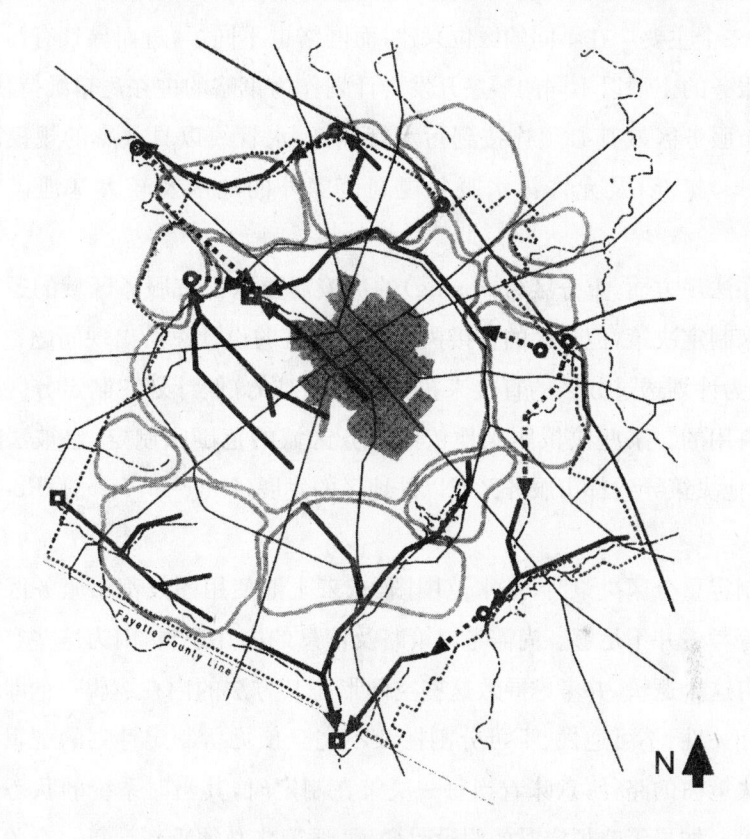

图 10-3 1973 年肯塔基州来克辛顿市卫生下水道策略

到了 1972 年，更大的处理厂、强力主干及抽水站，因为新的肯塔基州立法使得在财务上变为可行(Bahl 1963)。1970 年代初期的联邦立法使得大型处理厂变成全国性的规范。如图 10-3 所示，在 1973 年一个新厂在南方的郡界兴建起来，而 1963 年运作的两个小厂则已关闭。此外，如灰色所示，计划正在拟定来提供更多地区污水处理的服务。第三个厂被提出兴建在西南方，但另一案将废水由马达透过强力主干打到分界线，并由重力送到南边的厂。1973年的计划实际上建议三个方案,此处未表示,作为服务都市区域的权宜策略,如虚线所示。

276　　当要制定决策时,计划作为策略的逻辑及其基础的信息是合宜的,且显然用来拟定新的、具体的行动。与1958年的计划比较,兴建的厂数少了,第二个主要厂在不同的区位兴建,而网络也不同了,进而导致有污水处理厂服务的土地以不同的顺序开发。计划作为策略的内在逻辑维持住了:一都市服务区域其必须连接到污水管线,污水管线以具效率的规模嵌块(chunks)扩充,及允许污水服务规划范围外的地区及较大基地设置化粪池。

在法规方面,重分区(rezoning)的决策需要以都市服务区域的逻辑为基础来制定决策,但分区的直接执行作为时机的设计总会出现问题。同样地,认为计划透过分区的直接来执行是有困难的,但计划在制定分区决策时是有用的。某些决策明确地依照服务区域的范围来制定,也被法院支持;其他决策导致都市服务区域以外地区的发展(Haar 1977,581;Roeseler 1982)。

制定重分区决策时,排水范围图,未来土地使用图及都市服务区域的划分等考虑并不足够。尚需考虑策略及信息的内在逻辑,因为这些空间形态源自这个逻辑,并考虑导致这些空间形态其方法的内在逻辑——即考虑根据相关性、不可逆性、不可分割性及不完全预见所制定计划的逻辑。策略是决策树的路径,意味着当每一决策在制定时,其当时系统的状态应经过考量。如果策略拟定时的假设改变了,那策略必须重新计算。有关重分区的政策是一预设性规则。每一次在使用该政策时,会有余地来判别它是否适用当时情况的具体事项。每一情况随而建议政策述说的修订。

在加州康特拉寇斯特郡的森蓝盟谷(San Ramon Valley of Contra Costa County, California),规划者将重点专注在一特定标的结果:如麦高文(McGovern 1998)所详述在毕夏普农场(Bishop Ranch)设立一就业中心。

277　　1958年起始计划的愿景是住宅与就业相辅相成的地区,而毕夏普农场的464英亩被锁定作为制造业的就业场所。该基地在一些早期计划失败而规划者拒绝作住宅使用后,最后在 1980 年代中期发展成为不同的就业种类。最后,"为了实现他们对毕夏普所抱持的愿景,郡规划者将开发业者与居民找出,最后来到了该基地"(McGovern 1998, 252)。根据此处严格的定义,本案适合解释为实现一设计,而不是改变态度来达成愿景。事实上,建设一平衡社区的愿景是落空了,因为当地的就业与邻近住宅成本不一致。该计划执行了吗?照传统的概念,不然。从计划的角度来看,执行指的是将该基地划定为制造业的分区。当规划者将议程专注在设计的实现,并吸引一开发业者合作,该案最后终于实现了。

为了辨认使用计划的机会:

- 当在日常活动的川流中制定决策、形塑议题或对浮现出来的提案回应时,寻找在各式各样与该决策相关的各种计划之信息及基础的逻辑。

这个原则应用在所有五个计划运作的方式。

1. 愿景:今天我应该形塑谁的什么态度及信念?
2. 议程:今天我能在表列中删除什么?
3. 政策:哪些政策应该用在现在的决策情况?
4. 设计:这个行动如此详细地说明来执行,仍然符合设计的逻辑吗?
5. 策略:这个决策情况可能是哪一个策略的一部分?

以这种方式使用计划以目前计划表达的方式是困难的,显示出我们需要不同的观点审视计划。

278

为决策情况创造计划的视点

有关如何组织及取得资料的概念,在信息科学及计算机资料库设计中有高度的进展(参见如 Date 1995)。与其将信息拷贝(copy)下来,以不同的形式重新组织,较佳的方式则是创造索引(indexes),从许多不同观点指向信息,或对同一信息创造不同的视点(views)。传统计划不具有索引,以从特定形态的决策情况指向合宜的愿景、策略、设计、政策及议程,而将该决策与其他相关决策及议题联结起来。[注1]计划并不能为不同的决策情况提供不同的视点。使用计划则至少隐含着需要这样的索引及视点。为了考虑索引及视点,我们必须首先考虑计划在传统上是如何组织而成。

凯利及贝克(Kelley and Becker,2000,186)为一综合性计划勾勒出传统的内容表。

1. 背景说明(包括社区历史)
2. 现况分析
3. 从居民参与发展出的议题及目标
4. 不同的情境与政策
5. 最终计划与政策
6. 执行策略

该内容表系按照计划制定与计划采行的观点完成。它的组织在替该计划辩护,并以理性标准来解释。其他计划以功能元素来组织,按照第九章所述计划过程的功能分解而进行。不论采取哪一种方式,计划的组织架构是用来为它的采用而辩护,以反应制定的过程并与理性标准作对比。这样的计划不是组织起来供决策制定时使用。凯利及贝克(Kelley and Becker 2000,183)建议其他形式使计划"贴切使用者(user friendly)、易懂及简短",仅包括被采用的政策、执行工具及相关地图。这个方式使得计划书变得简短也易读,以便搜寻(search),但仍维持计划从本身及执行的观点加以组织。索引甚至较简化的计划更好,因为它们以决策情况罗列(sorted),且可以指向许多计划。

凯利及贝克(Kelly and Becker 2000,177-181)同时指出表达未来土地使用图的困难。如果一计划图是尝试来描述未来土地使用形态,就有具体性及一般性间的困境,若太精准则失去可信度及若太一般性则不适用。这些图同样专注在计划的观点,而不是使用者的观点。解决这个困境的方式之一,是将计划图与示意图视为指向计划内在逻辑的索引及表达方式。地理区位及空间形态为使用者思考决策情况之最适方式。计划当在决策情况面临四个 I 时是合宜的,而当空间因素是重要时,四个 I 的特性便可能产生。因此一区位导向的索引是特别具价值。

俄亥俄州辛辛那提市(Cincinnati, Ohio)在1970年代早期发展了一套"规划指导系统"(Planning Guidance System)(Kleymeyer and Hartsock 1973)。其关键构件为政府及非政府计划的图书馆及"状况告示板"(situation boards),以显示可用计划及执行行动的最新信息。这个方法极不寻常,在于其认识到有许多相关计划的存在及找寻方法监控它们。然而,使用这系统专注在将"都市不同规划的片段整合在一起,并从中衍生出规划的需求"(11)以及"展示构件之间的关系;调整个别构件;努力协调机构间的冲突以达成妥协;以及以简易文件归纳现有计划的现状"(1)。虽然该系统是一主要的突破,但其预期仍然在于透过规划机制达到高度整合及协调。与其尝试将所有计划整合在一规划机构中,倒不如由许多行动者建立索引将他们的及其他人的决策关系连结至他们的及其他人的计划。

索引可以三种工作建立之。首先赋予所考虑的情况其概念之有意义的标签(labels)。其次,将这些卷标组织起来,以便对有趣的概念进行有效率的搜寻。第三,建立指标(pointers)从索引的概念指向相关的信息。一本书的索引是由关键词所描述概念的表列,由字母排列以便寻找,之后有页数指向内文的地方。索引的概念较这个例子更广泛。例如,索引可以是地图或示意图。建立索引来使用计划,引发一些问题。首先,索引该包括哪些概念以及如何标示这些概念?其次,如何将这些标示的概念组织起来以便有效的寻找,甚至不需使用者主动搜寻而将它们"推"(push)到注意力的焦点?第三,指标如何建立以指向典型计划的相关信息?

综合性计划文件及设施改善措施(应该)是几乎同样信息的两个视点。视点若以计算系统的设计角度来看,为以不同方式观看同样的资料,而该资料仅储存一次,以达到效率及易于维护的目的。如果你能使用有关姓名及电话号码的电脑资料库,你能将资料以姓名的字母或电话号码的数字排序,取决于何者对一项工作更为有用。这些是一个资料库的两个视点。[注2]
新的计算工具使得以不同的方式使用计划的内容变为可能,例如,我们可以视同样（或部分）的信息为一综合性计划或一设施改善措施。如果我们想要以这些方法时常使用这些资料，为资料建立索引以有效建立视点便是有效地。

与其从计划的观点改善它，使它更简短或更易懂，不如为你自己及其他人的计划设计及维护一使用手册、索引及视点。不同的使用者及情况需要不同的索引及视点。

幕僚人员提供建议，执行者进行协商，而计划委员会或市议员商讨或投票，对计划索引有同样的要求。他们需要指标从决策情况、议题或建议，指向与该情况有关的计划内在逻辑。这些情况包括整体设施改善措施及个别计划资金的承诺，某一分区项目要求的改变及特定宗地的重分区，行政区合并政策及个别合并协议，增税融资特区及为个别经济发展机会而减免费或税，以及住宅区维护及再投资案。

机会川流譬喻的立即隐喻是，规划者必须分派时间及注意力，并用两种主要工具：工作措施（work programs）及日常时程（daily calendaring）。这些工具必须使用来集中注意力以决定该做什么以及也许较不明显地不该做什么。幕僚人员该如何花时间？应接受哪些演讲邀请，哪些参加住户会议的要求，与开发业者见面的要求，探索提案"解答"（solutions）的建议应接受或拒绝？最佳的日常时程包括自我预约以进行计划的议程面向。传统计划的执行部门以计划的元素排序，同时界定谁负责以何种优先顺序进行该元素。索引必须以行动者及优先顺序排序，并以指标指向他们所负责的计划元素。在接受外界委托的工作时，将它们与工作措施比较以及由计划所指向的解释以决定优先顺序。表 10-1 归纳这些指标如何使用及在不同情况下建立。

在每一情况中，靠指标指向本文是不够且不具效率的。索引以架构示意图（schemafic diagram）的方式表现，能显示某一区位如何与其他区位，透过决策相关性发生关系。索引示意图从决策情况观点为有效率的搜寻而加以标示，可指向其他示意图以表示因相关行动潜在后果而引起的相关性。这个示意图与未来土地使用图不同；它的目的不在描述未来的土地使用形态,而是描述不同可能未来行动的关系。如果有未来过道(bypass)的可信说法,在当那个决定尚未制定前,比较有用的方式是用示意图显示可能的区位,而不是仅选择一条。当在决定是否合并土地,核定一土地细分,将宗地重分区,购地开发,购屋,组成住户小组时,索阅未来行动的可能选项范畴及其与其他决策之关系,较针对未来土地使用图检核概念为有用。土地使用图仅表示结论,而不是其赖以绘制的关系。

表 10-1 使用计划的索阅机会

	机会形态			
	决策情况	议题发生	解答提出	可用资源
范例	市议会投票要求街道扩充的设施方案	住宅区团体抱怨持续的水灾	开发者提出在都市边缘从事量贩零售	接受预算以雇用资深规划者
索引标示	设施方案,议会投票,住宅区及选区区位	洪水、排水、径流法规、设施方案;住宅区、选区党派、集水区区位	开发商协商,敷地计划审查,经济发展	工作措施元素
搜寻及指标格式	字母表列指向页数及地图坐标;地图区位指向街道网络及易近性	字母表列指向页数及地图坐标;地图区位指向排水网络容量	字母表列指向页数及地图坐标;地图区位指向相关行动及基础设施网络	针对需要规划者发起的计划元素,依字母表列指向页数
所指向的观念	设施改善措施之相关项目,在区位及网络上最近及规划的行动,街道拓宽的政策;扩充计划的内在逻辑;州的 DOT 计划,资金补助的可能性	径流法规,各种行政区排水系统计划,设施改善措施预算选项……	合并政策,敷地计划审核标准,邻近既有及规划的土地使用,基础设施容量,零售服务的区位策略……	行动元素,由公部门发起主要方案或行动

图 10-4 的例子是一索引与计划概念组合图,该图从伊利诺伊州泰勒维尔市(Taylorville, Illinois)彩色图所摘录下来。[注3]它显示两条过道路径连到东北方,而不是仅选择一条。它也显示住宅往北方扩充,其在新污水截流道的提供下是可行且适当的,同时必须考虑与任一通道的关系。它显示公园在西南方是足够了,但在东北方是缺乏的,且公园的设置能用来分隔住宅及重工业使用。在西边,有三条合理的南北向道路需要改善以连接西南方的工业区,且这些道路的路权维护与新污水截流道附近土地细分核准与否互动。一般而言,它着重凸显相关选择情况及议题的发生,而不是描述所协定的未来形态。

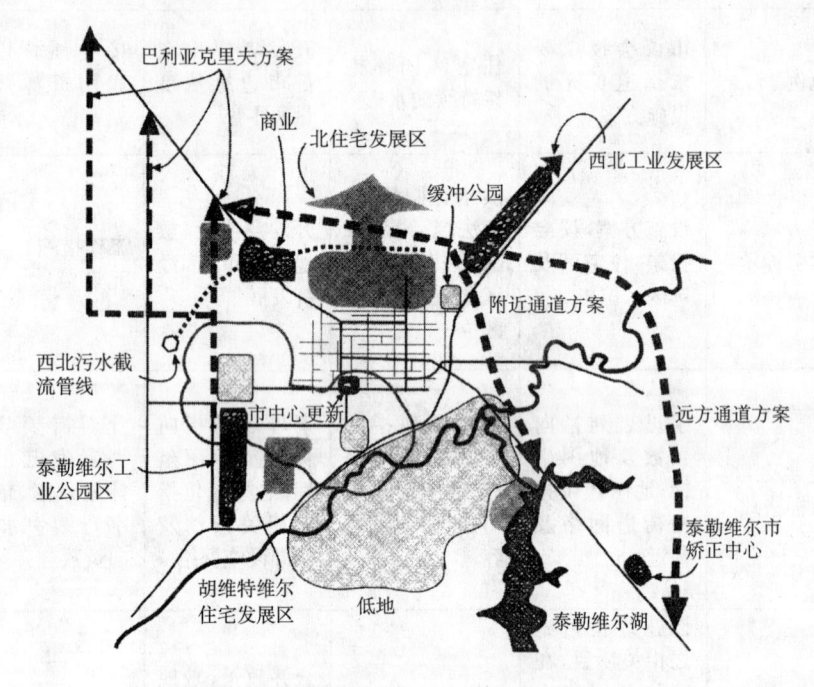

图 10-4 伊利诺伊州泰勒维尔市整体策略图

投资与其他例子类似,可具体说明如何建立及使用索引。相似的描述可应用到分区改变、计划图的指定、合并、土地细分核定、经济发展配套或住户抗议的回应。土地使用法规间的关系以及影响法规的计划在第六章有讨论。在建立索引时,先扫描计划有关设施投资的内容;界定可能的方案;并建立指标指向与个案有关的计划内容,包括其他相关的决策。例如,如果计划建议住宅朝某一方向成长,则推论因成长所须进行的街道建设个案。指向计划的内容以说明这个成长方向的逻辑与相关性。当采纳设施改善措施时(撰写建议书、部门协调、议会投票),应用此索引来参考计划。当对个别个案下承诺时,使用索引参考计划,尤其是当议题及建议案(预算不足、住户反对、快速经济成长机会)对所采用的设施改善措施产生质疑时。例如,如果联邦补助可因一政治机会获得时,从设施改善措施最接近的对等个案,检视建议案及议题索引至计划间的相关性。

为住户所建立的索引应包括区位图索引及主题索引。这些索引应指向计划影响购屋决策,对法规及投资建议案采取回应,以及解决主要议题机会等之面向。虽然规划部门可为它的服务对象建立这样的索引(因为对个别使用者而言它是集体财),该索引应指向任何适当计划的内容,而非仅仅是该部门的计划。例如,从一笔可能购买的土地,指标应界定街道、污水管线、排水管线及其他影响该笔土地服务、便利性、税或费率及与包括正在考虑中的主要开发方案之区位连接性。它们也应指向分区标准、最近分区改变及从计划推论可能的改变。

一开发商或未开发土地的拥有者与购屋者具相同兴趣,但他(她)的重点在于较大的基地、开发选项(options)及可能改变的法规。除了为屋主所界定的项目外,指标应指向冲击费,基础设施提供者的计划,如州交通局,以及合并协议及政策。一开发商可能想要依赖秘密或不分享的信息而雇用幕僚或顾问,来搜集信息或建立一私有索引。索引的价值对开发商而言,比较不像居民视之为集体财,但规划部门仍会提供此项索引以吸引开发商来考虑它的计划。

一机构也应从其他政府单位的角度,如服务制定计划的辖区如郡或特区及其他邻近都市,来建立索引以指向它的计划。在这个例子中,观点不是"我们想要从这个决策知道其他人计划的什么内容?"而是"我们想要其他人从他们的决策观点知道我们计划的哪些内容?"由于其他部门通常没有建立这种索引,一机构也可从它自身决策情况观点,建立其他单位计划的索引。

为建立决策情况的计划视点：

- 建立索引到你自己的计划以及其他人的计划，并分享这些索引以鼓励其他人使用计划。
- 使用索引以取得计划中的信息，并创造视点于制定决策、形塑议题或回应日常活动川流所衍生的建议案之时。

这些原则应用在所有五个计划运作的方式。不论计划是作为愿景、议程、政策、设计或策略，我们需要指标指向其内在逻辑以与日常活动发生关系。

索引使得你计划的应用，使用其他人的计划及鼓励其他人使用你的计划更为容易。将计划与行动的关系建立索引——也就是说反向索引——能指出制定计划的机会。

辨认制定计划的机会

索引是非对称性的。它可仅从一个观点来搜寻，并仅指向一个方向。在决定如何修改一计划，或一般而言如何制定一计划，从计划的观点指向使用者的观点是有用的。什么决策情况已经发生而什么行动已经采取？什么议题已经发生？那些合宜的解决方式已经提出，使得计划的某个面向或组件仍然维持其效度？

如第四及第九章所讨论，以计划为基础的监控应触发具充分预先时间的行动，以避免令人后悔的不可逆行动。辨识现有计划不适合的情况是困难的，因为它们必须事先发觉。知道五英亩或一百英亩的商业开发，在五年或二十年内会发生，倒不如在开发前知道哪一种道路配置会发生功能，哪一种组构适合未来的科技，以及哪些区位在都会区域是好的或不好的。例如，商业中心及就业中心的区位取决于零售及交通的科技，因此这些区位之会改变，不是因人口的改变而改变。即使在没有人口成长的小城镇，汽车厂商已由市中心迁移到都市边缘。改变已兴建完成地区的组构（configurations）所带来的成本，较人口成长是这种迁移更重要的解释。如果这些问题及承诺在那个地区开始发展之前先考虑，那么发展将避免在新开发地区产生不可逆的问题。如果开发先于上述的考量，组构将因恢复先前行动的成本，而偏离所期望的组构。都会形态、土地使用组构及预先时间比土地供应及人口预测更重要，因为有关何处、何时及多少投资的决策，对前者较为敏感。

修改计划是制定计划的特殊情况，应根据计划使用的纪录，而纪录包括行动的采取，并从计划制定的角度建立索引。如果计划制定能在功能上加以分解，那么从街道网络计划修改所建立的索引，必须指向有关污水管线扩充、分区管制及其他已发生的相关行动，而不仅是指向街道投资决策的纪录。建立及维持一从计划制定观点到决策制定观点的索引，作为计划制定基础是合理的。计划可部分地由过去的决策形态推测，而部分地由过去的经验来想象未来决策预期形态推估。

计算工具提供了建立及供应这种使用手册及索引的新机会。设计及实现索引的概念问题在信息科学是高度开发的面向。本书所建议的手册与索引可以纸本方式生产，但它们如果能利用网页技术建置，功能会更强（Shiffer 1995）。在网页上，点选一指标将直接且立即地带给你信息，而不仅是界定文件及页数。许多都市现在拥有网站指向文件或可用资料，但它们没有索引，以指向计划内在逻辑的方式来参考决策情况或议题。

为了辨认制定计划的机会：
- 从决策情况推测计划继续作为决策指引的效度。
- 从决策情况、行动、议题及建议的纪录，来推估修改计划的内容。

这些原则可应用到计划如何运作的五个面向。五种计划运作的方式中每一种方式，我们可问两个互补的问题以说明索引指向的两个方向，一方面辨认机会去制定计划，另一方面辨认机会使用计划。

1. 愿景：这个愿景由谁透过何种努力改变了何种态度及信念？
今天我能改变谁的态度与信念？

2. 议程：基于使用这个表列，谁完成了何种行动？
   我今天能从表列删除哪些项目？
3. 政策：根据这个政策，哪些决策已制定？有多少决策与该政策、或因解释所提出的议题、或所关切的事项相矛盾？
   哪些政策适用在这个决策情况中？
4. 设计：哪些行动已经采取？且根据这些行动，该设计仍有效吗？
   这个行动，如执行时所陈述，仍符合此设计的逻辑吗？
5. 策略：在决策与不确定结果发生后，该策略是否仍然有效？
   当下决策情况是哪些策略可能的一部分？

制定有效率范畴的计划

许多都市为整个市区制定一综合计划，或透过组织为整个都会区制定这样的计划。实证的规范为，这些计划系根据二十年的预测成长，且每五年修正一次。在某些州，这些规范是形诸于法，且在某些程度是美国规划学会（American Planning Association）立法模式所倡导的（American Planning Association 1998）。传统的方法认识到这些属性仅为理想参考点，与实务有出入，但这些方法却无法在特定情况给予指引以指出如何选择计划的范畴。四个I，投资与法规的特性、不确定性及分解原则，提供说明作为时间水平及范畴选择的依据。一般而言，其隐喻是**不要**规划二十年的需求，**不要**针对整个都会区综合性地规划所有的功能，同时**不要**仅依赖为公部门制定或公部门自身制定的计划。由不同组织制定的许多不同的计划将会比较有效率。一针对某些功能制定的计划可以具有地理上一都会区的范畴，但这是因为相关决策的逻辑结果，而不是预设的指引。从每单位的规划努力来看，这种计划在选择行动以达到意图上将会具有更大的效果，因为它们考虑了相关性、不可分割性、不可逆性与不完全预见所隐含的关系。

今考虑下面一个例子。[注4]俄白那—香槟卫生特区（Urbana-Champaign Sanitary District, UCSD）负责香槟市、俄白那市及思佛依市市区的污水处理工作。市政府负责行政辖区内的集流管线，但 UCSD 负责市区范围外集流管线所有的主要截流管线。最近的跨区决议确定了这些职责，并禁止 UCSD 提供污水服务给予任一市区无合并协议的任何开发。在制定提供开发建议案容量服务的决策时，UCSD 发觉其两个处理厂之一即将受到因需求而导致的容量限制，引发针对该厂容量来修改计划。

在一个理想综合计划的世界中，应已存在一都会区计划，告诉 UCSD 成长将在何处发生，因此在何时及何处增加多少容量。但在香槟及俄白那市，没有这样的计划。当与此理想吻合的计划存在时，如奥瑞冈州的波特兰都会区，都会区计划不直接回答在何时何地增加污水处理容量的问题（Metro 2000）。即使在波特兰，突亚拉丁集水区污水处理计划（Tualatin Basin Sewer Plan）（Stevens Thompson and Runyan 1969）及都会区东边所缺少的类似计划，是都市成长界线的主要决定因素，而不是由成长界线决定污水管线计划。无论如何，香槟及俄本那市缺少一都会政府的情况是比较典型的。污水系统提供者与一般目的政府是不同的单位。有三个不同市政府及 UCSD 服务区中未整并的土地。此外，尚有几个通勤范围内的郊区市镇，每一市镇均有自己的污水系统提供者。此处暂时忽略所有其他的特区（两个公园特区、森林保护区、私有给水供应事业），因为它们只会使得例子更复杂而不会改变论点。谁应该为何、为谁、考虑什么预见去规划多少？

如第九章所讨论，组织分解建议每一行动者应为他的行动进行规划，并考量其他行动者的计划。因此，每一都市及郡应针对它的土地使用法规及街道、污水集流管线，及其他基础设施的扩充进行规划。而 UCSD 应该规划污水处理厂及截流污水管线。功能分解却建议所有的污水收集及处理系统的构件必须在同一计划考量，所有的街道扩充在另一计划考量，所有的土地使用法规又在另一计划考量等等。空间分解建议在同一地区的元素必须在同一计划考量。空间分解必须定义包括许多相关行动的地区，并与其他地区整体互动而与地区内部形态无关。借由空间分解,应针对每一地区的新发展或再发展之所有功能制定计划。二十年的综合性都会区计划是不切实际的想法;它比较像不良的妥协,而不是根据分解原则而定的计划组合。如第五章所讨论,在某些情况下,计划将会是集体财而影响到谁应为谁制定计划。如下所述,根据此种多维分解(multidimensional decomposition),谨慎选择范畴应产生更有效制定的计划。

计划应考量一组充分相关、不可分割、不可逆及受到不完全预见限制的行动。为了选定污水处理厂容量的区位,我们应知道些什么?哪些是重要的相关行动?哪些是不可分割的——规模经济的量度,以及如何借由处理厂规模范围的考量,以平衡这些面对不确定性的规模经济?那些相关行动是不可逆的?那些不确定性将持续下去?在特定的情况下,这些问题的概略解答可用来选择一个计划的范畴。第四章提到计划作为策略的利益,是使用计划与不使用计划以采取行动的差异。在采取行动时,决策选择及时机的准确性在预测或承诺下,如何达成?

污水处理厂仅位于靠近湖或河川附近。其潜在的区位选择是有限的。计划的问题可先限定在于何处,沿哪一条线(河川或湖畔),一个什么规模的厂可被设置。在现址扩充具有如此多的优点(较少的居民抗争,污水网络的韧性,运转的规模经济),以致其他厂址不需考虑。有这些可行区位在考量,所考虑的相关决策,应包括分区决策所意味着的土地开发形态及密度,交通网络投资及公园的取得。就每一相关性而言,应考虑必要的准确度。在决定某一地区是否应提供污水管线服务时,也许不需要考虑分区使用或发展密度,以选择设厂区位。区域公园的地址将会有影响,表示应留意这方面的不确定性。时间水平在这样的计划来选定范畴并不是很重要的,因为不论开发何时发生,在这个将被污水处理厂服务的区域内,其都市形态必须被考虑。

处理厂的问题以这种方式建构,就要考虑整个都市形态的主要决定因素。污水管线在何处提供的问题与主要公园及道路在何处兴建是相关的。然而UCSD无法决定公园、道路及土地使用的地点。它仅能向市政府及交通部门询问要将这些设施设置在哪里,以及 UCSD 的行动如何来影响这些不确定的可能性并与其互动。UCSD 能分享有关污水设施发展策略的信息,并期望从其他的行动者获得类似的信息。它能且应该进行正式或非正式协商,以取得其他行动者承诺,并与 UCSD 承诺的行动一致。然而显著的不确定性仍会存留,因为其他行动者仅拥有有关各自行动不完全的预见,而他们的行动不能完全决定私部门的开发行动。即使私部门开发商参与协商,他们也不大会提出可信的承诺,采取足够准确的行动以利处理厂规模的决定。因此 UCSD 应制定有关它未来行动的计划,以便选择立即的行动。它应考量其他计划并分享它自己的计划,以使其他人以此信息从事自利行动时,与 UCSD 的行动一致。UCSD 应考虑弹性的、具韧性的,及时的服务作为它的策略面向。

虽然计划的范畴不应根据时间来分解,但是时间是重要的,因为 UCSD 必须决定何时兴建一具何种容量的厂。规模经济要求它必须兴建较目前需求为大的厂,而它又必须平衡其容量尚不能提供的时间,也因此无法产生收益,以较诸于当该厂充分使用后所带来的规模经济效益。该取舍取决于规模经济、需求到达的速率,以及折现率与投资融资在时间上所带来的压力。这个具体问题建构了对合宜的情境预测的分析,与以一般人口预测来推导传统综合性计划不同。处理厂规模的决定系根据第四章所讨论时间上人口规模预期的分布,以及相对于不确定实际人口过或不及的容量风险。这些考量无法嵌入在单一人口预测内,而仍适合广泛之不同及个别基础设施投资决策。处理厂需求预测在空间范畴或时间敏感性,不同于道路规模或兴建时间的考量,即使道路及污水管线是在同一地理区位。道路将服务通过车流及地区车流,而污水管线则服务未来的扩充,但它们不会服务同一地理区位,因为道路网络及污水网络具有不同的实质特性。一有效率范畴的污水管道计划,将考虑其与道路计划及土地使用法规计划的相关性,但这些计划最好是分开来制定。

这些时间问题没有一个会影响道路或污水处理厂的区位,因为它们的区位相关性不会因设置的时间而有所改变。UCSD 必须想清楚整体污水处理厂及其污水收集网络，以及与道路相关的一般都市形态，不论该形态是五年或五十年兴建完成。该相关性的分解主要是空间性而不是时间性的。不论该计划何时兴建，这样的计划其利益源自于空间区域中相关的、不可分割的及不可逆的决策。

福兰德与耶瑟普(Friend and Jessop 1969)以及福兰德与西克林(Friend and Hickling 1987)发展出规划工具来施行他们的"策略选择"(strategic choice)方法。有关方法论隐喻简短的描述，可厘清他们的方法与本处逻辑相似之处。策略选择认为计划制定源于特殊决策情况的焦点，该情况的产生乃因相关选择的不确定性，这些选择发生环境的不确定性，以及从事选择所依据之价值的不确定性。

该工具重点在于相关决策领域分析(Analysis of Interconnected Decision Areas，AIDA)。这些工具并未假设计划的范畴是已知。第一步是要找出在一特定计划中，哪些决策领域(决策情况或选择机会)必须考虑。这工具也将重点放在决策的相关性如何影响可用的选择及选择间的偏爱。决策领域以圆圈表现，并以线条连到其他相关的决策领域。一污水处理厂的扩充可以是一决策领域，而一新合并地区的分区类别是另一决策领域。在 AIDA 图形语汇中，一条线应将这两个决策领域连起来以表示相关性。高度相关的决策领域应视为一群体，并以圆圈圈起来。在每一决策领域的圆圈中，该决策领域的选项(替选行动)被条列出来。

表现的工具其重点在于如何操作这些关系。这些表达方式于是留下针对某一特定计划其逻辑的历史，便于使用该计划，以决定在权宜的策略中该采取何种行动。例如，在使用计划时，我们可以问：与目前决策相关的其他决策有哪些？这些相关性是有效的吗？其他决策领域中的选项如策略中假设般实现了吗？这些选项是否有预期的后果？尽管策略选择方法有这些潜在优势，它却很少在都市发展制定计划中使用。[注5]制定计划的逻辑及它对传统方法所隐喻的修正，建议了策略选择方法以外的其他工具。

根据四个 I 对这些分解的解释，被基于有关组织、地点及功能的专长及知识专业化所强化了。污水管线计划、交通计划、土地使用开发计划、住宅区计划及环境保护计划,依赖着不同组织不同人们所拥有不同的正式及非正式知识。

为了替计划选择有效率的范畴:

- 根据可能的机会川流,指定并创造行动供你的雇主在现在及未来采用。至少当雇主认出机会以制定计划时,某些行动将已被指定。
- 界定这些行动的相关性以及其他人行动的潜在相关性。
- 界定影响这些行动的不可分割性、不可逆性及不完全预见。
- 将这些行动依相关性、不可分割性、不可逆性及不完全预见加以组合。
- 制定系统性的计划,每一计划针对一组相关行动及其他人的相关行动组合。考虑其他人的行动,但将这些行动视为不确定的。
- 预期其他人会正式或非正式地制定计划,考量多个范畴、时间水平及修正期间。

这些隐喻具一般适用性。它们与加州、芝加哥、凤凰城、西雅图及其他如第九章描述的地方计划制定一致。然而与传统的方法不同,在于它们针对每一种情况规定选择计划范畴的准则,而不是提出统一标准范畴。

以上的解释重点在于计划如何运作的策略面向,且为最需投入的工作。所提的建议也适合计划的其他面向。

计划的设计面向不同于策略面向,因前者陈述后果形态,而不是一组权变的行动。针对后果形态所拟定的计划,应根据同样的原则加以分解。区域范畴的设计,应专注于都市发展在该范畴内相关的元素——主要公园取得及主要基础设施区位——其理由与策略面向计划相同。这种相同处是提醒我们一个计划可以多种面向发生作用。

愿景也依赖范畴的选择。虽然愿景面向较其他面向更易专注在后果,而不在行动,但它仍须激励行动。住宅区的愿景可以想象及用来以与都会区愿景区别。这并不意味着两者完全无关,但它们却又是可分解的。它们在于影响不同人们的态度,并激励不同的行动者及行动。

计划议程面向主要与组织范畴有关,因为它是作为记忆工具以记录一表列的行动以及对支持者的承诺。就一议程而言，修改期间及时间水平取决于报告期间（reporting interval）而维系信用。我们能承诺完成多少目标或采取多少行动，能使得我们及时报告成果以维护这些承诺的可信度？这些数目取决于特殊的情况，但就所选择的范畴及修改期间而言，应有逻辑性的解释。

计划政策面向透过决策成本、一致性利益及决策重复性的频繁度而影响范畴。某类型决策发生有多频繁，使得它值得被定为一政策？答案在于个别决策的成本与政策制定成本的比较，以及具承诺的一致性决策所带来的益处。范畴的选择由特殊状况决定，但选择对何时对何种范畴的政策许下承诺，则需要一逻辑。

将后果与可采用行动连接起来

我们在哪里？我们想要往哪儿去？我们如何到达那儿？大多数传统制定计划的方法将这三个问题视为不同的工作，暗喻三种不同的表示方式。讽刺性地描述，这些答案存在于现有土地使用图，未来土地使用图，及分区管制规则及设施改善措施。行动应帮助我们从我们在何处推向我们想在的那儿。制定计划应专注在现有状况、行动及后果的连接，而不是分开对待它们。它应将重点置于决策情况的相关性，因为相关性是计划是否产生作用的根本原因。福洛斯特（Forester, 1989, 11）认为规划者的工作是沟通以便集中注意力。与传统方法比较，制定计划的逻辑认为较多的注意力应在相关性以及后果与行动的连接，而不在于描述现在及未来的状态以及执行的一般架构。

如第七章及第九章所述，制定计划的工作若没有外在表达，则超过个人认知能力。这些表现也促使团体的沟通与合作。这些表达强烈地影响注意力的焦点，因此选择表达以及使用表达的方式，而将重点置于后果与可用行动的连接上是重要的。策略选择方法（strategic choice approach）

（在第四章及本章之前有描述）以及整合行动规划（Integrated Action Planning）（于第九章描述）建议了好的工具以处理相关性。但它们通常缺少连接后果与行动的工具，而仅具记录行动组合后果的形式。根据模式（models）制定的草图（sketch maps）及情境（scenarios）有可能做这样的连接。

在一些指引所使用及建议的草图值得进一步说明。再考虑先前污水管线规划的例子。污水处理厂及管线网络区位的可行性及成本，取决于出水口水体的区位及影响集流管线重力流的地形。草图可将重点集中在这些信息。处理厂区位的符号使得现有及可能厂址能轻松地改变，以记录想法或与其他同事分享这些想法。将这符号的大小改变可以大概地代表处理厂的容量。地形表达（terrain representation）提示了可能的集流网络表面配置及重要的集水区范围。网络设计有些微妙。在香槟俄白那市，需要抽水站的限制极可能在于平缓的地表延展而无法支持重力流。然而在大多数都市地区，这些限制往往是分开集水区的山脊。无论如何，地形表现应提供信息以考量可能设厂区位及服务地区。地图也可以包括其他信息，如现有发展、现有交通建设计划及行政范围等等。这些图并不仅表现现状。这些示意图的要点在于将潜在的行动与后果及其他行动相连的想法组织起来。

很容易可想象由地理信息系统（Geographic Information System，GIS）产生这样的图，但重要的是将这些表达视为更松散（looser）而更容易修改（Hopkins，1999）。这个表达应是由草图制作的设计，即可能性与关系的操弄（manipulation），而不是资料的整理。如图10-5所示，注解、符号、问题及关系应记录概念，因为草图既是外在记忆辅助器，也是合作辅助器（collaboration device）。【注6】

有一种草图称为课题（issues）及影响力（forces）图，它考虑其他人的行动，行动间的关系以及后果、隐喻及相关行动间权宜关系的描述。空间参考（spatial referencing）是同时考虑行动与后果的有力工具。它本身并不足够的，且它的功能易造成认知的锚定与偏差（anchoring and biases）。解决这些偏差的方式包括以合作方式来制作这样的图，与规划者及不同的雇主

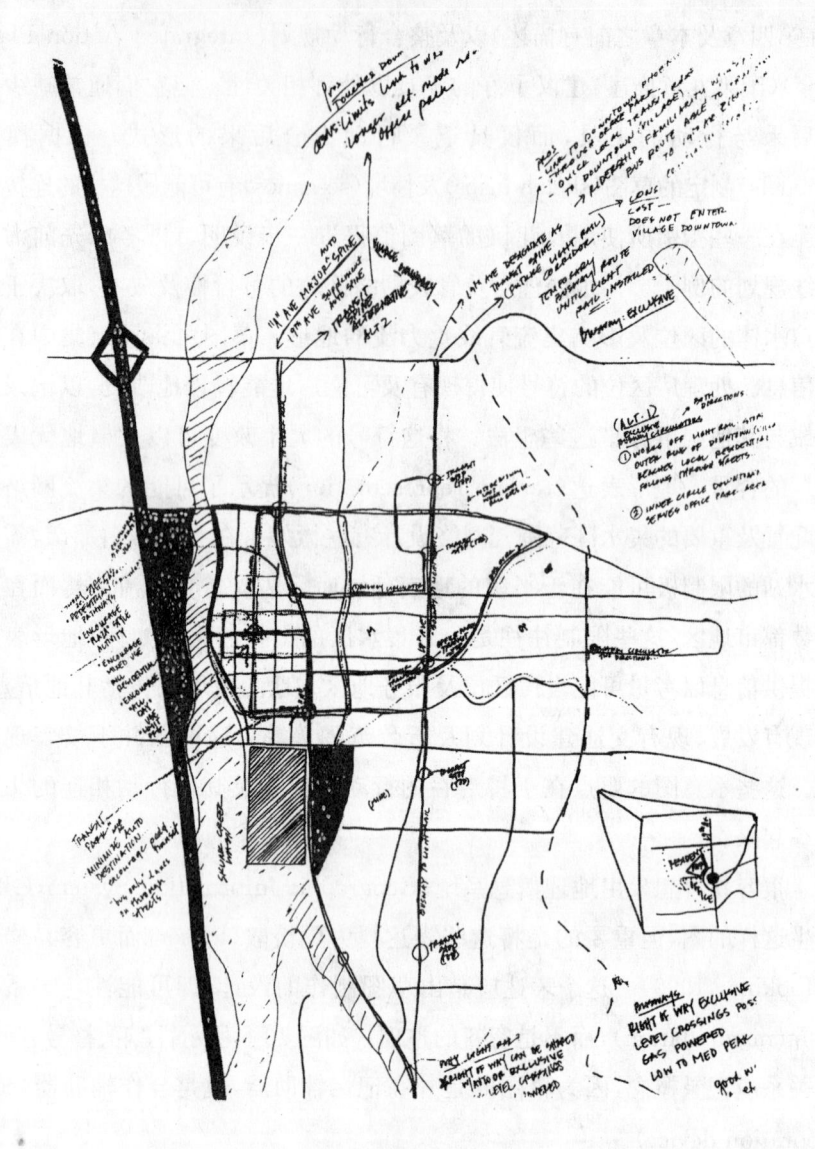

图 10-5　亚利桑那州凤凰城市社区规划会议所拟之草图

分享这些图，以及用这些图作为可改变的中介，以持续与服务对象及合作者互动，而不是讯息的固定报告。然而这些图能够超越真实情况使得图形表现变成注意的焦点。草图及示意图很少表示联系后果与行动的因果机制。其他形式的表达方式应在讨论过程中受到重视。

"如果则如何?"(What if?)情境作为权宜预测,是迭代式计划制定的工具,它问到与不同后果及行动的组合有关的两个问题之一:如果采取那些行动,何种后果将发生?或者是,如果我们希望那些后果发生,应采取哪些行动导致这些后果?权变(按:或译作权宜)预测在发现策略及建立行动的论点上极为有用,而非作为选择人口预测成为计划主要输入的工具。

在传统计划中,人口预测常被用来作为分派过程的输入资料,虽然其会根据高低预测进行敏感性分析。然而最重要的预测是根据行动选择所作的预测,因此具计划制定的内生性。如兴建一高速公路,人口将变为多少?或者说,如果人口应为二十万的话,应兴建哪些高速公路?如果最小基地规模分区被执行的话,空间形态将变成何种状态?或者说,如果集约式形态(compact pattern)发展是所期望的,最小基地或最大基地规模限制会达到目的吗?最好同时从两个方向来问这个问题——将后果联系到行动——而不要仅问给定一组行动,如传统方法所述,其后果可能为何?

将这些隐喻的厘清需要某种模式,但这是有问题的,因为参与者对于周遭环境如何运作的信念不同。尤其甚者,拟定一模式假设周遭环境如何运作本身是十分困难的。由于这两个原因,使用一个以上的模式是十分重要的,而每一模式根据不同的观点或重点陈述要件。经济结构、人口、都市结构、交通、住宅及市府收益模式的范围太广,在此处无法探讨到。[注7]不论如何,模式应该用来考量后果如何与相关行动联结,以发觉可能的行动与可能的后果。

洪泛中土地使用与水文后果的相关性解释了这个概念的用处。在伊利诺伊州威尔郡(Will County)西克利溪集水区(Hickory Creek Watershed)的研究,考虑了新增都市发展对洪峰水准,及因所增加的洪水平原发展造成洪害水准的影响(Hopkins et al. 1978; Hopkins et al. 1981)。水流受土地使用形态影响,且既定洪水水准的破坏亦受土地使用形态的影响。该研究使用"方案产生模式建立"(modeling to generate alternatives)技术产生土地使用形态,而这些形态彼此不同,但又维持总土地价值扣除洪水破坏后的净值相似性(Hopkins et al. 1982)。从这项分析得知,重点在于不同河川支流洪峰来临的时机；如果两个主要支流的洪峰同时到达汇流点，下游受损程度将大幅增加。任何土地使用形态延迟两洪峰之一的到来，应是有效的方式。而许多而且非唯一的土地使用形态就这个标准而言，是同样好的。替选方案的选择可根据其他标准决定。

与其仅认为较多铺面是不好的，不如明确考虑行动与后果的关系以建议不同的策略。该项分析亦考虑导致不同于所规划土地使用形态之法规的隐喻。因此与法规行动的联结如分区管制也明确地考虑（Goulter et al. 1983）。在某一特定计划制定时间架构下，使用这些工具仍旧是困难的。就一个或少数面向来考虑并兼顾其他面向，如本例，较同时在一模式考虑所有面向为有效。

先前讨论的肯塔基州来克辛顿市污水系统发展，也说明了将重点放在行动与后果的重要性，而不是土地使用形态的分配上。如果有效规模扩充及应用既有容量的基本原则是被理解的，那么决策发生时便可用来解决这些问题。如果重点在于土地地区的划分，那么计划的内在逻辑——行动与后果的联系便会失去。

选择计划需要根据后果比较不同的行动。这些比较应产生认知回馈（cognitive feedback），即有用的信息用来思考如何修改概念，以便获致更好的计划。知道如何修正一组行动以增加所期望后果的机会，比知道在既有的行动下哪些后果会发生较为有用。解释都市如何运作为基础知识，因为这些解释不但将行动与结果作联系，同时认识到不同的行动如何导致不同的后果。提供这种认知回馈在制定计划过程中的可操作模式，其应用在发电量容量上已有所见（Andrews, 1992），在巴士路线设计上亦有所见（Lee, 1993）。以巴士路线设计为例，诊断回馈报告之一显示地理上每一路线站间的承载量。这个信息点出改变路线的机会以移除轻承载量的路段，或倍增高承载量的路线。这种回馈建议如何改变以改善计划。在都市发展上需要类似的工具。

为了将注意力放在后果与可用行动的联系：

- 使用一种以上的表达方式以处理复杂性，并避免认知偏差。

- 使用表达方式将行动间的关系建立起来，并将行动与后果联系起来。
- 将多项预测融入相关行动与后果的多项表达上，而不是用预测作为制定计划的事先基础。
- 根据后果比较方案，以便发觉有关修改并创造可用行动的认知回馈，并建立有关如何从事行动的论点。

这些原则应用在计划运作的所有五个面向。虽然策略最直接强调可采用行动与后果间的联系，设计与愿景也必须将行动连接到所预视或所设计的后果。承诺或一致行动的后果使得议程与政策具正当性，并作为绩效判断的基础。

我们在哪里？我们希望在哪里？我们如何到那里？这些传统的问题不应用来暗喻不同的规划工作或表达方式。发明、发现及选择行动变成可能的，其系透过同时而不是分开来考虑后果与行动使然。

利用正式及非正式集体选择的制度

民众参与的逻辑解释了正式民主制度与即兴的民众参与，在社会认知或偏好整合所能完成的事项。传统制定计划的方法强调公共参与的重要性，作为一般民众或利益团体在计划制定过程中的直接参与。如同露西（Lucy 1988）所述，美国规划学会伦理原则强调直接公共参与，却忽略正式政治过程及组织所扮演的适当角色。计划制定应认识其与直接参与及集体选择正式机制的关系。然而此两种方法并无法完全互补。批判式的判断以厘定应如何做，仍旧十分重要。

高度民众参与的计划制定，如第九章所述奥斯汀及亚特兰大的例子，并不见得会带来更好的计划或被政府或其他组织所重视的计划。由政府主导的计划会将商业利益置于其他之上。如果认识到决策场合（arena）的权限所在作为努力的目标，参与论坛以建构决策情况将会更有效（Bryson and Crosby 1992)。论坛的参与以建构选举政治也因此是相关的。若无法辨认部门化组织其具不同决策责任的计划,无法分别选区为基础抑或大众立法者之选举,一般目的市政府及特区权限的区别,则不论投入多少参与,都与行动无关。

　　计划应认识到何种正式集体选择机制会被用到,而不必将这些制度参与者的偏好视为已知。芝加哥计划对支持者的推销以发行公债来筹措重大公共建设改善的经费,便是一个典型的例子(Moody,1919)。如果该计划是市议会的计划,则必须了解决策是市议员在政治联结及结党历史情况下的个人投票。如在尼泊尔所执行的整体行动规划(Irwin and Joshi 1996),透过将个案及花费分配逐年逐党列表以显示给选区代表们看,进而显示它们的需求如何被满足,使此体认更明确。

　　使用正式及非正式集体选择机制以商讨及整合偏好,也强调集体选择与计划运作方式的关系。任何决策,包括计划的决策或计划所隐喻的决策,可牵涉到集体选择。因此,集体选择不是区分计划或计划制定以别于其他决策或活动的属性。制定计划的过程可将注意力放在哪些集体选择应加以制定。计划可作为商讨的工具,但仅限于类似任何其他决策的功能。计划如何运作的逻辑,则可与集体选择从理论的观点上区别出来。无论从个人、组织或政府的角度来看,计划如何运作的逻辑均为合理的。知道计划及集体选择间的区别,便能更有效应用这些机制,以作为相关工作的适时辅助工具。

　　为使用正式代议民主制度及非正式直接参与制度在制定计划时,以收社会认知及偏好整合的效果:

- 根据正式选择机制及其所包含之动机、优势(advantages)及偏差以选择计划的组织范畴。
- 激发可能因强化概念及观点优势以增加认知能力的参与,否则这些概念及观点将被正式制度所忽视。
- 激发可能加强人们及社区优势的参与,否则这些人们及社区在代议民主、市场或组织的代表性不足。

这些建议不仅应用在私人开发商的计划,也适用在市府的计划,且可用于计划如何运作的五个面向。计划的议程及政策面向尤其适宜,因为它们增加提案的一致性及公共承诺。它们能平衡特定决策不适当的狭隘参与,以及不适当的狭隘正式过程而忽视当地情况。例如,将住宅区投资列入某政治领导者公共议程的政策,平衡了如第五章到第八章所讨论的,将焦点放在市中心地主及企业的商业利益。所激发的参与其认知优势及正义优势以辅助集体选择的正式制度,能改善设计、愿景及策略的计划面向。计划的愿景面向能改变态度及信念,也因此改变集体商讨或偏好整合的结果。愿景能透过激发人们的参与而平衡集体行动的偏差,朝向集体利益迈进;亦即愿景能替换部分由集体行动决定的法规。

结论:制定计划的逻辑是重要的

这些建议总体而言,指出在机会川流的比喻中应包含计划。如第二章所示以及引用可汗等(Cohen et al. 1972)的著作,该比喻用来说明建构计划的情况:计划的情况是一组相关的、不可分割的及不可逆的决策以寻求课题;一组课题寻找与其关联的相关决策;一组解决方案寻找课题作为答案;以及一组规划者寻求工作。使用这个比喻以建构都市发展成为复杂系统,需要加入一组计划与其他系统共演化;亦即决策寻求有关联的计划,而规划者寻求机会制定与决策及课题有关联的计划。该比喻是一互动元素的系统,但该系统并不暗喻着简单性或控制的可能性。想象生态系统,而不是系统工程。生态系统令人想到复杂的水准,同时计划及计划制定是在系统中而非从外而来的控制。这个使用及制定计划的观点系根据本书每个关键的立论。

如果计划被视为是复杂系统中的元素,而非外在的机制以达到控制的目的,计划在复杂系统或"自然系统"中可以是有用的。计划以某种有限的方式影响世界,而有关计划如何产生作用的解释是具说服力的支撑,以陈述具特定内容的计划在特殊的情况下是有用的。有关计划如何运作的解释也说明清楚,在何种情况下我们不应期待计划成果会良好,而其他方法更为适合。

计划能处理不确定性。"我们不能制定计划因为我们不知道其他人想要做什么"的哀歌,正说明了对计划如何产生作用的误解。计划是被个人、团体及政府制定。计划本身不是政府活动或转向中央控制。然而如同其他活动一般,当计划是集体财时,由政府来提供计划是合理的。计划不是法规,但土地开发法规很可能根据计划而定。制定有关法规的计划是合理的。

人类认知能力及社会互动形构了计划如何制定的解释及计划应如何制定的辩解,包括分析技术的专业、合作及价值。集体选择的困难不能由计划来克服,因为计划不是决策制定的机制。计划组织了由个人、协商、讨论或投票制定的决策之有关信息。计划可由集体选择机制来决定,但该计划不是决策机制。

都市发展制定计划的逻辑是重要的,因为构思如何制定出更好的计划,及更有效地使用这些计划是有用的。该逻辑解释许多所观察到的规划实务,同时辩解部分制定计划的传统指引。然而透过对所观察到的规划实务及传统方法谨慎的解释,计划的逻辑也对传统方法提出能改善实务的建议。实务不仅是更佳计划逻辑解释的受益者,也是建构该逻辑的智慧来源。

组织本章的原则——辨认出使用计划的机会,从决策情况创立计划的观点,辨认出制定计划的机会,制定具有效范畴的计划,将后果与相关行动联结起来,以及使用正式及非正式的制度去商讨与行动——将计划带入系统内。如果我们根据面对不完全预见下相关、不可分割、不可逆行动的逻辑行事,我们便能利用我们计划制定(划桨)的能力与我们所面对的机会川流力量的组合。这些特性勾勒出能从计划获利的决策,同时提供制定具有效范畴计划的基础。我们必须能利用计划,而同时在川流中制定决策。这需要能从决策情况的观点即时取得计划的内在逻辑。如果计划能解释川流并从川流中获得解释,它们将是有用的、可用的及被采用的。

译注

"计划计划,纸上画画,墙上挂挂";"计划赶不上变化";"市场决定一切而不需要规划"。这些对都市发展计划制定的误解,皆因为对都市发展过程特性及计划制定逻辑不了解所致。作者认为,当决策具相关性、不可分割性、不可逆性及面对不完全预见时,制定计划会带给规划者利益。也就是说都市发展过程因具备这四个特性,所以需要规划。根据第一至八章计划制定逻辑陈述,及第九章对计划实际运作方式解说,作者在本章提出了就现有计划制定实务操作上一些有用的建议。重点在于,我们应逃脱综合理性、由上而下的传统规划模式,强调日常决策与计划制定间的关系,抓住制定及使用计划的机会,以及利用既有制度结构促成计划的施行。计划制定的精神,在于相关决策情况在时间及空间上的安排,并刻意创造机会,以使决策者、议题、解决方式及区位在决策情况中连接起来,制定决策以解决问题。这个概念强调了组织及其结构的重要性。规划者既要面对因组织运作所衍生的机会,又要透过这些机会解决都市发展问题。在南宁市城市规划局或台北市都市发展局工作的规划者,他们主要的工作不尽然是执行南宁市 2020 年总体城市规划或台北市综合发展计划,他们还要顾及在日常工作中浮现的一些决策情况,如变更计划申请及分区调整等等。这些决策情况可在组织内或组织外发生,而他们也不是一味被动地处理这些问题。也许他们对漓江或基隆河河滨地区开发有些腹案,只是时机尚未成熟且机会尚未浮现出来。或者他们会主动争取经费并进行沟通,使得他们的构想能够实现。都市发展的规划作业便是在这样看似毫无章法的过程中展开,而计划制定者要能在适当时机制定并使用计划,并根据计划制定日常的决策。

计划使用必须将计划与日常决策间产生关联。台湾"内政部"区域计划委员会在审议开发案的申请时,有参考区域计划吗?台北市都市计划委员会在审核都市更新申请案时,有考虑台北市综合发展计划吗?南宁市城市规划局在审议集合住宅的开发案时,有参考 2020 年城市总体规划吗?如果答案是否定的,表示这些计划是失败的,因为计划与日常决策脱节。现有计划文件形式是从计划的观点而设计,作者认为我们必须从决策的观点来设计计划内容及组织。他提出"索引"(index)的概念,以使得在特定决策情况下,决策者能立即搜寻到与该决策相关的计划建议。这个概念可加以信息化,使得计划文件与规划支援系统整合在同一个系统中,作为计划制定的参考。都市发展过程是复杂的,但这种复杂性并不造成计划失去用处,反而凸显它的重要性。计划制定在这样的复杂过程中是有用的,虽然它不能解决所有的问题,但至少它对系统的结果造成影响。如果我们知道如何及何时从事计划制定,在某种程度上而言,复杂空间系统的演变是可管控的。重点在于,如何在时间及空间上去创造有用的计划,并安排既有及未来的决策情况,以策略性思考的方式面对不确定性。本书虽然不可能解答所有有关都市发展计划制定的问题,它至少提出一较完整的解释逻辑,并点出许多未来的研究方向。值得注意的是,作者认为计划应是内生的,而与系统共演化。这个观点似乎与中国传统道家思想中"无"的因势利导有些许关联。台湾、香港及大陆有关都市发展计划制定的研究及实务虽然大异其趣,但我们可从本书中学到许多宝贵的经验。

译后记

本书的译著系从我在 2001 年 7 月参加大陆上海同济大学所举办之世界规划院校大会时，亲自由霍普金斯教授手上接下本书开始，历经了四年余的时间，断断续续点滴累积而成。为了绝对地忠于原著，我所采用的翻译方式是首先将原著逐字翻译(word for word translation)，嗣整本书直译完后，再与原著核对是否有漏译或误译的地方，以期达到百分之百的精准度。之后，再将原著丢开，假想自己为初读的读者而直接检视译文，以确保文句的流畅。若有碰到不解的地方，我也直接请教霍普金斯教授，以解疑惑。因此，翻译本书的另一原则是，我自己必须先对原文有充分的理解。在过程中我发现翻译不如想象中容易，许多原著的文义必须以信、达、雅的中文表达出来，这是一种挑战。我原先想用简洁的文字来翻译本书，但由于原文本就言简意赅了(dense)，加上其理念寓意深厚且逻辑严谨，使得初稿所翻出来的文句，读起来更为艰涩。因此，在之后的校阅中，我决定在有需要的地方以较浅显通俗的用语来表达，其或许与原文稍有出入，但应不至于扭曲原著的文意。学术翻译是一门专门的学问，而我不是专业的翻译者。我本身更不是文学及语言学的专家，因此我只好用我较熟悉的学术论文文体来翻译本书。如果有些地方让读者阅读起来感到吃力，尚请读者多多包涵。但我相信已尽力表达作者的原意了，因此有些译文也恳请读者耐心品味。翻译界有许多规范，如人名及地名的译法及其他行规。但因我不是专业的翻译作家，如果本书译文及格式就翻译学的角度来看，过于离谱的话，也请翻译专家及前辈们多忍受我的愚昧。我设定本书翻译的目标为，若有同时精通中、英文的读者让他(她)分别独立地作选择时，其宁可选读本译著而舍原著。至于这个具有野心的目标是否能够达成，只有让读者您自己来判断了。

注释

第1章 都市发展计划：为何需要以及如何去作？

1. 凯伦·唐纳西（Kieran Donaghy）在一讨论会上针对这些议题提出"一贯性主义者"（coherentist）规划研究方法，而他的观点已显然影响了我的观点。

第2章 自然系统中以计划为基础的行动

1. 如果你想横越一河川，你不能将你的独木舟直接指向对岸，然后直接穿越。你直接的划桨以及向下游而去的川流运动之组合，将会让你在起始点的下游上岸。为了直接穿越，将你的独木舟以一角度对准上游。你划桨及川流的组合将会引导你直接穿越。你所设定的角度取决于川流的力量以及你划桨的力量。参见如约翰·俄本（John T. Urban），**独木舟及皮船怀特瓦特**手册，波士顿：阿帕拉契山俱乐部，1965（A Whitewater Handbook for Canoe and Kayak, Boston: Appalachian Mountain Club, 1965）。

2. 系统行为的文献包括以抽象方式探讨系统的研究，如阿须比（Ashby 1956）及比尔（Beer 1966），他们较其他早期作者发展出较易懂的人工头脑学（cybernetics）。此外，这些概念在特定领域的背景以及将重点放在特定形态的系统中被发展出来，如生物学的波特金（Botkin 1990）、道金斯（Dawkins 1976）、何林及哥德保（Holling and Goldberg 1971），以及经济学的阿尔全（Alchian 1950）。麦克劳林（McLoughlin 1973）将这些概念在都市规划中做了最完整的陈述。

3. 市场系统条件在任一经济学教科书有解释，如尼可森(Nicholson 2000)或维瑞安(Varian 1992)。

4. 必要变异定律(The Law of Requisite Variety)(Ashby 1956)认为一系统其对干预反应的变异，必须具有如干预一般的变异程度。

5. 参见安那斯等(Anas et al. 1998)根据均衡、动态调整及不完全的预见所做都市模式的回顾。

6. 亚历山大(Alexander 1992b)以稍微不同的方式考虑交易成本作为规划的解释。他强调以阶层组织来代替市场，作为降低交易成本的一种反应。此处我们将交易成本视为一种动态调整过程中额外的摩擦力。建造(construction)的不可逆性成本在计划的论述中是更为巨大的元件。组织问题在第五章及第七章有考虑。

7. 经济分析宣称，人们或厂商利用土地及交通的价格作为信号，以标示有利的机会来改变区位。然而，即使根据新古典经济学的严格假设，除非当均衡已达到时，这些信号将不会与均衡状态下发生的价格相等。价格的改变有一路径，同时区位行动的改变也有一路径，两者相互反应。如果没有交易成本，且决策可以无限小的增量制定，价格改变的时序能被证明会导致区位选择的顺序，其进而形成所预测的均衡，如同任何进阶经济学教科书的解释，如维瑞安(Varian 1992)。相反地，当行动面临相关性、不可分割性、不可逆性及不完全预见，及面临交易成本时，即使这种迭代调整过程会失效，因为在任何一回合的叠代，价格将不会成为适当的信号。也请参见霍普金斯(Hopkins 1979)以数学规划做的解释。

8. "指标性"(indicative)的名词也被某些都市规划文献中的作者所使用(例如，Alexander 1992a)，但却以稍较一般性的概念叙明以说服(persuation)，而非法规方式运作的计划。

9. 计划通常被解释为"市场失灵"(market failure)或"政治失灵"(political failure)的一种反应，尤其是针对市场无法考虑外部性及集体财，以及政治系统无法考虑专业及不平等能力的参与。计划，至少以本书概念所探讨的,不能直接解决这些失灵,这在第五章有讨论,有关规划从市场及政治失灵的角度来讨论的经典之作是达尔及林布隆(Dahl and Lindblom 1953)。莫尔(Moore 1978)就集体财的部分加以辩驳,但实际上它是就政府及法规的探讨,而不是计划。克楼斯特曼(Klosterman 1985)在对市场及政治失灵的论点做了透彻的回顾,承认这些论点不能区别规划与政府,但没有提出其他有关计划的解释。

10. 亚利克斯·安那斯(Alex Anas)建议增加不完全预见,并使用"四个I"(Four I's)的名称。

11. 组织研究的范畴太广,而无法在此处探讨。马区(March 1988)是综合研究的主要贡献。威廉森(Williamson 1975)引导另一观点。契斯霍姆(Chisholm 1989)及亚历山大(Alexander 1995)将重点放在组织间的结构及行为,并提供与规划有关组织之易懂的解释。

12. 赖世刚(Lai 1998)延伸垃圾桶模拟的正式组织,以直接探讨计划的问题以及它们对组织的影响,其方法是设定有意图的方式使得该过程的元素可被事先检视。

第3章 计划如何运作

1. 有许多计划的分类多少与此处所述说的解释相关。肯特(Kent 1964)界定了五种计划的使用:政策决定,政策实施,沟通,咨询转达及教育。亚历山大(Alexander 1992a)将计划以一些向度加以分类。他的分类包括指标性(indicative),分派性(allocative)及法规性(regulatory),均以一种横切(crosscuting)的方式落在此处所使用的分类中,并在内文中有描述。

土地使用规划的标准教科书(Kaiser, et al. 1995)指出计划的三种目的:"其一是提供一过程来制定政策,亦即,该过程由社区民众,民选官员及直派委员会参与,以产生及辩论政策概念。第二个目的便是将该政策及所欲的行动措施,与财产拥有者、开发商、市民、民选官员、官派主管及其他受影响的人沟通。该计划应教育、鼓励及说服这些人。第三个目的是有助于政策的实施。进阶计划(advance plans)以作为民选及官派公共主管来讨论发展决策的指引而达到这个功能。法规甚至能将计划融合成为正式标准,以在核发许可时达成决议。计划也记载了执行政策的发展管理办法其背后之法律、政治及逻辑的理由。"(251)第二个目的与愿景的解释最为相近,虽然它也可包括政府之外的单位作为策略使用。第三个目的是策略解释或其某种形式的变革。

布来森(Bryson 1995)描述策略规划的公司观点。我在此处使用"策略"一词与组织的"策略规划"概念不同。"策略规划"所说的"成功的愿景"与我在此处使用的愿景类似,因为它是良好结果整体意象的鼓励者或组织者。

嘉文(Garvin 1996)将综合计划描述为三种形态:一般性个人的强制性愿景、策略及合作建构的愿景。他的例子分别为芝加哥1909年计划、1947年圣路易斯计划以及1961年费城计划(1961 Philadelphia Plan)。即使是这三个例子也说明了其区分不是完美的。我的方法描述计划能产生作用的方式,并阐述以一种以上方式运作的案例。于是重点在于解释,而不在于计划本身的分类。

2. 参见西普里及纽葛克(Shipley and Newkirk 1998)有关在规划文献中使用愿景名词的讨论。巴尔(Baer 1997)以两种不同的角色定义他的"以愿景为计划"(Plan as Vision)的概念:"……刺激思考及撷取承诺……"以及"读者应被实作(exercise)所吸引,提升到所愿见的未来,被它的可能性所说服(或类似的表达),以及提供足够'真实性'(realism)以说服我们当中自然怀疑论者至少暂时停止怀疑。"(333)我所使用的名词强调后者。布来森及克洛司毕(Bryson and Crosby 1992)描述三种行动的讨论场所:论坛、活动场合及法庭。论坛为架构课题及讨论概念的机会。当计划的愿景面向被发展时,其创造与发展适合这个角色,此与巴尔(Baer)所建议的愿景双重角色是类似的。

3. 这种解释就法规而言,较计划容易来检视的,因为我们能观察法规是否具约束力。例如,耐普(Knaap 1990)发现地方分区决策确实被改变,来满足由奥瑞冈州所建立的法规条件。州层次的法规限制了所观察到地方政府的决策。

第4章 策略、不确定性及预测

1. 斯投基及萨克豪瑟(Stokey and Zeckhauser 1978)提供一主观预期效用理论及风险回避的简短介绍；肯尼及瑞发(Keeney and Raiffa 1976)提供较完整的解释。这些阐述认识到结果衡量的增量不会在效用上产生固定的增量，并且不同的人对风险具有不同的态度。赫须雷发及来利(Hirshleifer and Riley 1992)是对信息经济学(economics of information)之最新及综合性的进阶探讨。

2. 为了简化起见，这个例子并没有区别住宅以折现收益出售的年数，以及工程以折现成本兴建的年数。薛佛及霍普金斯(Shaeffer and Hopkins 1987)发展出类似的情况来使用结果的几率密度函数分配，并也包括获取权利来兴建所欲使用的不确定性(例如，分区许可)。

3. 这些几率能以不同的方式解释。它们可以是主观几率，其由专家设计以表达不同未来需求的相对可能性。它们可以是相同或类似社区或情况根据往年所获得的需求水准频率(frequencies)。参见克楼斯特曼(Klosterman 1990)针对传统人口预测技术的教科书。

4. 图4-4中，总收益计算系按照之前图中的逻辑。就上方的分支而言，$600 \times \$15 + 600 \times \$50 = \$39\,000$。就下一个分支而言，$300 \times \$15 + 300 \times \$50 = \$19\,500$。在这个例子中，每单元的收益是根据所兴建的单元数，但是这些收益仅就满足需要所出售的单元数而获得。使用这些相同原则，决策树中剩下的价值能使用表4-2的资料计算。同样地，由右而左推演，每一节点之分支其价值的计算能从总收益减去每一之前的分支所造成之成本而决定。

5. 这种研究的困难之一，是将这些成本适当的分担，归因于在特殊时机特殊区位的特殊开发个案。这是设计适当冲击费的关键所在(参见如

Nelson 1988；Alterman 1988；White 1996）。

6. 计算所增加样本之贝氏更新方法（Bayesian updating approach）的预测并不适当（参见如 Raiffa 1968），因为一般而言，预测不能满足一抽样过程的假设。

7. 常见的策略是根据一点预测（point forecast）来制定决策，如预期母体结果分配的平均数。模尔根及亨利昂（Morgan and Henrion，1990，307-324）主张在许多基础容量问题上，需求的低估其成本较高估要来得高。这种容量决策的不对称性，说明了可能结果分配的明确考虑是重要的。

第5章　为自愿团体与政府及其本身所作的计划

1. 这个故事部分是根据彼得·薛佛所进行的研究（Hopkins and Schaeffer 1985），并且这个故事的某些细节来自露西亚·黎马维修斯（Lucia Rimavicius）的课堂报告。该故事后段部分是根据报纸报道及爱米·布里基斯（Amy Bridges）所做的访谈。此处的目的是一故事，而不是过程的完整报道。薛佛及霍普金斯（Schaeffer and Hopkins 1987）就这种问题形态，从开发者的观点引介了正式的数学解释。

2. 李凡及庞萨得（Levine and Ponssard 1977）界定三种形态的信息收集：秘密（secret）、不分享（unshared）以及分享（shared）。在秘密计划中，其他人不知道计划已经制定，且他们不知道计划的内容。在不分享计划中，其他人知道计划已制定，但他们不知道计划的内容。在分享计划中，其他人知道计划已制定，且也知道计划的内容。俄白那市市中心发展故事包括了所有三种例子。委员会知道次委员会在从事规划，即使某些行动者在使用计划结果采取行动，但委员会不知道该结果（不分享）。其他人甚至不知道规划正在进行（秘密）。市政府雇用顾问公司被所有人知道，且结果在完成时公布出来（分享）。霍普金斯（Hopkins 1981）陈述秘密、分享及不分享预测的数据例子，并说明在某些个案，由于集体财特性，行动者会选择以法规强制自己以要求预测或阻止预测。在一个案中，如果所有参与者被禁止预测,即使他们具有个人诱因来预测,每个参与者会获利。

3. 有关集体财、收费财的变型(variants)及共用资源有深入的文献探讨。例如可参见慕勒(Mueller 1989)的广泛理论说明以及欧斯特容等(Ostrom et al. 1994)特别对共用资源问题的理论与实证研究。

4. 囚犯困境发生在,当两个囚犯被控同样的罪名,并被分开来质问。每一囚犯会被宽恕,如果他承认并提出证据让对方定罪。如果没有人认罪,他们将被控较轻的罪,而被判一年徒刑。如果其中一人认罪但另一人不认罪,认罪的被判三年,而另一人判十年。如果两个都认罪,每人被判八年,因为认罪减刑是与所提证据支持更大控诉定罪是相对的。如赛局 5-1 所示的例子,不论另一人如何做,每个囚犯喜欢认罪(不加入),但如果他们同时认罪,他们每个人被判八年,而他们其实能获判一年徒刑。

5. 示意图结构依照萨瓦斯(Savas 1982)所绘,但是计划及预测的绘制是我自己的想法,当然也开放讨论。

6. 近来由博毕等(Burby et al. 1997)所研究的州规定的地方政府计划元素,引起许多州规定的地方规划议题,但其隐喻受限于自然灾害的狭隘焦点。它的结论是,州的法令改善了地方计划的品质,因为这些计划符合了州的指导原则。不清楚的是,这类计划是否对市政府较有用处或这些计划如何运作。评估的焦点在于有多少实施工具被已知的市政府使用,而不是在于计划运作的特殊方式。

第 6 章 权利、法规及计划

1. 须密德(Schmid)的引文是一可观察到行动的例子,并尝试根据较不易察觉的事物来解释(Miller 1987)。它也说明将现象分类,而却不认识到可观察到行动及其意义的困难。葛登伯格(Guttenberg 1993)发展了这个观点,来将土地使用根据建筑形态、建筑功能及一些其他面向加以分类。也参见马利斯(Marris 1982)。

2. 英国的系统是根据一显然不同的权利系统。国家政府拥有权利去开发土地做都市使用。它的功能多少像一大型的公司在设定政策，而根据该政策其去中心化机构(decentralized agents)，即地方当局，能释放这些权利。释放的形态或许根据计划。其他例如有关住宅及就业政策，会产生与都市发展计划不同的释放规则。因此，英国的发展管制系统，其重点不是在法规及法规的正当性(亦即，一致性，侵占(takings))，因为政府拥有发展权。这个情况于是变为管理土地释放以达到住宅需求的例子(参见如 Bramley et al. 1995)。

3. 这个时机问题以及投资动态的反面，是农业或其他土地资源活动投资，其最终将会都市化。土地由农业转变为都市使用时机的不确定性，会导致酪农业农民不成熟地停止投资大型固定设施，如谷仓、筒仓及废弃物处理咸水湖。因此成长时机信息也会增加农业效率。具有特定时间限制的农业区是一用来修正时机的方法，而防止农业土地都市服务税收的征收直到发展发生时是适时的(Bryant and Conklin 1975)。都市成长界线可能会有类似的影响，虽然它们通常以粗略的时机观点来实施，因而显得不重要。

第7章 制定计划的能力

1. 有两个例子其立论角色与至少一个传统知识团体对立：克若格(Krug 1990)认为位于美国东北部产生酸性的湖泊是它们自然的状态，而不是因中西部空气污染所造成的情况。他认为这些湖泊能让鱼类生长的预期，是根据过去五十年约在1900年过度的砍伐所造成的异常。侯佛(Hofer 1997)认为孟加拉(Bangladesh)的洪水与北边马加拉亚(Meghalaya)山区降雨有关，而与尼泊尔喜玛拉亚(Himalaya of Nepal)降雨无关。他进一步认为洪峰改变与尼泊尔所宣称的伐木地增加并无证据显示相关。支持这个观点的人不断增加(参见如 Ives and Messerli 1989)，但是它仍旧是与假设性解释相左的论点。持续性相互主观过程能改变这个事实。一般而言，我们依赖我们自己的判断来相信我们自己"社群"(community)的人,至少如同当建立我们的信念、态度以及被接受的"结论"(conclusions)时,我们依赖我们自己的直接知识或了解一般。

2. 这个例子是采自麦克金(McKean 1985)报告卡能曼及特佛思基研究的例子。也参见卡能曼及特佛思基(Kahneman and Tversky 1984)。

3. 麦克格拉斯(McGrath 1984,127)提到很少人针对他严格的规划工作定义进行研究——以找出一演算法(algorithm)或程序,并透过一组行动达到一已知目的,此与策略面向最为接近。

4. 这些结果反对德尔菲法(Delphi techniques)(Dalkey 1969),该法提供其他人估计的信息,但是特别禁止团体的互动。

5. 有关组织及组织行为的文献有很多。马区在他所收集的研究一书之介绍,是这些议题的好的回顾(March 1988)。厂商的古典经济分析为威廉森(Williamson 1975)。亚历山大(Alexander 1992b,1995)考虑这些概念以说明规划。巴哲尔(Barzel 1989)从权利的观念发展了组织的解释。

6. 克蓝姆侯兹与福洛斯特(Krumholz and Forester 1990)描述规划委员会在不寻常的克里夫兰政策报告所扮演的角色,以及其所隐喻的规划方法。克雷佛(Clavel 1986)考虑进步地方政府当局的突现,以探讨规划委员会。

第8章 集体选择、参与及计划

1. 达尔及林布隆(Dahl and Lindblom 1953)是广泛可能形式的经典讨论。

2. 优质财货(merit goods)、有限财务资源及不可逆行动有时是包含在适当政府行动表列中。因任何这些理由采取集体行动包含了选择提供的共同水准。例如,由于从我伦理观点来看,如果住宅是一优质财货,而我珍惜提供给低收入户住宅的品质,我能私自行动或相信其他人有类似感受,我能尝试激起集体行动。这种集体行动会建立在低收入户优质财货是集体财的前提下。如果低收入户拥有住宅,那我的伦理信念便满足,而其他人具类似伦理信念者皆受益。我们不能排除其他人在这个利益之外,除非我们能对那些没有贡献成本的人保守秘密。我从这样的住宅所获满足并不与其他人的满足冲突。优质住宅的考虑在集体行动架构发生正由于它是集体财。因此就此处的目的,我们仅能强调有关集体财的决策。

3. 贺雷(Hurley 1989)从哲学以抽象的层次考虑决策问题及集体选择。史帝文斯(Stevens 1993)以易懂的文体述说新古典经济学观点或"公共选择"(public choice)。慕勒(Mueller 1989)是一公共选择完整的参考书。

4. 爱尔金(Elkin 1987)以他政治平等性概念探讨类似的议题——议程内容无偏见——以及社会智能(social intelligence)——社会问题解决进行得如何。

5. 贺雷(Hurley 1989)参考爱尔金(Elkin 1987),第三章及第四章。哈伯马斯(Habermas)以及沟通能力的概念具相似的隐喻。例如参见伊恩斯(Innes 1998)及其中的参考文献。

6. 贺雷(Hurley 1989,334)引用爱罗(Arrow)将认知观点与统计整合视为相等。

7. 多数决是一具说服力的决策规则,因为它使得你将通过一想要通过的提案,以及反对你想反对的提案机会相等(Riker and Ordeshook 1973)。在你知道你将面对何种议题前,多数决便是一正反选票的中性规则。对某些事物而言应是很难做的,当你能预测你较关切能否否决你所反对的某些事物,而不是通过你所支持的,此时超级多数决规则(supra majority rules)是恰当的。三分之二决,甚至一致通过,能被要求来改变决策制定规则。民众自由保障(guarantees of civil liberties)将其从投票的领域中排除,可减低不必要结果的风险,也因此排除形成强迫团体的障碍(Stevens 1993)。

8. 个人假设仅具序数(ordinal)偏好,因为在经济理论假设中,无法推估人际间比较的偏好强度。参见慕勒(Mueller 1989)的完整讨论。

9. 这些条件的陈述系黑斐尔(Haefele 1973,18)根据爱罗(Arrow 1967)所做的陈述。

10. 达南大农场案例(Danada Farm Case)(Rubin 1988)描述了根据这个策略在伊利诺伊州杜培机(DuPage)郡为公园发行公债将一组方案包裹起来。

11. 爱尔金(Elkin)一般性地参考约翰·杜威(John Dewey)，以及林布隆的民主智识(Intelligence of Democracy)及政治与市场(Politics and Markets)。

12. 史帝文斯(Stevens 1993)参考布坎农及图洛克(Buchanan and Tullock 1962)作为原始来源以及在慕勒(Mueller 1989)中的讨论。慕勒(Mueller 1989)是公共选择标准综合性参考书。史级(Skjei 1973)使用决策分析发展一类似的论点以考虑参与规划活动的决策。

13. 美国宪法的原创者非常关切直接大量民主的潜在危害，并认为代议能减少这些危害。参见史帝文斯(Stevens 1993)其引用侯佛斯达特(Hofstadter 1974)，而后者参考联邦主义者论文(Federalist Papers)。也可参见黑斐尔(Haefele 1973)。有一个前提是，代议将削弱直接民主所发生之个人极端行为，因为代议士将会更具知识，并期待与其他同侪面对面沟通，这方面由许多国民匿名投票是无法办到的。西部的州在行使创制及公投行动以限制征税权力，说明了直接与代议民主的差异。分区决策的直接民主较代议政府会侵犯民众自由及个人权利(参见例如 Caves 1992)。

14. 例如，参见麦克葛迪(McGurty 1995)及诺尔兹严尼兹(Knowles-Yanez 1997)，虽然他们不会接受欧尔森(Olson)的论点作为团体形成的主要解释。

15. 例如，参见理尔登(Reardon 1998)对伊利诺伊州东圣路易斯市所作的报告，或是绍尔·亚林斯基(Saul Alinsky)的自传(Horwitt 1989)。

16. 这些与安斯邓(Arnstein 1969)经典的名词"市民参与阶梯"(ladder of citizen participation)不同，但探讨类似的议题。

第 9 章　计划如何被制定

1. 拉斯木森等(Rasmussen et al. 1994)发展一翔实的系统来描述组织内过程,其为可分析以创造结构化认知系统之工作。

2. 第一行的三项工作为传统方法。我从伊利诺大学香槟校区的路易斯·魏特默尔(Louis B. Wetmore)学习到这个概念。其他行的来源是派顿及梭维奇(Patton and Sawicki 1993)、布来森(Bryson 1995)、布来克(Black 1990)及契克维(Checkoway 1986)。

3. 参见亚历山大(Alexander 1996)的这两个标准之类似比较。

4. 在福洛斯特最近的书中(Forester 1999, 5-10),他建构其自己的看法,并将他的观点与其他规划理论学者做比较。

5. 最近这类研究的回顾包括 1994 年美国规划学会期刊(Journal of American Planning Association)第 60 期第 1 卷的讨论会以及安那斯等(Anas et al. 1998)。

6. 纽曼(Neuman 1997)马德里(Madrid)计划的描述也许是个反例,其中示意图为该地区南部架构出愿景,并改善该都市最穷地区的情况。在这个例子中,社会主义政府已准备为这些利益,采取投资与制定法规的行动。

7. 有关组织中及组织间地理信息系统(geographic information systems)实施,引发了类似课题,即信息技术是否本身是主管单位或其他单位的幕僚角色(参见如 Budic 1994)。

第 10 章　如何使用及制定计划

1. 彼特金(Pitkin 1992)界定增加一索引作为增进计划使用度的方式,但是却没有提到这个索引与传统索引有何不同。芝加哥 1909 年计划具一索引,但它像任何一本书的索引,且并不特别适用于就决策情况来参考计划面向。

2. 此处不必深入细节,以讨论在特定情况下应如何做。获得每个人在这些任一排序许多属性的一种方法是，维持以某种排序储存的资料库，并建立一反序的列(inverted list)，或索引到另一顺序的信息。电脑会使用不同索引建立视点。仅储存一备份的信息而非储存每个视点的优点在于，更新及维护一组资料的准确性，而不是多组资料。

3. 图10-4示意图的计划及原始版本系由伊利诺大学香槟校区的马图·吉伯哈特(Matthew Gebhardt)、亚立森·拉夫(Allison Laff)以及萨斯亚姆尔西·庞努斯瓦米(Sathyamoorthy Ponnuswamy)，在我指导下及泰勒维尔市委托所进行之硕士建教案。

4. 这个例子是根据与俄白那—香槟卫生区(Urbana-Champaign Sanitary district)执行区长丹尼斯·须密特(Dennis Schmidt)以及UCSD文件及当地报纸报道。

5. **城市规划评论**(Town Planning Review)第49期第3及4卷专门刊登在英国结构规划(structure planning)这种方法使用的论文。

6. 图10-5的例子是从亚利桑那州凤凰城一社区会议而得，该会议讨论诺斯布来克峡谷走廊(North Black Canyon Corridor)交通课题。这个草图取材自凤凰城规划局1997年夏天实习生凯珊得拉·艾克(Cassandra Ecker)。

7. 最近的例子包括如兰迪斯(Landis 1994，1995)、金及霍普金斯(Kim and Hopkins 1996)、克楼斯特曼(Klosterman 1997)及瓦得尔(Waddell 2000)的模式建立。魏斯特沃特及霍普金斯(Westervelt and Hopkins 1999)将动物行为建立模式，其采用的方式至少建议考虑发生在个人事件的可能性，而不是土地使用形态。

参考书目

Ajzen, Icek, and Martin Fishbein. 1980. *Understanding Attitudes and Predicting Social Behavior*. Englewood Cliffs, NJ: Prentice-Hall, Inc.

Akerloff, George. 1970. The Market for Lemons: Qualitative Uncertainly and the Market Mechanism. *Quarterly Journal of Economics* 84:488-500.

Alchian, Armen. 1950. Uncertainty, Evolution, and Economic Theory. *Journal of Political Economy* 58:211-221.

Alexander, Ernest R. 1992a. *Approaches to Planning: Introducing Current Planning Theories, Concepts and Issues*. 2nd ed. Philadelphia: Gordon and Breach Science Publishers.

——. 1992b. A Transaction Cost Theory of Planning. *Journal of the American Planning Association* 58 (2):190-200.

——. 1995. *How Organizations Act Together: Interorganizational Coordination in Theory and Practice*. New York: Gordon and Breach.

——. 1996. After Rationality: Toward a Contingency Theory for Planning. In *Explorations in Planning Theory*, edited by S. J. Mandelbaum, L. Mazza, and R. W. Burchell. New Brunswick, NJ: Center for Urban Policy Research.

Alexander, Ernest R., and Andreas Faludi. 1989. Planning and Plan Implementation: Notes on Evaluation Criteria. *Environment and Planning B: Planning and Design* 16 (2): 127-140.

Alterman, Rachelle, ed. 1988. *Private Supply of Public Services: Evaluation of Real Estate Exactions, Linkage, and Alternative Land Policies*. New York: New York University Press.

Alterman, Rachelle, and Morris Hill. 1978. Implementation of Land Use Plans. *Journal of the American Institute of Planners* 44 (3): 274-285.

American Institute of Certified Planners. 1991. AICP Code of Ethics and Professional Conduct. Chicago: American Institute of Certified Planners.

American Planning Association. 1998. *Growing Smart Legislative Guidebook—Phase I and Phase II: Model Statutes for Planning and Management of Change*. Chicago: APA Planners Press.

Anas, Alex, Richard J. Arnott, and Kenneth A. Small. 1998. Urban Spatial Structure. *Journal of Economic Literature* 36 (3): 1426-1464.

Andrews, Clinton J. 1992. Spurring Inventiveness by Analyzing Trade-offs: A Public

Look at New England's Electricity Alternatives. *Environmental Impact Assessment Review* 12: 185-210.

Arnstein, Sherry R. 1969. A Ladder of Citizen Participation. *Journal of the American Institute of Planners* 35 (4): 221-228.

Arrow, Kenneth. 1951. *Social Choice and Individual Values*. New York: John Wiley. ———. 1967. Public and Private Values. In *Human Values and Economic Policy*, edited by S. Hook. New York: New York University Press.

Ascher, William. 1978. *Forecasting: An Appraisal for Policy-Makers and Planners*. Baltimore: The Johns Hopkins University Press.

Ashby, W. Ross. 1956. *An Introduction to Cybernetics*. London: Chapman and Hall Ltd.

Axelrod, Robert M. 1981. *The Evolution of Cooperation*. New York: Basic Books, Inc.

Babcock, Richard F., and Charles L. Siemon. 1985. *The Zoning Game Revisited*. Boston: Oelgeschlaeger, Gunn & Hahn.

Bachrach, Peter, and Morton Baratz. 1962. The Two Faces of Power. *American Political Science Review* 56: 947-952.

Bacon, Edmund N. 1974. *The Design of Cities*. Revised ed. New York: The Viking Press, Inc.

Baer, William C. 1997. General Plan Evaluation Criteria: An Approach to Making Better Plans. *Journal of the American Planning Association* 63 (3): 329-344.

Bahl, Roy W., Jr. 1963. *A Bluegrass Leapfrog*. Lexington: Bureau of Business Research, University of Kentucky.

Bartholomew, Harland. 1924. *The City Plan of Memphis, Tennessee*. Memphis, TN: City of Memphis, 139.

Barzel, Yoram. 1989. *Economic Analysis of Property Rights*. Cambridge, England: Cambridge University Press.

Baum, Howell S. 1983. *Planners and Public Expectations*. Cambridge, MA: Schenkman Publishing Company Inc.

Baumol, William J. 1972. On Taxation and the Control of Externalities. *American Economic Review* 62: 307-322.

Baumol, William J., and Wallace E. Oates. 1975. *The Theory of Environmental Poli-*

cy. Englewood Cliffs, NJ: Prentice-Hall, Inc.

Beatley, Timothy, David J. Brower, and William H. Lucy. 1994. Representation in Comprehensive Planning: An Analysis of the Austinplan Process. *Journal of the American Planning Association* 60 (2): 185-196.

Beer, Stafford. 1966. *Decision and Control*. New York: John Wiley.

Berke, Philip, and Steven P. French. 1994. The Influence of State Planning Mandates on Local Plan Quality. *Journal of Planning Education and Research* 13 (4): 237-250.

Black, Alan. 1990. The Chicago Area Transportation Study: A Case Study of Rational Planning. *Journal of Planning Education and Research* 10 (1):27-37.

Blaesser, Brian W., Clyde W. Forrest, Douglas W. Kmiec, Daniel R. Mandelker, Alan C. Weinstein, and Norman Williams, Jr. 1989. *Land Use and the Constitution: Principles for Planning Practice*. Chicago: Planners Press.

Botkin, Daniel. 1990. *Discordant Harmonies: A New Ecology for the Twenty-First Century*. Oxford: Oxford University Press.

Bramley, Glen, Will Bartlett, and Christine Lambert. 1995. *Planning, the Market and Private Housebuilding*. London: UCL Press.

Brams, S. J., and P. C. Fishburn. 1983. *Approval Voting*. Boston: Birkhauser.

Branch, Melville C. 1981. *Continuous City Planning*. New York: John Wiley & Sons.

Brill, E. Downey, Jr., John M. Flach, Lewis D. Hopkins, and S. Ranjithan. 1990. MGA: A Decision Support System for Complex, Incompletely Defined Problems. *IEEE Transactions on Systems, Man, and Cybernetics* 20(4):745-757.

Bryant, William R., and Howard E. Conklin. 1975. New Farmland Preservation Programs in New York. *Journal of the American Institute of Planners* 41(6): 390-396.

Bryson, John M. 1995. *Strategic Planning for Public and Nonprofit Organizations: A Guide to Strengthening and Sustaining Organizational Achievement*. Revised ed. San Francisco: Jossey-Bass.

Bryson, John M., Paul Bromiley, and Y. Soo Jung. 1990. Influences of Context and Process on Project Planning Success. *Journal of Planning Education and Research* 9(3):183-195.

Bryson, John M., and Barbara C. Crosby. 1992. *Leadership for the Common Good:*

Tackling Public Problems in a Shared-Power World. San Francisco: Jossey-Bass.

Buchanan, James M., and Gordon Tullock. 1962. *The Calculus of Consent*. Ann Arbor: University of Michigan Press.

Budic, Zorica D. 1994. Effectiveness of Geographic Information Systems in Local Planning. *Journal of the American Planning Association* 60(2):244-263.

Burby, Raymond J., Peter J. May, Philip R. Berke, Linda C. Dalton, Steven P. French, and Edward J. Kaiser. 1997. *Making Governments Plan: State Experiments in Managing Land Use*. Baltimore: Johns Hopkins University Press.

Burnham, Daniel H., and Edward H. Bennet. 1909. *Plan of Chicago*. Chicago: The Commercial Club, 2-4.

Calkins, Hugh W. 1979. The Planning Monitor: An Accountability Theory of Plan Evaluation. *Environment and Planning A* 11(7):745-758.

Caro, Robert A. 1974. *The Power Broker: Robert Moses and the Fall of New York*. New York: Alfred A. Knopf.

Caves, Roger W. 1992. *Land Use Planning: The Ballot Box Revolution*. Vol. 187, *Sage Library of Social Research*. Newbury Park, CA: Sage Pubilications, Inc.

Checkoway, Barry. 1986. Political Strategy for Social Planning. In *Strategic Perspective on Planning Practice*, edited by B. Checkoway. Lexington, MA: Lexington Books.

Chicago Area Transportation Study. 1959. Chicago Area Transportation Study, Final Report, Volume I: Survey Findings. Chicago: Chicago Area Transportation Study.

——. 1960. Chicago Area Transportation Study, Final Report, Volume II: Data Projections. Chicago:Chicago Area Transportation Study.

——. 1962. Chicago Area Transportation Study, Final Report, Volume III: Transportation Plan. Chicago: Chicago Area Transportation Study.

Chisholm, Donald. 1989. *Coordination without Hierarchy: Informal Structures in Multiorganizational Systems*. Berkeley: University of California Press.

City of Chicago Department of City Planning. 1964. Basic Policies for the Comprehensive Plan of Chicago. Chicago: Department of City Planning, City of Chicago.

City of Chicago Department of Development and Planning. 1966. The Comprehensive Plan of Chicago. Chicago: Department of Development and Planning, City of Chicago.

City-County Planning Commission, Lexington and Fayette County, Kentucky. 1964. The Nature of Our Community...and the Challenge That Lies Ahead. Lexington: City-County Planning Commission of Lexington and Fayette County, Kentucky.

———. 1973. 1973 Update of a Growing Community. Lexington: City-County Planning Commission Lexington and Fayette County, Kentucky.

Clavel, Pierre. 1986. *The Progressive City: Planning and Participation, 1969-1984*. New Brunswick, NJ: Rutgers University Press.

Coase, Ronald. 1937. The Nature of the Firm. *Economica* 4:386-405.

———. 1960. The Problem of Social Cost. *Journal of Law and Economics* 3: 1-44.

Cohen, Michael D., James G. March, and Johan P. Olsen. 1972. A Garbage Can Model of Organizational Choice. *Administrative Science Quarterly* 17(1):1-25.

Cohen, Stephen S. 1977. *Modern Capitalist Planning: The French Model*. Berkeley: University of California Press.

Connerly, Charles E., and Nancy A. Muller. 1993. Evaluation Housing Elements in Growth Management Comprehensive Plans. In *Growth Management: The Planning Challenge of the 1990s*, edited by J. Stein. Thousand Oaks, CA: Sage.

Costonis, John J. 1974. *Space Adrift: Saving Urban Landmarks through the Chicago Plan*. Urbana: University of Illionois Press.

Cronon, William. 1983. *Changes in the Land: Indians, Colonists, and the Ecology of New England*. New York: Hill and Wang.

Dahl, Robert A., and Charles E. Lindblom. 1953. *Politics, Economics, and Welfare*. New York: Harper and Row.

Dalkey, N. C. 1969. The Delphi Method: An Experimental Study of Group Opinion. Santa Monica, CA: The RAND Corporation.

Dalton, Linda C. 1985. Politics and Planning Agency Performance: Lessons from Seattle. *Journal of the American Planning Association* 51(2):189-199.

Dalton, Linda C., and Raymond J. Burby. 1994. Mandates, Plans, and Planners. *Journal of the American Planning Association* 60(4):444-461.

Darke, Jane. 1979. The Primary Generator and the Design Process. *Design Studies* 1 (1):36-43.

Date, C. J. 1995. *An Introduction to Database Systems*. 6th ed. Reading, MA: Addison-Wesley.

Davis, James H. 1992. Some Compelling Intuitions about Group Consensus Decisions, Theoretical and Empirical Research, and Interpersonal Aggregation Phenomena: Selected Examples, 1950-1990. *Organizational Behavior and Human Decision Processes* 52:3-38.

Dawkins, Richard. 1976. *The Selfish Gene*. Oxford: Oxford University Press.

Demsetz, Harold. 1967. Toward a Theory of Property Rights. *American Economic Review* 57(2):347-359.

Ding, Chengri, Gerrit J. Knaap, and Lewis D. Hopkins. 1999. Managing Urban Growth with Urban Growth Boundaries: A Theoretical Analysis. *Journal of Urban Economies*. 46: 53-68.

Elkin, Stephen. 1987. *City and Regime in the American Republic*. Chicago: University of Chicago Press.

Elster, Jonathan. 1983. *Sour Grapes*. Cambridge: Cambridge University Press.

Faludi, Andreas. 1987. *A Decision-Centred View of Environmental Planning*. Oxford: Pergamon Press.

Feiss, Carl. 1985. The Foundations of Federal Planning Assistance: A Personal Account of the 701 Program. *Journal of the American Planning Association* 51(2): 175-184.

Fischel, William A. 1985. *The Economics of Zoning Laws: A Property Rights Approach to American Land Use Controls*. Baltimore: Johns Hopkins University Press.

Flyvbjerg, Bent. 1998. *Rationality and Power: Democracy in Practice*. Translated by S. Sampson. Chicago: University of Chicago Press.

Foglesong, Richard E. 1986. *Planning the Capitalist City: The Colonial Era to the 1920s*. Princeton, New Jersey: Princeton University Press, 88.

Forester, John. 1989. *Planning in the Face of Power*. Berkeley: University of California Press.

———. 1999. *The Deliberative Practitioner*. Cambridge, MA: MIT Press.

Frank, Robert H. 1988. *Passions within Reason: The Strategic Role of the Emotions*. New York: W. W. Norton & Company.

Freidenfelds, John. 1981. *Capacty Expansion: Analysis of Simple Models with Applications*. Amsterdam: Elsevier North Holland, Inc.

Friend, J. K., and W. N. Jessop. 1969. *Local Government and Strategic Choice: An Operational Research Approach to the Processes of Public Planning*. London: Tavistock Publications.

Friend, John K., and Alan Hickling. 1987. *Planning under Pressure*. Oxford: Pergamon.

Fukuyama, Francis. 1995. *Trust: The Social Virtues and the Creation of Prosperity*. New York: The Free Press.

Garvin, Alexander. 1996. *The American City: What Works, What Doesn't?* New York: McGraw-Hill.

Gaventa, John. 1880. *Power and Powerlessness: Quiescence and Rebellion in an Appalachian Valley*. Urbana: University of Illinois Press.

George, Henry. 1980. *Progress and Poverty*. New York: Appleton.

Godschalk, David. 2000. Montgomery County, Maryland—A Pioneer in Land Supply Monitoring. In *Monitoring Land Suppy with GIS*, edited by A. V. Moudon and M. Hubner. New York: John Wiley & Sons.

Goldsmith, Steven. 1998. Neighborhoods: Planning Groups Flex More Muscle. *Seattle Post Intelligencer*, April 28, 1998, B2.

Goldstein, William M., and Jane Beattie. 1991. Judgments of Relative Importance in Decision Making: The Importance of Interpretation and the Interpretation of Importance. In *Frontiers of Mathematical Psychology: Essays in Honor of Clyde Coombs*, edited by D. R. Brown and J. E. K. Smith. New York: Springer-Verlag.

Goulter, Ian C., Harry G. Wenzel, Jr., and Lewis D. Hopkins. 1983. Watershed Land Use Planning Under Uncertainty. *Environment and Planning A* 15:987-992.

Guttenberg, Albert Z. 1993. *The Language of Planning: Essays on the Origins and Ends of American Planning Thought*. Urbana: University of Illinois Press.

Haar, Charles M. 1977. *Land-Use Planning: A Casebook on the Use, Misuse, and Reuse of Urban Land*. 3d ed. Boston: Little, Brown and Company.

Habermas, Jurgen. 1990. *Moral Consciousness and Communicative Action*. Translated by C. Lenhardt and S. W. Nicholsen. Cambridge, MA: MIT Press.

Haefele, Edwin T. 1973. *Representative Government and Environmental Management*. Baltimore: Johns Hopkins University Press.

Hanley, Paul F. 1999. Simulating Land Developers', Sewer Providers', and Land Owners' Behavior to Assess Sewer Expansion Policies. Ph. D., Regional Planning, University of Illinois at Urbana-Champaign.

Harris, Britton. 1960. Plan or Projection: An Examination of the Use of Models in Planning. *Journal of the American Institute of Planners* 26(4):265-272.

———. 1965. Urban Development Models: A New Tool for Planners. *Journal of the American Institute of Planners* 31: 90-95.

———. 1967. The City of the Future: Problem of Optimal Design. *Papers and Proceedings of the Regional Science Association* 19: 185-198.

Harris, Britton, and Michael Batty. 1993. Locational Models, Geographic Information and Planning Support Systems. *Journal of Planning Education and Research* 12(3):184-198.

Helling, Amy. 1998. Collaborative Visioning: Proceed with Caution. *Journal of the American Planning Association* 64(3):335-349.

Hirshleifer, Jack, and John G. Riley. 1992. *The Analytics of Uncertainty and Information*. In *Cambridge Surveys of Economic Literature*, edited by M. Perlman. Cambridge, UK: Cambridge University Press.

Hoch, Charles. 1994. *What Planners Do: Power, Politics, and Persuasion*. Chicago: Planners Press, American Planning Association.

Hofer, Thomas. 1997. Meghalaya, Not Himalaya. *Himal*, September/October, 52-56.

Hofstadter, Richard. 1974. *The American Political Tradition*. New York: Vintage Books.

Holling, Crawford S., and Michael Goldberg. 1971. Ecology and Planning. *Journal of the American Planning Association* 37(4):221-230.

Hopkins, Lewis D. 1974. Plan, Projection, Policy—Mathematical Programming and Planning Theory. *Environment and Planning A* 6:419-430.

———. 1979. Quadratic versus Linear Models for Land Use Plan Design. *Environment and Planning A* 11:291-298.

———. 1981. The Decision to Plan: Planning Activities as Public Goods. In *Urban Infrastructure, Location, and Housing*, edited by W. R. Lierop and P. Nijkamp. Alphen aan den Rijn, Netherlands: Sijthoff and Noordhoff.

———. 1984a. Comparative Planning: Looking at Ourselves the Way We Look at Others. *Planning and Public Policy* 11(3):5.

———. 1984b. Evaluation of Methods for Exploring Ill-Defined Problems. *Environment and Planning B: Planning and Design* 11: 339-348.

———. 1999. Structure of a Planning Support System for Urban Development. *Environment and Planning B: Planning and Design* 26(3):333-343.

Hopkins, Lewis D., E. Downey Brill, Jr., Jon C. Liebman, and Harry G. Wenzel. 1978. Land Use Allocation Model for Flood Control. *Journal of Water Resources Planning and Management ASCE* WR1:93-104.

Hopkins, Lewis D., E. Downey Brill, Jr., Kenneth B. Kurtz, and Harry G. Wenzel, Jr. 1981. Analyzing Floodplain Policies Using an Interdependent Land Use Allocation Model. *Water Resources Research* 17:467-477.

Hopkins, Lewis D., E. Downey Brill, Jr., and Benedict Wong. 1982. Generating Alternative Solutions for Dynamic Programming Models of Water Resources Problems. *Water Resources Research* 18: 782-790.

Hopkins, Lewis D., and Peter V. Schaeffer. 1983. Rights in Land and Planning Behavior: A Comparative Study of Mountain Resort Development. Urbana: Department of Urban and Regional Planning, University of Illinois at Urbana-Champaign.

———. 1985. The Logic of Planning Behavior. Urbana: Department of Urban and Regional Planning, University of Illinois at Urbana-Champaign.

Horwitt, Sanford D. 1989. *Let Them Call Me Rebel: Saul Alinsky—His Life and Legacy*. New York: Alfred A. Knopf.

Howard, John T. 1951. In Defense of Planning Commissions. *Journal of the American Institute of Planners* 17 (Spring): 89-94.

Howe, Elizabeth. 1980. Role Choices of Planners. *Journal of the American Planning Association* 46(4):398-410.

Howe, Elizabeth, and Jerome Kaufman. 1979. The Ethics of Contemporary American Planners. *Journal of the American Planning Association* 45(3):243-255.

Howe, Jim, Ed McMahon, and Luther Propst. 1997. *Balancing Nature and Commerce in Gateway Communities*. Washington, D.C.: Island Press.

Hurley, S. L. 1989. *Natural Reasons: Personality and Polity*. New York: Oxford University Press.

Innes, Judith E. 1996. Planning through Consensus Building: A New View of the Comprehensive Planning Ideal. *Journal of the American Planning Association* 62(4): 460-472.

———. 1998. Information in Communicative Planning. *Journal of the American Planning Association* 64(1):52-63.

Intriligator, Michael D., and E. Sheshinski. 1986. Toward a Theory of Planning. In *Social Choice and Public Decision Making*, edited by W. Heller, R. Starr, and D. Starrett. Cambridge: Cambridge University Press.

Irwin, David M., and Jibgar Joshi. 1996. Integrated Action Planning: The Experience in Nepal. In *Integrated Urban Infrastructure Development in Asia*, edited by K. Singh, F. Steinberg, and N. von Einsiedel. London: Intermediate Technology Publications Ltd.

Isserman, Andrew M. 1984. Projection, Forecast, and Plan. *Journal of the American Planning Association* 50(2):208-221.

Ives, Jack D., and Bruno Messerli. 1989. *The Himalayan Dilemma: Reconciling Development and Conservation*. London: Routledge.

Jacobs, Allan B. 1980. *Making City Planning Work*. Chicago: American Planning Association.

———. 2000. Notes on Planning Practice and Education. In *The Profession of City Planning: Changes, Images, and Challenges 1950-2000*, edited by L. Rodwin and B. Sanyal. New Brunswick, NJ: Center for Urban Policy Research, 49.

Johnson, David A. 1996. *Planning the Great Metropolis: The 1929 Regional Plan of New York and Its Environs*. Edited by G. E. Cherry and A. Sutcliffe, *Studies in History, Planning and the Environment*. London: E & FN Spon.

Johnson, William C. 1989. *The Politics of Urban Planning*. New York: Paragon House.

Joshi, Jibgar. 1997. *Planning for Sustainable Development: Urban Management in Nepal and South Asia*. Kathmandu, Nepal: Lajmina Joshi.

Judd, Dennis R., and Robert E. Mendelson. 1973. *The Politics of Urban Planning: The East St. Louis Experience*. Urbana: University of Illinois Press.

Kahneman, Daniel, Paul Slovic, and Amos Tversky, eds. 1982. *Judgment under Uncertainty: Heuristics and Biases*. New York: Cambridge University Press.

Kahneman, Daniel, and Amos Tversky. 1984. Choices, Values, and Frames. *American Psychologist* 39: 341-350.

Kaiser, Edward J., David R. Godschalk, and F. Stuart Chapin Jr. 1995. *Urban Land Use Planning*. 4th ed., Urbana: University of Illinois Press.

Keating, Ann Durkin. 1988. *Building Chicago: Suburban Developers and the Creation of a Divided Metropolis*. Columbus: Ohio State University Press.

Keating, W. Dennis, and Norman Krumholz. 1991. Downtown Plans of the 1980s: The Case for More Equity in the 1990s. *Journal of the American Planning Association* 57(2):136-152.

Keele, Steven W. 1973. *Attention and Human Performance*. Pacific Palisades, CA: Goodyear Publishing Company, Inc.

Keeney, Ralph, and Howard Raiffa. 1976. *Decisions with Multiple Objectives: Preferences and Value Tradeoffs*. New York: John Wiley & Sons.

Kelly, Eric Damian. 1993. *Managing Community Growth: Policies, Techniques, and Impacts*. Westport, Connecticut: Praeger.

Kelly, Eric Damian, and Barbara Becker. 2000. *Community Planning: An Introduction to the Comprehensive Plan*. Washington, D C: Island Press.

Kent, T. J. 1964. *The Urban General Plan*. San Francisco: Chandler Publishing Co.

Kerr, Donna H. 1976. The Logic of "Policy" and Successful Policies. *Policy Sciences* 7(3):351-363.

Kim, Hyong-Bok, and Lewis D. Hopkins. 1996. Capacity Expansion of Modeling for Water Supply in a Planning Support System for Urban Growth Management. *Journal of the Urban and Regional Information Systems Association* 8(1):58-66.

King, John. 1990. How the BRA Got Some Respect: Boston's Redevelopment Agency Believes in Doing It All. *Planning*, May, 4-9.

Kirkwood, Craig W. 1997. *Strategic Decision Making: Multiobjective Decision Analysis with Spreadsheets*. Belmont, CA: Duxbury Press, Wadsworth Publishing Co.

Kleymeyer, John E., and Paul Hartsock. 1973. Cincinnati's Planning Guidance System. Planning Advisory Service Report No. 295. Chicago: American Society of Planning Officials.

Klosterman, Richard E. 1980. A Public Interest Criterion. *Journal of the American Planning Association* 46(3): 323-333.

———. 1985. Arguments for and against Planning. *Town Planning Review* 56(1):5-20.

———. 1990. *Community Analysis and Planning Techniques*. Savage, MD: Rowman & Littlefield Publishers, Inc.

———. 1997. The What If? Collaborative Planning Support System. In *Computers in Urban Planning and Urban Management*, edited by P. K. Sikdar, S. L. Dhingra, and K. V. Krishna Rao. Mumbai, India: Narosa Publishing House.

Knaap, Gerrit J. 1990. State Land Use Planning and Exclusionary Zoning: Evidence from Oregon. *Journal of Planning Education and Research* 10(1):39-46.

Knaap, Gerrit J., Lewis D. Hopkins, and Arun Pant. 1996. Does Transportation Planning Matter? Explorations into the Effects of Planned Transportation Infrastructure on Real Estate Sales, Land Values, Building Permits, and Development Sequence. Cambridge, MA: Lincoln Institute of Land Policy.

Knaap, Gerrit J., Lewis D. Hopkins, and Kieran P. Donaghy. 1998. Do Plans Matter? A Framework for Examining the Logic and Effects of Land Use Planning. *Journal of Planning Education and Research* 18(1):25-34.

Knowles-Yanez, Kim. 1997. A Case Study of a Contested Land Use Planning Process: A Grassroots Neighborhood Organization, A Medical Complex, and a City. Ph. D. Regional Planning, University of Illinois at Urbana-Champaign, Urbana.

Krieger, Martin. 1973. What's Wrong with Plastic Trees? *Science* 179 (February 2):446-455.

———. 1991. Contingency in Planning: Statistics, Fortune, and History, 1991. *Journal of Planning Education and Research* 10(2):157-161.

Krug, Edward C. 1990. Acid Rain: And Just Maybe... the Sky ISN'T Falling. *Champaign-Urbana News Gazette*, June 10, 1990, B-1, B-5.

Krumholz, Norman. 1982. A Retrospective View of Equity Planning: Cleveland 1969-1979. *Journal of the American Planning Association* 48(2):163-174.

Krumholz, Norman, and John Forester. 1990. *Making Equity Planning Work: Leadership in the Public Sector*. Philadelphia: Temple University Press.

Lai, Shih-Kung. 1998. From Organized Anarchy to Controlled Structure: Effects of Planning on the Garbage Can Decision Processes. *Environment and Planning B: Planning and Design* 25(1):85-102.

Lai, Shih-Kung, and Lewis D. Hopkins. 1989. The Meanings of Tradeoffs in Multi-Attribute Evaluation Methods: A Comparison. *Environment and Planning B: Planning and Design* 16:155-170.

——. 1995. Can Decision Makers Express Multiattribute Preferences Using AHP and MUT? An Experiment. *Environment and Planning B: Planning and Design* 22(1):21-34.

Landis, John D. 1994. The California Urban Futures Model: A New Generation of Metropolitan Simulation Models. *Environment and Planning B: Planning and Design* 21: 399-420.

——. 1995. Imagining Land Use Futures: Applying the California Urban Futures Model. *Journal of the American Planning Association* 61(4):438-457.

Lave, Lester B. 1963. The Value of Better Weather Information to the Raisin Industry. *Econometrica* 31:151-164.

Lee, Insung. 1993. Development of Procedural Expertise to Support Multiattribute Spatial Decision Making. Ph. D., Regional Planning, University of Illinois at Urbana-Champaign, Urbana.

Lee, Insung, and Lewis D. Hopkins. 1995. Procedural Expertise for Efficient Multiattribute Evaluation: A Procedural Support Strategy for CEA. *Journal of Planning Education and Research* 14(4):225-268.

Leopold, Aldo. 1949. *A Sand County Almanac and Sketches Here and There*. London: Oxford University Press.

Levine, P., and J. P. Ponssard. 1977. The Value of Information in some Nonzero Sum Games. *International Journal of Game Theory* 6(4):221-229.

Levinson, D. 1997. The Limits to Growth Management: Development Regulation in Montgomery County, Maryland. *Environment and Planning B: Planning and Design* 24(5):689-707.

Lewis, Paul G. 1996. *Shaping Suburbia: How Political Institutions Organize Urban Development*. Edited by B. A. Rockman, *Pitt Series in Policy and Institutional Studies*. Pittsburgh: University of Pittsburgh Press.

Lindblom, Charles. 1959. The Science of Muddling Through. *Public Administration Review* 19:79-88.

Lindsey, Greg, and Gerrit J. Knaap. 1999. Willingness to Pay for Urban Greenway

Projects. *Journal of the American Planning Association* 65(3):297-313.
Lovelace, Eldridge. 1992. *Harland Bartholomew: His Contributions to American Urban Planning*. Urbana: Department of Urban and Regional Planning, University of Illinois at Urbana-Champaign.
Lucy, William. 1988. APAs Ethical Principles Include Simplistic Planning Theories. *Journal of the American Planning Association* 54(2):147-148.
Lukes, Steven. 1974. *Power: A Radical View*. London: Macmillan.
Mandelbaum, Seymour J. 1979. A Complete General Theory of Planning Is Impossible. *Policy Sciences* 11:59-71.
——. 1990. Reading Plans. *Journal of the American Planning Association* 56(3):350-356.
Mandelker, Daniel R. 1989. Interim Development Controls in Highway Programs: The Taking Issue. *Journal of Land Use and Environmental Law* 4(2):167-213.
March, James G. 1978. Bounded Rationality, Ambiguity, and the Engineering of Choice. *The Bell Journal of Economics* 9(2):587-608.
——. 1988. *Decisions and Organizations*. Oxford: Basil Blackwell, Inc.
Marcuse, Peter. 1976. Professional Ethics and Beyond. *Journal of the American Institute of Planners* 42(3):264-274.
Marris, Peter. 1982. *Meaning and Action: Community Planning and Conceptions of Change*. London: Routledge & Kegan Paul, 73.
Mastop, H., and Andreas Faludi. 1997. Evaluation of Strategic Plans: The Performance Principle. *Environment and Planning B: Planning and Design* 24: 815-832.
McGovern, Patrick S. 1998. San Francisco Bay Area Edge Cities: New Roles for Planners and the General Plan. *Journal of Planning Education and Research* 17(3): 246-258.
McGrath, Joseph E. 1984. *Groups: Interaction and Performance*. Englewood Cliffs, NJ: Prentice-Hall, Inc.
McGurty, Eileen. 1995. The Construction of Environmental Justice in Warren County, North Carolina. Ph. D., Regional Planning, University of Illinois at Urbana-Champaign, Urbana.
McLoughlin, Kevin. 1985. Decisions, Decisions. *Discover*, June, 22-31.
McKean, J. Brian. 1973. *Control and Urban Planning*. London: Faber.

Mee, Joy. 1998. Seminar on Planning in Phoenix. Champaign, Illinois, October 1998.

Meehan, Patrick. 1989. Viewpoint. *Planning*, September, 55(9):54.

Metro. 2000. *Growth Management*. Growth Management Services Department, Metro, Portland, Oregon, 〈September 27, 2000[cited October 2, 2000], Available from http:www.multnomah.lib.or.us/metro/gms.html〉.

Metropolitan Planning Commission. 1966. How Should Our City Grow? Portland, OR: Metropolitan Planning Commission.

Miller, Donald L. 1996. *City of the Century: The Epic of Chicago and the Making of America*. New York: Simon and Schuster.

Miller, Richard W. 1987. *Fact and Method: Explanation, Confirmation and Reality in the Natural and the Social Sciences*. Princeton, NJ: Princeton University Press.

Mintzberg, Henry. 1994. *The Rise and Fall of Strategic Planning: Reconceiving Roles for Planning, Plans, Planners*. New York: Free Press.

Mintzberg, Henry, Duru Raisinghani, and Andre Theoret. 1976. The Structure of "Unstructured" Decision Processes. *Administrative Science Quarterly* 21:246-275.

Mjelde, James W., Steven T. Sonka, Bruce L. Dixon, and Peter J. Lamb. 1988. Valuing Forecast Characteristics in a Dynamic Agricultural Production System. *American Journal of Agricultural Economics* 70(3):674-684.

Molotch, Harvey. 1976. The City as Growth Machine: Toward a Political Economy of Place. *American Journal of Sociology* 82:309-332.

Moody, Walter D. 1912. *Teachers Handbook, Wacker's Manual of the Plan of Chicago: Municipal Economy*. Chicago: Chicago Plan Commission.

———. 1919. *What of the City?* Chicago: A. C. McClurg & Co, 415.

Moore, Terry. 1978. Why Allow Planners to Do What They Do? A Justification from Economic Theory. *Journal of the American Institute of Planners* 44(4):387-398.

Morgan, Granger, and Max Henrion. 1990. *Uncertainty: A Guide to Dealing with Uncertainty in Quantitative Risk and Policy Analysis*. Cambridge, United Kingdom: Cambridge University Press.

Mullen, Dennis C. 1989. *Public Choice*. 2nd ed. Cambridge: Cambridge University Press.

Mueller, B., C. Johnson, and E. Salas. 1991 Productivity Loss in Brainstorming Groups: A Meta-Analytic Integration. *Basic and Applied Social Psychology* 12(1):3-23.

Nash, Roderick, ed. 1976. *The American Environment*. 2nd ed. Reading, MA: Addison-Wesley.

Nelson, Arthur C., ed. 1988. *Development Impact Fees*. Chicago: Planners Press.

Neuman, Michael. 1997. Images as Institution Builders: Metropolitan Planning in Madrid. In *Making Strategic Spatial Plans: Innovations in Europe*, edited by P. Healey, A. Khakee, A. Motte, and B. Needham. London: UCL Press.

———. 1998. Does Planning Need the Plan? *Journal of the American Planning Association* 64(2):208-220.

Newby, Howard, Colin Bell, and David Rose. 1978. *Property, Paternalism, and Power: Class and Control in Rural England*. London: Hutchinson.

Nicholson, Walter. 2000. *Intermediate Microeconomisn*. 8th ed. Orlando, FL: Harcourt, Inc.

Northeastern Illinois Planning Commission. 1990. Northeastern Illinois Planning Commission Annual Report 1990, Chicago, Illinois. Chicago: Northeastern Illinois Planning Commission.

Nozick, Robert. 1974. *Anarchy, State, and Utopia*. New York: Basic Books.

Ohls, James C., and David Pines. 1975. Discontinuous Urban Development and Economic Efficiency. *Land Economics* 51:224-234.

Olmsted, Frederick Law. 1852. *Walks and Talks of an American Farmer in England*. Vol. 1. New York: George P. Putnam and Company, 133.

Olshansky, Robert. 1996. The California Environmental Quality Act and Local Planning. *Journal of the American Planning Association* 62(3):313-330.

Olson, Mancur. 1965. *The Logic of Collective Action*. Cambridge, MA: Harvard University Press.

O'Mara, Paul. 1973. The Aurora New Town Story: Who's to Plan the Region? *Planning* December, 39(12):8-11.

Orfield, Myron. 1997. *Metropolitics: A Regional Agenda for Community and Stability*. Washington, DC: Brookings Institution Press.

Ostrom, Elinor, Roy Gardner, and James Walker. 1994. *Rules, Games, and Common-*

Pool Resources. Ann Arbor: University of Michigan Press.

Patton, Carl V., and David S. Sawicki. 1993. *Basic Methods of Policy Analysis and Planning*. 2d ed. Englewood Cliffs, NJ: Prentice-Hall, Inc.

Peattie, Lisa. 1987. *Planning: Rethinking Ciudad Guayana*. Ann Arbor: University of Michigan Press, 112, 148.

Pitkin, S. 1992. Comprehensive Plan Format: A Key to Impacting Decisionmaking. *Environmental and Urban Issues* 19(4):8-10.

Pressman, N., and Aaron Wildavsky. 1973. *Implementation*. Berkeley: University of California Press.

Pruetz, Rick. 1997. *Saved by Development: Preserving Environmental Areas, Farmland, and Historic Landmarks with Transfer of Development Rights*. Burbank, CA: Arje Press.

Raiffa, Howard. 1968. *Decision Analysis: Introductory Lectures on Choices under Uncertainty*. Reading, MA: Addison-Wesley.

Rapaport, Anatol, and A. Chammah. 1965. *Prisoner's Dilemma*. Ann Arbor: University of Michigan Press.

Rasmussen, Jens, Annelise Pejtersen, and L. P. Goodstein. 1994. *Cognitive Systems Engineering*. New York: John Wiley and Sons, Inc.

Rawls, John A. 1971. *A Theory of Justice*. Cambridge, MA: Belknap Press.

Reardon, Kenneth M. 1994. Community Development in Low-Income Minority Communities: A Case for Empowerment Planning. Paper read at Association of Collegiate Schools of Planning, November 4, 1994, at Phoenix, Arizona.

——. 1998. Enhancing the Capacity of Community-Based Organizations in East St. Louis. *Journal of Planning Education and Research* 17(4):323-333.

Regenwetter, Michel, and Bernard Grofman. 1998. Approval Voting, Borda Winners, Condorcet Winners: Evidence from Seven Elections. *Management Science* 44(4):520-533.

Regmi, Mahesh Chandra. 1976. *Landownership in Nepal*. Berkeley: University of California Press.

Reps, John. 1969. *Town Planning in Frontier America*. Princeton, NJ: Princeton University Press.

Richmond, Henry R. 1997. Comment on Carl Abbott's "The Portland Region: Where

City and Suburbs Talk to Each Other—and Often Agree."*Housing Policy Debate* 8 (1):53-64.

Riker, William H., and Peter C. Ordeshook. 1973. *An Introduction to Positive Political Theory*. Englewood Cliffs, NJ: Prentice-Hall.

Roelofs, H. Mark. 1992. *The Poverty of Americon Politics: A Theoretical Interpretation*. Philadelphia: Temple University Press.

Roeseler, Wolfgang. 1982. *Successful American Urban Plans*. Lexington, MA: D. C. Heath.

Rubin, Herbert J. 1988. The Danada Farm: Land Acquisition, Planning, and Politics in the Suburbs. *Journal of the American Planning Association* 54(1): 79-90.

Satz, Ronald N. 1991. Chippewa Treaty Rights: The Reserved Rights of Wisconsin's Chippewa Indians in Historical Perspective. Wisconsin Academy of Sciences, Arts and Letters, Transactions Vol. 79, No. 1.

Saunders, Peter. 1983. *Urban Politics: A Sociological Interpretation*. London: Hutchinson and Co.

Savas, E. S. 1982. *Privatizing the Public Scetor*. Chatham, NY: Chatham House Publishers, Inc.

Schaeffer, Peter V., and Lewis D. Hopkins. 1987. Planning Behavior: The Economics of Information and Land Development. *Environment and Planning* A 19: 1221-1232.

Schmid, A. Allan. 1978. *Property, Power and Public Choice*. New York: Praeger, xi.

Schultz, Stanley K. 1989. *Constructing Urban Culture: American Cities and City Planning, 1800-1920*. Philadelphia: Temple University Press.

Sedway, Paul H., and Thomas Cooke. 1983. Downtown Planning: Basic Steps. *Planning* 49(12):22-25.

Segoe and Associates, Ladislas. 1958. Master Plan Supplement: City-County Planning and Zoning Commission of Lexington and Fayette County, Kentucky. Cincinnati, Ohio.

Sen, Amartya. 1992. *Inequality Reexamined*. Cambridge, MA: Harvard University Press.

Shiffer, Michael J. 1995. Interactive Multimedia Planning Support: Moving from Stand

Alone Systems to the World Wide Web. *Environment and Planning B: Planning and Design* 22:649-664.

Shipley, Robert, and Ross Newkirk. 1998. Visioning: Did Anyone See Where It Came From? *Journal of Planning Literature* 12(4):407-416.

Siemon, Charles L., Wendy L. Larson, and Douglas R. Porter. 1982. *Vested Rights: Balancing Public and Private Development Expectations*. Washington, DC: Urban Land Institute.

Silver, Christopher. 1985. Neighborhood Planning in Historical Perspective. *Journal of the American Planning Association* 51(2):161-174.

Simon, Herbert. 1969. *The Sciences of the Artificial*. Cambridge, MA: MIT Press.

Sipper, Daniel, and Robert Bulfin. 1997. *Production: Planning, Control, and Integration*. New York: McGraw-Hill.

Skjei, Stephen S. 1973. *Information for Collective Action*. Boston: Lexington.

Sniezek, Janet, and Rebecca Henry. 1989. Accuracy and Confidence in Group Judgment. *Organizational Behavior and Human Decision Processes* 43:1-28.

Sonka, S. T., P. J. Lamb, S. E. Hollinger, and J. W. Mjelde. 1986. Economic Use of Weather and Climate Information: Concepts and an Agricultural Example. *Journal of Climatology* 6:447-457.

Steiner, Ivan D. 1972. *Group Process and Productivity*. New York: Academic Press.

Stevens, Joe B. 1993. *The Economics of Collective Choice*. Boulder, CO: Westview Press.

Stevens Thompson and Runyan, Inc. 1969. Tualatin Basin Water and Sewerage Master Plan. Portland, Oregon: Client: Washington County Board of Commissioners.

Stokey, Edith, and Richard Zeckhauser. 1978. *A Primer for Policy Analysis*. New York: W. W. Norton & Company.

Stone, Christopher D. 1973. *Should Tress Have Standing? Toward Legal Rights for Natural Objects*. Los Altos, CA: W. Kaufmann.

Strotz, Robert H. 1956. Myopia and Inconsistency in Dynamic Utility Maximization. *Review of Economic Studies* 23(3):165-180.

Suchman, Lucy A. 1987. *Plans and Situated Actions: The Problem of Human-Machine Communcation*, Edited by R. Pea and J. S. Brown, *Learning in Doing: So-*

cial, Cognitive, and Computational Perspectives. Cambridge: Cambridge University Press.

Talen, Emily. 1996. Do Plans Get Implemented? A Review of Evaluation in Planning. *Journal of Planning Literature* 10(3):248-259.

Talen, Emily, and Luc Anselin. 1998. Assessing Spatial Equity: The Role of Access Measures. *Environment and Planning A* 30(4):595-613.

Varian, Hal R. 1992. *Microeconomic Analysis*. 3rd ed. New York: W. W. Norton.

Vickers, Geoffrey. 1965. *The Art of Judgement*. New York: Basic Books.

Waddell, Paul. 2000. A Behavioral Simulation Model for Metropolitan Policy Analysis and Planning: Residential Location and Housing Market Components of UrbanSim. *Environment and Planning B: Planning and Design* 27(2):247-263.

Walker, Robert Averill. 1950. *The Planning Function in Government*. 2nd ed. Chicago. University of Chicago Press, 42.

Warner, Sam Bass Jr. 1978. *Streetcar Suburbs: The Process of Growth in Boston, 1870-1900*. 2nd ed. Cambridge, MA: Harvard University Press.

Weiss, Marc A. 1987. *The Rise of the Community Builders: The American Real Estate Industry and Urban Land Planning*. New York: Columbia University Press.

Westervelt, James, and Lewis D. Hopkins. 1999. Modeling Mobile Individuals in Dynamic Landscapes. *International Journal of Geographic Information Science* 13(3):191-208.

White, S. Mark. 1996. Adequate Public Facilities Ordinances and Transportation Management. Planning Advisory Service Report No. 465, Chicago: American Planning Association.

Wickens, Christopher D. 1992. *Engineering Psychology and Human Performance*. 2nd ed. New York: HarperCollins Publishers.

Wildavsky, Aaron. 1973. If Planning Is Everything, Maybe It's Nothing. *Policy Sciences* 4(2):137-153.

Williams, Bruce, and Albert Matheny. 1995. *Democracy, Dialogue, and Environmental Disputes*. New Haven, CT: Yale University Press.

Williams, Cicely. 1964. *Zermatt Saga*. Brig, Switzerland: Rotten-Verlag.

Williamson, Chilton. 1960. *American Suffrage: From Property to Democracy 1760-1860*. Princeton, NJ: Princeton University Press.

Williamson, Oliver E. 1975. *Markets and Hierarchies*. New York: Free Press.

Windsor, Duane. 1979. *Fiscal Zoning in Suburban Communities*. Lexington, MA: D. C. Heath.

索引

(数字系繁体字版页码,本书中为边码)

行动
Action
  承诺 commitment to, 34
  后果的连接 consequences linked to, 294-300
  计划的影响,评量 effects of plan on, in assessment, 59
  错误控制 error-controlled, 24-27
  事件驱动 event-driven, 96
  预期价值 expected value, 74-81, 99
  产生的工作 generation tasks, 190-191
  "避险"或组合 "hedge" or combination of, 94
  缺少 lack of, 64
  在自然系统中 in natural systems, 21-23
  机会 opportunities for, 36-39
  以计划为基础 plan-based, 26-27
  预测控制 prediction-controlled, 26-27
  之前的设计角色 role of design prior to, 51-52
  系统挑战相对于系统维护 system-challenging vs. system-maintaining, 195

议程
Agenda, 44-46, 276, 286
  投票顺序控制 control of order of voting by, 214
  定义 definition, 44-45
  相对于目标 vs. objective, 46
  计划范畴及 scope of plan and, 293-294
  相对于标的 vs. target, 51
  作为计划使用 use of plan as, 9, 57, 115

分派效率
Allocation efficiency, 143-147
  资源动员假设 assumption of mobility of resources, 151
  定义 definition, 143
  除外 exceptions to, 148-149

时间分派
Allocation of time, 280

方案
Alternatives
  由自愿团体创造 creation by voluntary groups, 105
  无关 irrelevant, 213
  主要,及包裹 primary, and bracket, 250
  与不确定性有关 uncertainty with respect to, 81-82, 97

宁适环境保护
Amenity protection, 158-159, 165

美国检定合格(认证)规划师协会(AICP)
American Institute of Certified Planners (AICP), 219

美国规划学会
American Planning Association, 287

相关决策领域分析(AIDA)
Analysis of interconnected decision areas (AIDA), 291-292

问题锚定与调整偏差
Anchoring and adjustment bias of a problem, 188, 193

行政区合并
Annexation, 2, 4, 10, 153, 215

同意投票
Approval voting, 214

亚利桑那州凤凰城
Arizona, Phoenix, 161, 246, 296

爱罗不可能定理
Arrow's impossibility theorem, 212, 214, 216

组装线问题解决
Assembly line problem solving, 192

评量
Assessment, 57-69
 优良计划特性 characteristics of good plans, 68
 比较表 comparison tables, 252
 诊断评估 diagnostic evaluation, 259-262
 不同方法 different approaches to, 59
 四个准则 four criteria for, 57-58
 三个可观察现象 three observable phenomena in, 64

注意力跨距
Attention span, 39, 186, 200-201

"奥斯汀计划过程"
"Austinplan process", 256

权限
Authority, 12, 135-143
 "域外领土管辖权" "extraterriorial jurisdiction", 142
 制度内 within institutions, 211
 多辖区计划 multi-jurisdiction plans, 2-3
 组织内 within organizations, 203, 257
 计划分解及 plan decomposition and, 241-244

可用性偏差
Availability bias, 189

行为
Behavior

相互主观知识造成的改变 alteration by intersubjective knowledge, 181, 183
营建材料商供给的 of construction material suppliers, 91
反法规的 counterregulatory, 117
均衡寻求 equilibrium-seeking, 240
忠诚 loyalty, 202
计划制定 plan making, 57, 231, 234-235
理性 rationality, 232-233, 236-241
信号反应 reaction to signals, 116-117, 310n.7
承诺信号 signals of commitment, 111
过于乐观或悲观 too optimistic or pessimistic, 189

信念
Beliefs, 60, 63, 212, 220, 254

利益。参见成本效益分析；净利益
Benefit. See Cost-benefit analysis; Net benefit

伯努利原则
Bernoulli principle, 91

脑力激荡
Brainstorming, 192-193

加州
California
 皮塔卢马 Petaluma, 92, 168
 革新行政 progressive administration, 255
 旧金山 San Francisco, 258
 森蓝盟谷及毕夏普农场 San Ramon Valley and Bishop Ranch, 275
 地方计划的州命令 state-mandates for local plans, 67
 计划使用作为收费财 use of plan as toll good, 121

资本。参见财务面向
Capital. See Financial aspects

设施改善措施(CIP)
Capital improvements program (CIP), 46, 279

主计处
Census Bureau, 90-91

市民参与
Citizen participation, 203, 204, 217, 219-227, 252, 259

认知能力
Cognitive capacity, 12, 13, 303
 团体 group, 190-194
 个人 individual, 184-190
 记忆的 for memory, 184-186, 268
 问题解决的六个偏差 six biases in problem solving, 187-190, 206

认知解释
Cognitive interpretation, 211-212

集体选择。也参见协调；利益拥有者
Collective choice. See also Coordination; Stakeholders, 14, 190, 209-227
 正式及非正式制度 formal and informal institutions, 300-302
 参与如何运作 how participation works, 223-227
 承诺逻辑 logic of commitment, 109-115
 参与逻辑 logic of participation, 219-223
 可能性 the possibility, 210-215

制度原则 principles for institutions, 215-219
相对于都市计划 vs. urban plans, 209-227

集体财
Collective goods
 特性 characteristics, 120
 投资承诺 commitment to investment in, 111-115, 125, 128-129
 范例 examples, 109
 排除在外 exclusion from, 121
 政府诱导以制定计划 government inducements to make plans, 124-129
 个人议题 inivudual's issues with, 113, 143-145
 成本效益分析投资 investment cost-benefit analysis, 109-111
 计划使用的 use of plan as, 118-121

集体理性
Collective rationality, 213

科罗拉多
Colorado
 布尔德 Boulder, 168
 斯诺马斯 Snowmass, 134

芝加哥商业俱乐部
Commercial Club of Chicago, 108

规划委员会
Commissions, planning, 126, 204, 257

承诺
Commitment, 34
 采取行动 to action, 34
 一议程的 an agenda as, 44-47
 感情特征 emotional traits, 111-112
 渐进的及序列的 incremental and sequential,

81-83

整体行动规划 with Integrated Action Planning, 248

集体财投资 to investment in collective goods, 110-111, 114, 128-130

承诺前策略 precommitment strategies, 184-185

共同财。参见公共利益
Common good. See Public interest

共同土地
Common lands, 153

沟通理性
Communicative rationality, 14, 192, 235, 236-238

社区行政区合并。参见行政区合并
Community annexation. See Annexation

复杂系统
Complex systems, 7, 303

惯性 inertia, 30, 36
记忆能力 memory capacity for, 185
自然选择导致 natural selection that led to, 29-30
川流模式 stream model for, 36-40

综合性。参见计划范畴
Comprehensiveness. See Scope of plan

联结到行动的后果
Consequences linked to actions, 294-300

保育地役权
Conservation easements, 168-170

美国宪法
Constitution, U. S.

第十四次修宪 Fourteenth Amendment, 157
路权及 right-of-way and, 166

顾问公司。参见专业规划师
Consultants. See Planners, professional

权变情况
Contingent circumstances, 8, 75

污水处理厂兴建 in sewer plant construction, 124
策略作为路径 strategy as a path, 45, 51
预测使用 use in forecasting, 23

协调。也参见集体选择；利益拥有者
Coordination. See also Collective choice; Stakeholders

合作优势 advantages of collaboration, 192
平行处理优势 advantages of parallel processing, 191-192
组织间 among organizations, 201-202
"共同财" for the "common good" 2, 3, 11, 120
团体认知能力 group cognitive capacity, 190-194
团体形成及承诺 group formation and commitment, 111-115
多个团体的隐喻与不确定性 implications and uncertainty with multiple groups, 103-130
领导者选择 selection of leaders, 113, 224-225

索引

成本效益分析
Cost-benefit analysis
  亚特兰大 2020 愿景计划 Atlanta 2020 visioning project, 65
  "蛙跳式"发展"leapfrog"development, 86
  法规 regulations, 155

创造力
Creativity, 190-192

文化面向，所定义的权利
Cultural aspects, rights defined by, 138-139

日常行程安排
Daily calendaring, 280

资料收集与分析
Data collection and analysis, 233, 277-284

决策分析
Decision analysis
  计算最佳策略形态 to calculate best strategy type, 92-94
  集体选择 collective choice, 213-214
  高相对于低密度住宅, 范例 high- vs. low-density housing, example, 74-81
  告知相对于未告知决策 informed vs. uninformed decisions, 119-124

决策制定。也参见不完全预见；不可分割性；相关性；不可逆性
Decision making. See also Imperfect foresight; Indivisibility; Interdependence; Irreversibility
  相关决策领域分析 analysis of interconnected decision areas, 291-292
  决策特性 characteristics of decisions, 7-8
  认知偏差 cognitive biases, 186-190, 206
  集体的。参见集体选择 collective. See Collective choice
  预估。也参见预测 forecasts in. See also Predictions, 88-92
  团体过程 group processes, 190-194
  多个团体的隐喻 implications of multiple groups, 103-130
  告知相对于未告知 informed vs. uninformed, 115-117, 119-124
  记住目的 keeping sight of the purpose during, 1-17
  排先后次序。参见议程 prioritization. See Agenda
  重复。参见政策 repeat. See Policy
  权利。参见权限 rights to. See Authority
  序列 sequential
    弹性 flexibility, 92-93, 99
    不可逆性 irreversibility of, 85-86
    不确定性 and uncertainty, 9-10, 81-85, 99
    川流模式 stream model for, 36-39, 40
  计划视点 views of plans for, 14, 277-284

计划分解
Decomposition of plans, 241-247, 256, 288-289

契据限制
Deed restrictions, 156

德尔菲过程
Delphi process, 212, 319n. 4

住宅需求
Demand for housing, 85-86, 162-

307

163

丹麦奥尔伯格市交通舒缓方案
Denmark, Aalborg traffic reduction scheme, 62

设计
Design, 276, 286
 评量 assessment, 63, 65
 定义 definition, 45, 49
 演变 evolution, 50
 机制 mechanism, 45, 49-50
 计划范畴 scope of plan and, 293
 计划使用 use of plan as, 7-8

开发商
Developers
 重点 focus of, 152
 倡议法规 regulations which advocate, 155-157
 作为利害关系人的角色 role as stakeholder, 105
 相对于投机者 vs. speculators, 122
 计划使用作为集体财 use of plan as collective goods, 119-124

诊断评估
Diagonstic evaluation, 259-262

多样性
Diversity
 在变动环境中的优势 advantages in changing environment, 29, 95
 在决策团体间 among decision-making groups, 1-2, 190, 193
 相对于组合策略 vs. portfolio strategy, 93-94

市中心
Downtown
 伊利诺伊州芝加哥市 Chicago, IL, 108-109
 商业利益团体 commercial interests, 105, 151-153
 计划 plans, 67-68, 252
 成长策略 strategy for growth, 87
 伊利诺伊州俄白那市再发展 Urbana, IL, redevelopment, 104-108, 109

动态调整
Dynamic adjustment, 30-32
 相对于集体选择 vs. collective choice, 210
 外部性分区及 externality zoning and, 160
 不足 insufficient, 188-189

规模经济
Economy of scale
 基础设施投资 infrastructure investments, 53, 54
 区域规划委员会 regional planning commissions, 126
 污水处理厂 sewage treatment plant, 92, 290

计划效果。参见评量
Effectiveness of plan. *See* **Assessment**

授权规划
Empowerment planning, 128, 253-254

强制执行
Enforcement, 136-137, 140, 155-156

英国
England, 127, 222, 317n. 2

环境面向
Environmental aspects

保育地役权 conservation easements, 168-170
土地开发影响 effects on land development, 158
本然性价值 intrinsic values, 176-180
自然灾害。参见几率过程 natural hazards. See stochastic processes
径流 runoff, 142
社会法规 social regulation, 140

均衡
Equilibrium
分析 analysis, 27-30, 32, 39
寻求行为 behaviors seeking, 240
自然系统中 in natural systems, 27-29
权利与法规间 between rights and regulations, 147

错误控制
Error-control, 24-27

伦理考虑。也参见社会平等
Ethical considerations. *See also* **Social equity, 9, 37**
本然性价值 intrinsic value, 176-180
结果评量中 in outcome assessment, 68
专业规划者 of professional planners, 196-200, 253
公共观点 public perception, 219, 226
分区管制 zoning, 158

评估。参见评量
Evaluation. *See* **Assessment**

演化
Evolution, 7, 24, 25, 28, 39, 237

排他性
Exclusivity, 137, 140

一行动的预期价值
Expected value of an action, 75, 79-80, 99

因外部性而分区
Externalities, zoning for, 159-162

公平。参见社会面向
Fairness. *See* **Social aspects**

联邦政府
Federal government
资助 funding, 68, 124, 127-128
模范都市措施 Model Cities Program, 128-129, 226
要求服务的权利 right to call on service, 141
交通规划补助 subsidization of transportation planning, 129

回馈
Feedback, 24-27

费
Fees
冲击 impact, 158, 170
付给一专业规划者的 for a professional planner, 198

财务面向。也参见成本效益分析；规模经济；税
Financial aspects. *See also* **Cost-benefit analysis; Economy of scale; Taxes**
设施改善措施 capital improvements program, 46, 279
动态调整的 of dynamic adjustment, 30-31, 161

309

联邦政府资助 federal government funding, 68, 124, 127-128
发行公债筹募基金 fundraising through bond issues, 151, 169
最大回报。参见分派效率 maximum return. See Allocation efficiency
资金运用 mobility of capital, 151-152
多行政辖区计划分摊成本 sharing the costs, multi-jurisdictional plans, 2
分区管制 zoning, 158-159, 162-164

弹性
Flexibility, 10-11, 92-93, 99

洪水泛滥。参见几率过程
Flooding. See Stochastic processes

佛罗里达
Florida
地方计划要求 requirements for local plans, 128
桑尼伯岛 Sanibel Island, 134

预估。参见预测
Forecasts. See Predictions

论坛。参见参与
Forums. See Participation

问题的建构偏差
Framing bias of a problem, 186-187

法国
France, 31-32

高速公路。参见交通系统
Freeways. See Transportation systems

赛局(博弈)理论
Game theory, 34-36, 110-112, 119-120

地理面向, 计划韧性与范畴
Geographic aspects, robustness and scope of plan, 92

地理信息系统(GIS)
Geographic Information System (GIS), 295, 323n. 7

佐治亚, 亚特兰大 2020 计划
Georgia, Atlanta 2020 Project, 49, 65

目标导向行为
Goal-directed behavior, 25-27

政府
Government
对个人土地所有权的权限 authority over individual land ownership, 136-137
作为强制性团体 as coercive group, 113-114
议会 councils, 217-218
部门间权限的区分 division of authority among branches, 212
联邦。参见联邦政府 federal. See Federal government
制定计划的诱因 inducements to make plans, 124-129
较高立法较低执行 legislation from higher and implementation by lower, 53-54
地方, 组成以采取土地使用行动 local, incorporated to take land use actions, 133-134
多辖区计划 multi-jurisdiction plans, 1-2
市政的。参见都市政府 municipal. See Mu-

nicipal government
相关于，一优良计划的特性 relating to, characteristics of a good plan, 66-67
与商业利益团体的关系 relationship with commercial interests, 151-152
规划要求 requirements to plan, 126-127
从公共领域获得的权利 rights captured from public domain, 139
俄白那市中心再发展的角色 role in Urbana downtown redevelopment, 105
州。参见州政府 state. See State government

绿地发展
Greenfield development, 161

团体程序。也参见集体选择
Group processes. *See also* **Collective choice, 184-190, 205, 206, 209-210, 227**

成长控制
Growth control
1970年代发起 initiatives of 1970s, 92
奥瑞冈 Oregon, 128, 157, 167-168, 218, 288
州政府监控 state government oversight, 128, 157
都市服务地区 urban service areas, 158, 159, 167-168, 271-275

哈理逊，卡特
Harrison, Carter, 152-153

高速公路。参见交通系统
Highways. *See* **Transportation systems**

历史背景
Historical background
1909年芝加哥计划 Chicago Plan of 1909, 108-109
基础设施兴建 construction of infrastructure, 141
1970年代联邦政府补助 federal funding of 1970s, 124
1900年代花园城市 garden city of 1900s, 92
1970年代成长控制发起 growth control initiatives of 1970s, 92
土地所有权 land ownership rights, 138
美洲原住民 Native Americans, 133, 135, 138, 140
进步改革 progressive reform, 199
禁止 Prohibition, 140
701计划 701 plans, 67, 91-92, 128
都市规划 urban planning, 210

历史特区
Historical districts, 170

住宅
Housing
补助「议会」"council" subsidized, 222
决策分析，范例 decision analysis, example, 76-81, 84-85, 314n. 4
高相对于低密度开发 high- vs. low-density development, 85-86, 162-163
替代成本 replacement costs, 85-86
产生的收益 revenue generated by, 162-163
独栋家庭住宅，与集合住宅「区隔」single-family, "buffered" from multifamily, 162-163
供给与需求 supply and demand, 91
证券措施 voucher program, 56

1954年住宅法案，701条款计划
Housing Act of 1954, Section 701 plans, 67, 91-92, 128

伊利诺伊
Illinois
行政区合并 annexation, 2, 4, 10, 151-152, 215-216
1909 年芝加哥计划 Chicago Plan of 1909, 6, 45, 49, 108, 259
1964 年芝加哥计划 Chicago Plan of 1964, 244-246
1966 年芝加哥计划 Chicago Plan of 1966, 244
1967 年芝加哥计划 Chicago Plan of 1967, 45
杜培机郡 Dupage County, 125
东圣路易斯 East St. Louis, 154, 226
西克利溪集水区 Hickory Creek watershed, 298
跨政府固体废弃物清运机构 Intergovernmental Solid Waste Disposal Agency, 215-216
马荷美特走廊计划 Mahomet Corridor Plan, 2-5, 9
思佛伊,固体废弃物清运 Savoy, solid waste disposal, 215-216
泰勒维尔 Taylorville, 282
俄白那,市中心再发展 Urbana, downtown redevelopment, 104-109, 165
俄白那—香槟卫生特区 Urbana-Champaign Sanitary District, 8-9, 215, 216, 287-288, 290-291
俄白那—香槟固体废弃物清运 Urbana-Champaign solid waste disposal, 149-150, 215-216

冲击费
Impact fees, 158, 170

不完全预见
Imperfect foresight, 7, 23, 33, 36, 40

计划实施
Implementation of plan, 267-268

计划索引
Index of the plan, 278-280, 283-284, 323nn. 1-2

指标性规划
Indicative planning, 31-32

不可分割性
Indivisibility, 7, 23, 36, 39-40, 54, 161

惯性
Inertia, 30, 36

信息
Information
不对称的 asymmetric, 115-124, 163, 315n. 1
计算工具 computing tools, 285
新的 new
　忽略 ignoring, 189
　调整不足 insufficient adjustment to, 188-189
　由于……而修改 revisions due to, 97-98, 269
表达也参见地图;模式;表格 presentation of. See also Maps; Models; Tables, 277-284, 294

基础设施
Infrastructure
容量,分区管制 capacity, zoning for, 162, 169
作为集体财 as collective goods, 121-122
决策分析,范例 decision analysis, example, 76-81, 84-85, 314n. 4

投资 investments in, 54-55
"蛙跳式"发展议题 "leapfrog" development issues, 30-31, 86-87
新零售技术 for new retail technology, 165
分区管制,及决定规模及时机 zoning, and sizing and timing, 158-159, 165, 169, 290-291

继承
Inheritance, 142, 149

工具性价值
Instrumental value, 176, 177, 179-180

整体行动规划
Integrated Action Planning, 45, 248-249, 294

相关性
Interdependence
行动的 of actions, 7, 23, 26, 33-34, 39, 269
权变(宜)的 contingent, 45
及计划分解 and decomposition of plans, 241
基础设施及发展的 of infrastructure and development, 122-123
组织中 within organizations, 201-202
计划范畴基于 scope of plan based on, 95, 287, 289, 292
策略及 strategy and, 51-52

利率,不确定性
Interest rates, uncertainty, 81

跨政府固体废弃物清运机构(ISWDA)
Intergovernmental Solid Waste Disposal Agency (ISWDA), 215-216

跨运具平面交通效率法案(ISTEA)
Intermodal Surface Transportation Efficiency Act (ISTEA), 129

本然性价值
Intrinsic value, 176-180, 205

投资
Investments
集体财,逻辑分析 collective goods, logic analysis, 109-111
渐进,及不确定性 incremental, and uncertainty, 82-83
在轻轨捷运系统规划 in light-rail system planning, 129
计划使用作为 use of plan as, 94-98

不可逆性
Irreversibility
分派效率 allocation efficiently with, 151
计划的 of plan, 7, 23, 30, 33, 36, 39
序列决策及 sequential decisions and, 81-98, 285

隔离错误
Isolation error, 189

议(课)题
Issues
定义 definition, 37
解决之道寻找,在川流模式中 solutions looking for, in stream model, 38

辖区。参见权限
Jurisdiction. See Authority

辩证,指引的
Justifications, prescriptive, 15-16, 17

肯塔基,来克辛顿
Kentucky, Lexington, 13, 45, 167, 271-275, 299

知识
Knowledge
相互主观 intersubjective, 180
客观 objective, 180, 182
主观 subjective, 180

土地拥有
Land ownership
取得 acquisition, 121
隐含的权限 authority implied by, 137-138
因商业利益团体 by commercial interests, 151-152
公社 communal, 153
权利的历史背景 historical background of rights, 138
在历史特区中 in historical districts, 170
继承策略 inheritance strategies, 142
分享种植 sharecropping, 145
社会地位及 social status and, 149-150
管理 stewardship, 149

山崩。参见几率过程
Landslides. See Stochastic processes

土地使用
Land use
契据限制 deed restrictions, 156
目标设定与预测控制 goal-setting and prediction-control, 25-26
指标性规划 indicative planning, 31

地图 maps, 247
计划分解及 plan decomposition and, 243, 244, 246
法规计划。也参见分区管制 plans for regulation. See also zoning, 157-170
滑雪坡道 ski slopes, 134, 153
一权利的空间范围 spatial extent of a right, 137, 142
开发时机 timing for development, 158, 159, 165, 168
为未来保留空地 vacant holding for the future, 85-88

领导
Leadership, 113, 223-225

"蛙跳式"发展
"Leapfrog" development, 30-31, 86-87

学习速率,及计划修改
Learning rate, and plan revision, 96-98

轻轨捷运系统
Light-rail systems, 123, 129, 165, 250

逻辑
Logic
集体财承诺的 of commitment for collective goods, 109-115
在决策分析中 in decision analysis, 74-81
制定计划的 of making plans, 65, 69, 302-304
参与的 of participation, 210, 219-223
法规的 of regulation, 154-155, 159

计划使用作为集体财 use of plan as collective goods, 118-119

购物中心
Malls, 106-107, 163-164

地图
Maps, 247-248
相对于模式 *vs.* models, 247-248
官方 official, 158-159, 166
作为表达 for presentation, 278, 282-283, 295-297
都市服务地区 urban service areas, 271-272

市场为基础权利系统
Market-based system of rights, 146

计划行销。参见促销
Marketing the plan. *See* Promotion

马里兰
Maryland
哥伦比亚 Columbia, 88, 121
孟特高莫利郡 Montgomery County, 167, 169, 170

马萨诸塞,波士顿再发展局
Massachusetts, Boston Redevelopment Authority, 258

一计划的机制。参见议程;设计;政策;策略;愿景
Mechanisms of a plan. *See* Agenda; Design; Policy; Strategy, Vision

记忆
Memory, 184-186

优质财
Merit goods, 319-320n. 2

明尼苏达,明尼亚波利斯一圣保罗都会区委员会
Minnesota, Minneapolis-St. Paul Metro Council, 217-218, 225-226

偏差的动员
Mobilization of bias, 184

模范都市措施
Model Cities Program, 128-129, 226

模式
Models, 10, 247-249, 297-299

监控
Monitoring
动态调整 dynamic adjustment, 30-32
个人努力以提供集体财 individual effort for collective goods, 143-144
需求持续地 need for continuous, 22
独立相对于相依趋势的角色 role of independent *vs.* dependent trends, 59

慕迪,瓦特
Moody, Walter, 108

道德考虑。也参见伦理考虑
Moral considerations. *See also* Ethical considerations, 10

动机
Motivation, 135, 143-144, 194

莫尔,约翰

315

Muir, John, 178

都市政府
Municipal government
年审查 annual review, 204
市长任期及长期发展 mayoral term and long-term development, 258
多辖区计划 multi-jurisdiction plans, 2, 3
规划功能组织 organization of planning function, 203-205

自然灾害
Natural hazards, 60, 163, 298, 318-319n. 1

自然选择
Natural selection, 24, 28

自然系统
Natural systems, 303
动态调整 dynamic adjustment, 30-32
均衡 equilibrium, 27-29
范例 examples, 7
工具性价值 instrumental value, 179-180
本然性价值 intrinsic value, 176-179, 180
在以计划为基础行动中 plan-based action in, 21-40, 309n. 1

自然保育局
Nature Conservancy, The, 169

协商
Negotiation, 190

住户结盟
Neighborhood coalitions, 152-153, 220-223, 227

新传统发展。参见新都市主义
Neotraditional development. *See* **New Urbanism**

尼泊尔
Nepal
整体行动计划 Integrated Action Plans, 45, 248
加德满都 Kathmandu, 64, 226
基派特系统 Kipat system, 147
观光 tourism, 154

净利益
Net benefit, 58, 69
衡量的困难 difficulty in measurement, 65, 95
缺少估算 lack of estimates, 99

新都市主义
New Urbanism
外部性分区管制 externality zoning, 159
零售区位 retail location, 31
作为寻找课题的解决方式 as solutions in search of issues, 38
捷运及步道旅次 transit and pedestrian trips, 108

纽约
New York
兰马坡 Ramapo, 168
纽约及其环境区域计划 Regional Plan of New York and Its Environs of 1929, 13-14, 61, 96, 240, 259

名义团体技术
Nominal Group Technique, 192

东北伊利诺规划委员会
Northeastern Illinois Planning Com-

mission,125

邻避症候群(NIMBY)
Not in My Backyard syndrome (NIMBY),220-221,223,225,254

观察到的计划制定
Observed plan making,231-263

计划图
Official maps,158,159,166

俄亥俄
Ohio
辛辛那提规划指导系统 Cincinnati Planning Guidance System,278
克里夫兰政策报告 Cleveland Policy Report of 1974,45,253-254
克里夫兰到夏克高地快速捷运 Cleveland to Shaker Heights rapid transit,129

寡占
Oligopoly,113,119,125,221

使用计划机会
Opportunities to use plans,269,270-284

奥瑞冈
Oregon
成长管理措施 growth management program,128,157,167,218,288
波特兰轻轨系统 Portland light-rail system,123-124,165
波特兰都会区议员会 Portland Metro council,218
波特兰1996年规划研究 Portland 1996 planning study,249
波特兰2040计划 Portland 2040 Plan,5,11,45,49,246,249,288
地方计划要求 requirements for local plans,128

组织
Organizations
动态 dynamics,200-203,205-206
「垃圾桶」模式"garbage can"model,37
部门决策功能 line function of departments,258-259
作为市政府 municipal government as,203-205
角色 roles,257-259

结果。参见评量;不确定性
Outcome. See also Assessment; Uncertainty,58,61-62,65,249,294-300
与计划的因果关系 causal relationships to the plan
一行动预期价值。参见决策分析 expected value of an action. See Decision analysis
完全想出。参见设计 fully worked out. See design
在绩效方法中评量 in performance approach to assessment,58
决策制定几率 probabilities in decision making,89-91,189
与设计的关系 relationship to design,63
与目标的关系 relationship to objectives,44
剧烈变动中的韧性 robustness in a wide variety of,92
追踪,在评量中 tracking, in assessment,60

平行处理
Parallel processing,191

柏立图原则
Pareto principle, 213

公园
Parks, 60-61, 209, 243

参与
Participation
即兴（临时），为设计的系统 ad hoc, designed systems for, 255-256
正式及非正式制度 formal and informal institutions, 300-302
如何运作 how it works, 223-227
其逻辑 the logic of, 210, 219-223

宾夕法尼亚
Pennsylvania
费城长期发展计划 Philadelphia long-term development plan, 258
匹兹堡路权 Pittsburgh right-of-way, 166

绩效方法评量
Performance approach to assessment, 59

导管过程
Pipeline processing, 191

计划水平。参见时间水平
Plan horizon. *See* **Time horizon**

规划者，专业。也参见利益拥有者
Planners, professional. *See also* **Stakeholders**
伦理考虑 ethical considerations, 197-200, 253
专业知识 expertise, 12, 176, 181-182, 183, 195-200, 205-206
受限的注意力 limited attention of, 39, 186-187
与住户团体 with neighborhood groups, 221
私有投资者作为 private investors as, 129
约聘 on retainer, 125
伊利诺伊州俄白那市中心发展 Urbana, IL, downtown development, 106

规划，持续的
Planning, continuous, 241

规划委员会
Planning commissions, 126, 204, 257

计划
Plans
制定及述说能力。参见认知能力 ability to make and articulate. *See* Cognitive capacity
行动基础 action based on, 26-27, 171
方案。参见决策分析；决策制定 alternative. *See* Decision analysis; Decision making
优良的特性 characteristics of good, 66
相对于集体选择 vs. collective choice, 209-227
作为集体财 as collective goods, 118-124
分解 decomposition, 241-247, 256, 288-289
动态调整 dynamic adjustment, 30-32, 161
效果。参见评量 effectiveness. *See* Assessment
五个隐喻 five implications of, 22-23
四个「I」的条件。也参见不完全预见；不可分割性；相关性；不可逆性 four "I" conditions of. *See also* Imperfect foresight; Indivisibility; Interdependence; Irreversibility, 7-8, 33-34
着重实质发展 focus on physical development, 66, 278
及自然系统 and natural systems, 40

在观察规划中 in observation planning, 239
及计划范畴 and scope of plan, 289
政府诱导制定 government inducements to make, 124-129
它们如何制定 how they are made, 231-263
它们如何运作。也参见议程；设计；政策；策略；愿景 how they work. See also Agenda; Design; Policy; Strategy; Vision, 44-45, 312n. 1
不完全实施 incomplete implementation, 62
索引 index to, 278-284, 323nn. 1-2
使用机会 opportunities to use, 268-276
组织及 organizations and, 200-203
相对于法规 vs. regulations, 11-12
法规及 regulations and, 135-138
修改。参见修改 revisions. See Revisions
范畴。参见计划范畴 scope. See Scope of plan
六个指引 six prescriptions for, 14
理论相对于实际 theory vs. reality, 4-5, 15
决策情况的视点 views for decision situations, 227-284
为何及如何 why and how, 1-17

政策
Policy, 47, 52, 276, 286
评量 assessment, 62-63
因果关系 causal relationships, 58, 61-62, 65, 249, 294-300
定义 defintion, 45, 294
机制 mechanisms, 44-46
革新 progressive, 119, 253-255
相对于法规 vs. regulations, 135
相对于策略 vs. strategy, 51-53

政治面向
Political aspects, 210

民主 democracy, 211-212, 219-220, 227, 301, 320n. 7
"党员合作" "log rolling", 217
"政策性拨付经费"专案 "pork barrel" projects, 217
民选立法者责任 responsibility of elected legislator, 217-218

民意测验
Polls, 182

人口预估。也参见成长控制
Population projections. See also Growth control, 31, 89-91, 232, 297

组合策略
Portfolio strategy, 92-94

预测
Predictions, 15-16
准确性 accuracy, 97
完全预见假设 assumption of perfect foresight, 50
根据均衡 based on equilibrium, 29
行为反应的 of behavioral response, 117
作为集体财 as collective goods, 125
在决策情况中 in decision situations, 88-92
不完全预见 imperfect foresight, 7, 23, 33, 36, 40
意图变成 intentions becoming, 32-33
独立于从历史纪录外 isolation from historical records, 189
预先时间或水平。参见时间水平 lead time or horizon for. See Time horizon
在自然系统中 in natural systems, 22-23, 29
人口。参见人口预估 population. See Population projections
预测控制行动 prediction-controlled action,

25-27
计划使用 use of plan as, 91
"如果则如何"情境 "what if" scenarios, 297

决策排序。也参见议程
Prioritization of decisions. *See also* **Agenda**, 44

囚犯困境
Prisoner's dilemma, 110, 316n. 4

私部门。参见市中心；零售商
Private sector. *See* **Downtown; Retailers**

问题解决
Problem solving
 脑力激荡 brainstorming, 190-192
 平行处理 parallel processing, 191
 六个认知偏差 six cognitive biases in, 187-190, 206
 专业化 specialization, 191-192

过程
Processes
 将其分解成工作。参见工作 breakdown into tasks, *See* Tasks
 早期问题 early questions, 1-17
 团体。参见团体过程 group, *See* Group processes
 逻辑 logic in the, 13-15, 17, 66, 69, 232
 "逐步深入" "progressive deepening" 250
 几率性 stochastic, 59, 163, 298, 318n. 1

专业规划者。参见规划者，专业
Professional planners. *See* **Planners, professional**

进步改革
Progressive reform, 119, 253-255

促销，芝加哥计划的
Promotion, Chicago Plan of, 108

心理面向。也参见行为；认知能力
Psychological aspects. *See also* **Behavior; Cognitive capacity**
 注意力跨距 attention span, 39, 185-186, 200-201
 信念 beliefs, 211, 220, 254
 创造力 creativity, 190-191
 记忆 memory, 185-186
 动机 motivation, 143-144, 194
 主人—代理人关系 principal-agent relationship, 202

公共领域
Public domain, 138-139

公共设施法令
Public facilities ordinances, 158, 159, 166, 168

公共利益
Public interest
 协调 coordination for the, 2, 3, 11, 121
 规划者忠于 planners' allegiance to, 198
 名称使用 use of term, 183-184

公共参与。参见参与
Public participation. *See* **Participation**

公共观点
Public perception, 6, 17

大众捷运。也参见轻轨系统
Public transit. *See also* **Light-rail systems**, 54, 59

计划目的
Purpose of plans, 1-17

计划品质。参见效度，内在
Quality of plan. *See* **Validity, internal**

理性标准
Rationality standard, 14, 232, 236-247

被动行动
Reactive action, 24-27

不动产游说
Real estate lobby, 156

区域规划委员会
Regional planning commissions, 126, 204, 257

法规。也参见分区管制
Regulations. *See also* **Zoning**, 57-58
 借以厘清权利 clarification of rights through, 135
 强制因素 coersive factor in, 114
 为集体财而制定 for collective goods, 114
 由开发商发起。参见土地细分法规 by developers. *See* Subdivision regulations
 强制执行 enforcement, 135, 136, 140, 155-156
 效果因素 factors in effectiveness, 57
 作为创造计划的诱因 as incentives to create plan, 127-129
 制定法规的诱因 incentives to regulate, 155-157
 逻辑 logic of, 155-156
 触发的计划修改 plan revision triggered by, 98
 相对于计划 *vs.* plans, 52, 11-12
 相对于政策 *vs.* policies, 47
 发出信号在 signaling in, 116
 分区管制。参见分区管制 zoning. *See* Zoning

观察的重验
Replicability of observations, 183

表达
Representation
 在集体选择中 in collective choice, 13, 222
 资料的。参见地图；模式；表格 of data. *See* Maps; Models; Tables
 定义 definition, 175
 本然性价值及 intrinsic value and, 176
 专业规划者客观性 objectivity of professional planner, 197-198
 问题的，偏差倾向 of a problem, bias toward, 187

居住密度
Residential density, 31, 85-86, 162-164

弹性
Resilience, 48

零售商。也参见市中心
Retailers. *See also* **Downtown**
 大卖场 big box, 164
 相对于住宅，其收益 *vs.* housing, revenue from, 162-163

321

旗舰门市冲击 impact of anchor store, 106
与地方政府关系 relationship with local government, 151-152
作为利害关系人的角色 role as stakeholder, 105
购物中心 shopping malls, 107, 163-164
门市选址及不对称信息 store siting and asymmetrical information, 120
带状商业中心 strip centers, 164

修改
Revisions, 97-98, 269, 285

路权
Right-of-way, 160

权利
Rights
 从公共领域获得 capture from public domain, 138-139
 特性 characteristics, 136-137
 由法规厘清 charification through regulation, 135, 145
 去决定。参见权限 to decide. *See* Authority
 法律上。参见法规 de jure. *See* Regulations
 开发 development, 159
 排除 exclusivity, 136, 139
 源由 origin of, 136-139
 空间范围 spatial extent, 136, 141
 时间范围 temporal extent, 136, 141-142, 167
 移转性 transferability, 136, 139-141
 可移转发展 transferable development, 158, 169-170
 授予的 vested, 142
 投票。参见投票权 voting. *See* Voting rights

风险
Risk
 回避 aversion, 93, 124, 179, 314n. 1
 分配 distribution of, 150
 本然性价值及 intrinsic value and, 176
 社会孤立或排除的 of social isolation or exclusion, 222

道路。参见交通规划；交通系统
Roads. *See* Transportation planning; Transportation systems

韧性
Robustness, 92-93

计划范畴
Scope of plan, 13, 269
 根据相关性 based on interdependence, 94, 269
 及综合性 and comprehensiveness, 4
 最有效率的 most efficient, 287-294
 预测速率及 rate of forecast and, 23
 六个隐喻去选择 six implications to choose, 292-293

斯考特,卡森·皮尔
Scott, Carson Pirie, 105-106

701 计划
701 plans, 91-92, 128

污水处理规划
Sewage treatment planning
 规模经济 economy of scale, 92, 289
 基础设施投资在 infrastructure investments in, 56
 处理厂设计内在相关性 intradependence of plant design, 242
 住宅兴建的延后时间 lag time to residential

construction, 124

来克辛顿, 肯塔基 Lexington, KY, 270-275

处理厂厂址选择 plant siting, 288-289

总计划角色 role in total plan, 204-205

范畴 scope, 94

涵盖策略 strategy involved, 8, 122

不确定性 uncertainty, 81

俄白那－香槟卫生特区 Urbana-Champaign Sanitary District, 8-9, 215, 287-288, 290, 291

使用作为一集体财 use as a collective goods, 121-124

为基础设施容量进行分区管制 zoing for infrastructure capacity, 162

购物中心
Shopping malls, 106, 163-164

发出信号
Signaling, 115-117, 310n. 7

社会面向
Social aspects, 12

社区劳力 community labor, 141-142

政府及社会正义 government and social justice, 114

居民互动 interactions among residents, 187

法规强制的 of regulatory enforcement, 140

集体选择的社会选择机制 social choice mechanism for collective choice, 212

社会智识 social intelligence, 218

地位及权利 status and rights, 135, 147-150

地位及分区管制 status and zoning, 162

愿景及乌托邦 vision and utopias, 48

社会公平
Social equity, 56, 60, 68, 147-149, 199, 253-254

社会措施
Social programs, 56, 114

固体废弃物管理。也参见邻避症候群
Solid waste management. See also Not in My Backyard syndrome, 148-150, 215, 226

专业化
Specialization, 192

投机者
Speculators

相对于开发商 vs. developers, 122, 123

开发时机 timing of development, 165

心灵面向
Spiritual aspects, 178, 179

利害关系人。也参见开发商；表达；零售商；公用事业；自愿团体
Stakeholders. See also Developers; Representation; Retailers; Utilities, Voluntaty groups

之间的非对称信息 asymmetric information among, 114-116

"共用财"协调 coordination for the "common good" 1, 2, 11, 121

多团体隐喻 implications of multiple groups, 103-130

重复互动 repeated interaction, 112, 114

理性标准
Standards of rationality, 14, 232, 236-247

州政府，地方计划命令
State government, mandates for local plans, 67, 128

管理
Stewardship, 149

几率过程，自然灾害
Stochastic processes, natural hazards, 59, 163, 298, 318n. 1

商店。参见零售商
Stores. See Retailers

策略
Strategy, 277, 286
 评量 assessment, 63
 定义 definition, 45, 51
 弹性的 flexible, 92-93, 99
 及时的 just-in-time, 92
 机制 mechanisms, 45
 组合 portfolio, 92, 94
 韧性 robust, 92-93
 不确定性及 uncertainty and, 85
 计划使用作为 use of plan as, 7, 52-53, 57, 85-88, 96-99, 274-276

土地细分法规
Subdivision regulations, 157-159, 167, 244

供给及需求
Supply and demand, 91, 145, 163-164

瑞士
Switzerland, 153

权利系统
Systems of rights, 138-140, 144, 147, 148, 171, 317n. 2

表格，比较
Tables, comparison, 251

台湾
Taiwan, 129

标的，相对于议程
Target, vs. agenda, 51

工作
Tasks
 诊断评估 diagnostic evaluation, 259-262
 计划制定 plan making, 232-235
 形态 types, 124, 234

税
Taxes
 强迫性质 coercive nature, 114
 继承 inheritance, 149
 披古的 Pigovian, 146, 161

时间水平
Time horizon, 88-89, 95-96
 集体财信息 information on collective goods, 121-122
 计划分解及 plan decomposition and, 246

时间管理
Time management, 280

收费财
Toll goods, 110, 120-121

观光

Tourism, 134, 153

旅运。参见交通规划
raffic. *See* Transportation planning

权利移转性
Transferability of rights, 137, 140-142

可移转发展
Transferable development, 158, 169-170

交通规划
Transportation planning
　奥尔伯格旅运缓和方案 Aalborg traffic reduction scheme, 62
　通勤成本 commuting cost, 86
　联邦补助 federal subsidization, 128
　基础设置投资的 for infrastructure investments, 53-55
　组合策略 portfolio strategy, 94
　由私有投资者进行 by private investors, 128-129
　整体计划角色 role in total plan, 204-205
　单位土地旅次 trips per unit of land, 31, 186

交通系统
Transportation systems
　集体财限制 collective good limitations, 109-110
　高速公路,交流道区位 highway, interchange location, 2
　轻轨 light-rail, 123, 128-129, 165, 250
　路权 right-of-way, 166
　路上电车 streetcar, 129

信托公司,公共或社区
Trusts, public or community, 139, 154

不确定性
Uncertainty, 10, 103, 303
　在基础设施投资中 in infrastructure investment, 55
　学习速率及计划修改 learning rate and plan revision, 296-297
　马荷美特走廊计划 Mahomet Corridor plan, 9
　预测 predictions, 15-17
　计划行动与结果关系 relationship of plan actions to outcome, 59, 74
　与方案相关的 with respect to alternatives, 82, 96, 106-108
　与环境相关的 with respect to the environment, 81, 96
　与价值相关的 with respect to values, 82, 96
　及序列决策 and sequential decisions, 9-10, 81-85, 96

都市投资与发展公司(UIDC)
Urban Investment and Development Corporation (UIDC), 125

都市计划。参见计划
Urban plans. *See* Plans

都市服务地区
Urban service areas, 158, 159, 166-167, 271-275

公用事业
Utilities, 104

效度
Validity

外部的 external, 73, 68-69
内在的 internal, 66-69, 72

价值
Values
表达困难度 difficulty to express, 184
工具性的 instrumental, 176-177, 179-180
相互主观的 intersubjective, 180-181
本然的 intrinsic, 176-180, 206
客观的 objective, 180
主观的 subjective, 180, 182
三个产生的方式 three ways they arise, 182

车辆。参见交通规划
Vehicles. See Transportation planning

委内瑞拉
Venezuela, 187

维吉尼亚
Virginia
瑞斯顿 Reston, 87
威廉斯堡 Williamsburg, 192

愿景
Vision, 47, 254, 276, 286
评量 assessment, 63, 261
亚特兰大 2020 方案 Atlanta 2020 Project, 65
定义 definition, 45, 47
机制 mechanism, 45-48
计划范畴及 scope of plan and, 293
计划使用作为 use of plan as, 9, 57, 115, 313n. 2

自愿团体。也参见市民参与
Voluntary groups. See also Citizen participation

市民委员会 citizen boards, 203-204
所发起的社区劳工 community labor by, 141-142
所产生的方案 creation of alternatives by, 106
规模效果 effects of size, 112-114
政府诱导制定计划 government inducements to make plans, 124-129
地方政府的 local government in, 134-135
其间承诺逻辑 logic of commitment among, 109-115
住户结盟 neighborhood coalitions, 152-153, 220-222
领导者选择 selection of leader, 113, 223-225

换票
Vote trading, 214-215, 220-221

投票偏好及集体选择
Voting preferences and collective choice, 213-214, 220-221

投票权利
Voting rights, 134, 141, 150-151

魏克,查尔斯 H.
Wacker, Charles H, 109

华盛顿
Washington
成长管理措施 growth management program, 167
地方计划要求 requirements for local plans, 128
西雅图 Seattle, 168, 207, 257

华盛顿特区 2000 年楔子及走廊计划
Washington, DC, 2000 Wedges and Corridors Plan, 45, 96, 169

废弃物管理。参见邻避症候群；固体废弃物管理
Waste management. *See* Not in My Backyard syndrome; Solid waste management

湿地
Wedands, 179-180

"如果则如何"情境
"What if"scenarios, 297

荒野。参见自然系统
Wilderness. *See* Natural systems

网页
World Wide Web, 286

分区管制
Zoning
　以保护宁适性 for amenity protection, 158, 159, 165
　授权区 Empowerment Zones, 129
　为外部性而进行 for externalities, 158-162
　为财政目标而进行 for fiscal objectives, 163
　阶层 hierarchical, 160
　实施 implementation, 56
　工业相对于住宅 industrial *vs.* residential, 2
　为基础设施容量而进行 for infrastructure capacity, 162, 169
　建地大小。参见土地细分法规 lot sizes. *See* Subdivision regulations
　为管理供给 to manage supply, 164-165
　其中的预测控制行动 prediction-controlled action in, 26
　不动产游说倡议 real estate lobby advocacy, 156
　审查及提案 review and proposals, 126
　重分区 rezoning, 275-276
　在计划中角色 role in plans, 12
　土地开发课题讨论的七个方式 seven ways land development issues are addressed, 158
　为开发时机而进行 for timing of development, 158-159, 165, 168

图书在版编目(CIP)数据

都市发展:制定计划的逻辑/(美)霍普金斯著;赖世刚译.—北京:商务印书馆,2009
ISBN 978-7-100-05856-8

Ⅰ.都… Ⅱ.①霍…②赖… Ⅲ.城市规划 Ⅳ.TU984

中国版本图书馆 CIP 数据核字(2008)第 075195 号

所有权利保留。
未经许可,不得以任何方式使用。

都市发展——制定计划的逻辑
〔美〕路易斯·霍普金斯 著
赖世刚 译

商 务 印 书 馆 出 版
(北京王府井大街36号 邮政编码100710)
商 务 印 书 馆 发 行
北京市白帆印务有限公司印刷
ISBN 978-7-100-05856-8

2009年5月第1版 开本 787×960 1/16
2009年5月北京第1次印刷 印张 22½
定价:40.00元